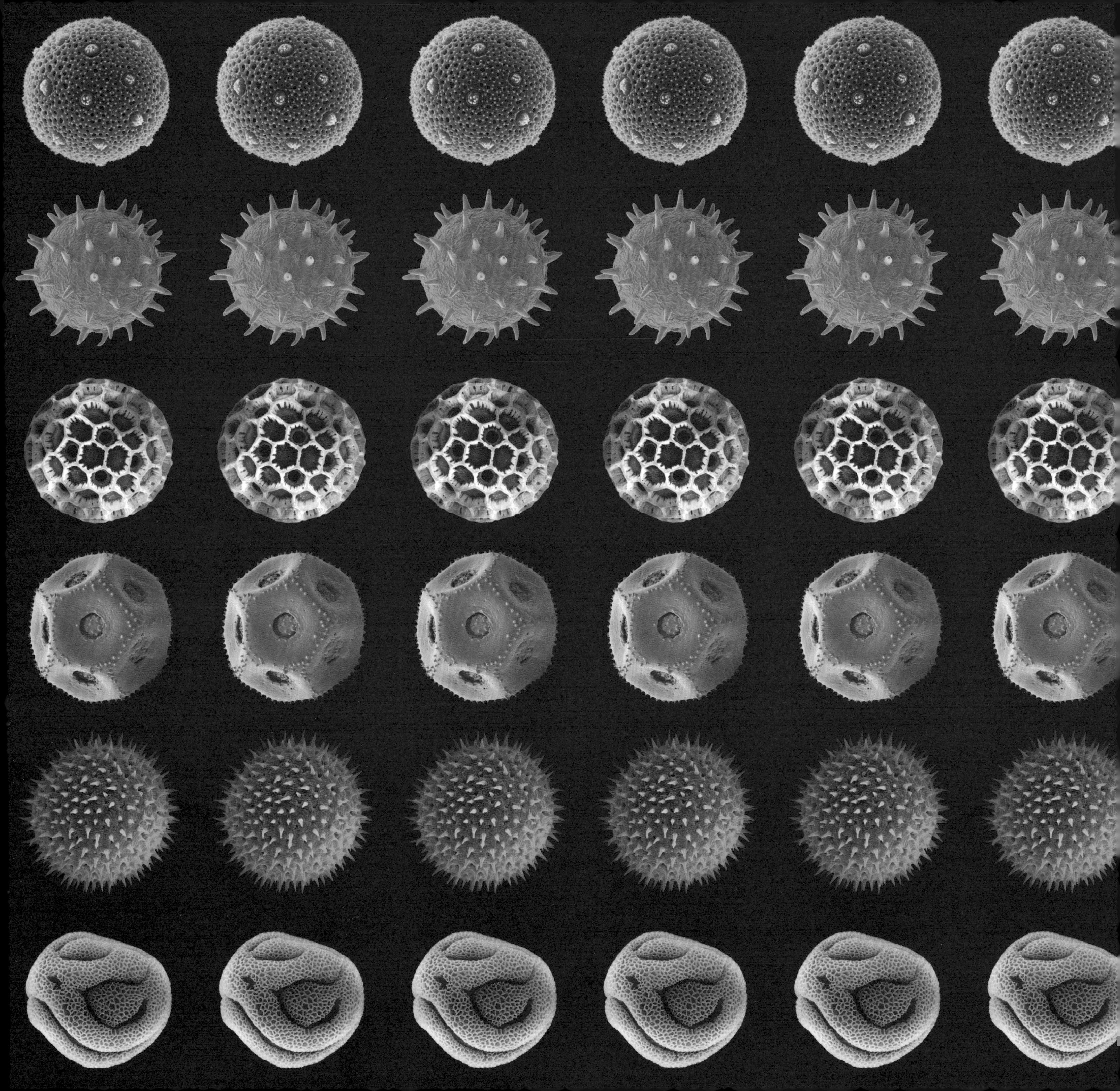

화분

POLLEN

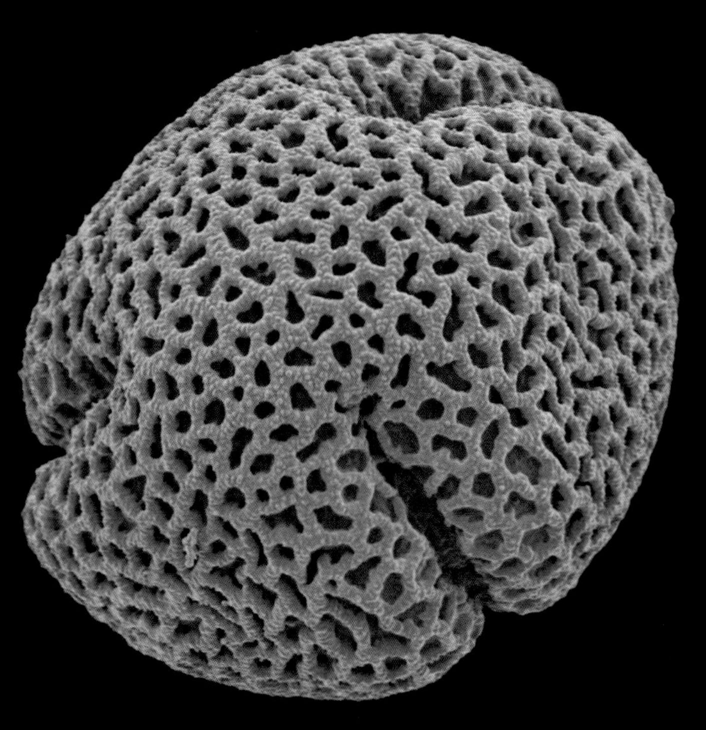

화분
POLLEN
꽃의 숨겨진 성

Rob Kesseler & Madeline Harley 저 · 이남숙 감수 · 엄상미 역
편집 및 디자인 Alexandra Papadakis

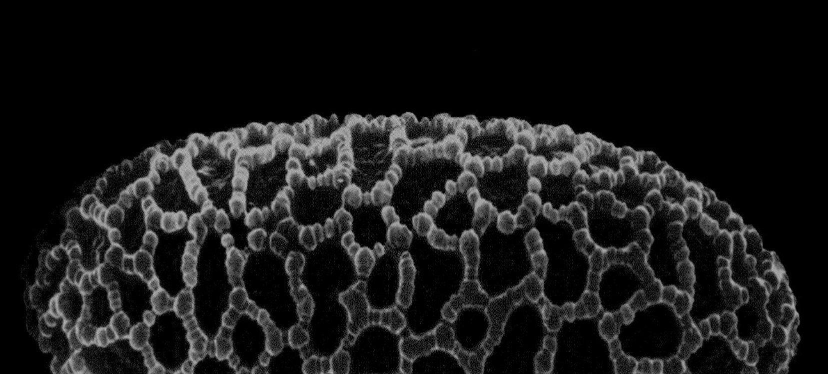

(주) 교학사

감사의 글

이 책의 출간은 많은 사람들의 도움과 지원이 없었다면 불가능했을 것입니다. 과학과 예술, 두 분야에 중요하게 쓰일 이 책의 발간을 위해 두 학문을 결합하는 어려운 일을 도와준 출판가 안드레아스 파파다키스(Andreas Papadakis)와, 두 영역에 공평하게 디자인 개념을 제공해 준 알렉산드라 파파다키스(Alexandra Papadakis)에게 감사드립니다. 특히 아낌없는 재정적 지원과 지도를 해 주고, 특히 롭 케슬러(Rob Kesseler)를 큐의 특별연구원으로 있도록 지원해 준 NESTA(국립과학기술예술재단)와, 또 예술가들이 연구실에서 함께 작업할 수 있도록 허락해 준 영국 큐 왕립식물원의 피터 크레인(Peter Crane) 원장에게 감사의 말씀을 드립니다. 또한 이 프로젝트를 위해 우리의 수많은 질문에 전문적인 답을 주고 소중한 시간을 내준 큐 왕립식물원의 많은 구성원들에게 깊은 감사를 보냅니다. 사이먼 오언스(Simon Owens, 식물표본관 관리자), 마이크 베넷(Mike Bennett, 조드럴연구소 관리자), 폴라 루달(Paula Rudall, 미세구조형태학과장), 데이비드 쿡(David Cooke, 온대식물 온실), 톰 코프(Tom Cope, 식물표본관), 해나 로저스(Hannah Rogers)와 앨리 커스버트(Ali Cuthbert, 홍보부), 지나 풀러러브(Gina Fullerlove, 출판부), 로라 주프리다(Laura Giuffrida, HPE 전시 및 동시통역), 토니 커컴(Tony Kirkham, 수목원&원예사업부 부서장), 파올라 마그리스(Paola Magris), 메릴린 워드(Marilyn Ward), 샘 콕스(Sam Cox)와 제임스 케이(James Kay, 도판수집부)에게 감사한 마음을 전합니다. NESTA의 앨릭스 바클리(Alex Barclay), 조 미니(Joe Meaney)와 세라 맥니(Sara Macnee)에게 특히 감사드립니다. 센트럴 세인트 마틴스 예술대학의 조너선 배럿(Jonathan Barratt, 그래픽&산업디자인학교장), 캐스린 헌(Kathryn Hearn, 공예디자인 과정관리자), 스튜어트 에번스(Stuart Evans, 연구소 선임강사)에게도 감사드립니다. 이 프로젝트를 통해 우리를 지원하고 성원해 준 다른 모든 분들 중 스티븐 블랙모어(Stephen Blackmore, 에든버러식물원 책임관리자), 배질(Basil)과 애넷 할리(Anette Harley, 할리 북스 Harley Books), 로버트 휴이슨(Robert Hewison), 폴 홀트(Paul Holt, 샘파이어 호 선임과제 관리자), 마틴 켐프(Martin Kemp, 옥스포드대학), 캐시 미크(Kathy Meek), 마리아 수아레스-세르베라(Maria Suarez-Cervera, 바르셀로나대학), 애덤 서덜랜드(Adam Sutherland, 그리즈데일 아트 책임자), 로버트 우프(Robert Woof, 워즈워스 트러스트 책임자), 팀 그린(Tim Green, BBC), 로저 하이턴(Roger Huyton, BBC)에게도 감사의 말을 전합니다. 끝으로 아갤리스 마네시(Agalis Manessi)와 마르코 케슬러(Marco Kesseler)가 보여 준 끝없는 인내와 성원에 진심으로 감사드립니다.

롭 케슬러 & 매들린 할리(Rob Kesseler & Madeline Harley)

사진·도판 출처

Royal Botanic Gardens, Kew; Natural History Museum Library; National Museum of Photography, Film & Television/Science & Society Picture Library; Anthony Cragg courtesy of The Lisson Gallery; University of Jena; McGraw Hill; Alexandra Papadakis; Claire Waring; Almqvist & Wiksell

*이 사진들의 사용을 승인해 주신 데 대해 감사의 말씀을 전합니다. 사용 승인을 위해 모든 저작권자를 확인하고 연락하는 데 최선의 노력을 하였습니다. 본 책의 오류와 누락은 고의가 아님을 밝히며, 후속판에서 교정할 것입니다.

속표지: 프락시너스 오르너스(물푸레나무과) *Fraxinus ornus* (Oleaceae) – Manna Ash. 3개의 발아구를 가진 화분립 [SEM × 3.5K]

중간 표지: 네린 보우데니(수선화과) *Nerine bowdeni* (Amaryllidaceae) – 왼쪽: 화서, 오른쪽: 화분립 [SEM × 1000]

위: 스텔라리아 홀로스테아(석죽과) *Stellaria holostea* (Caryophyllaceae) – Greater Stitchwort. 화분립 전체 [SEM × 900]

목차 CONTENTS

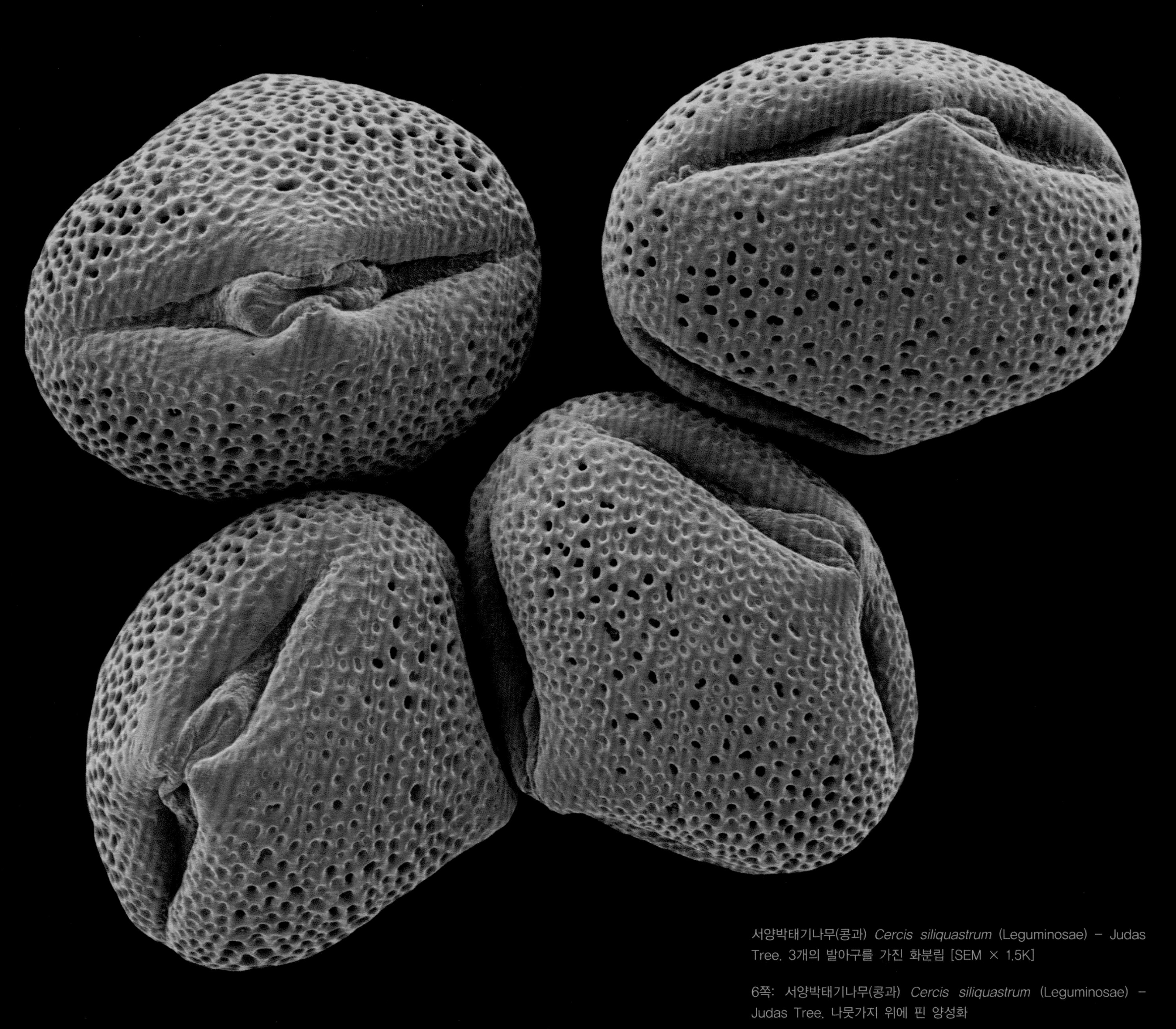

서양박태기나무(콩과) *Cercis siliquastrum* (Leguminosae) – Judas Tree. 3개의 발아구를 가진 화분립 [SEM × 1.5K]

6쪽: 서양박태기나무(콩과) *Cercis siliquastrum* (Leguminosae) – Judas Tree. 나뭇가지 위에 핀 양성화

우리는 이 책을 화분에 대해 놀랍고도 선구적인 관찰을 한 니어마이어 그루(Nehemiah Grew, 1641~1712)에게 바친다. 그는 경이로움과 즐거움의 원천이 되어 온 화분을 '다산의 미덕을 지닌 입자들'이라고 불렀다.

"밀가루나 먼지 같은 이 가루 입자는 어떤 형태를 가지고 있는지 쉽게 보이지 않는다. 그러나 일반 현미경을 사용하여 자세히 관찰하면 그 입자들을 볼 수 있는데, 주로 수많은 구형체 또는 작은 구형의 입자들이다. 때때로 다른 형태들이 나타나기도 하지만 언제나 거의 일정하다."…… "이것의 이차적인 쓰임새에 대해서는 내가 첫 번째 책에서 언급했듯이, 꿀벌들이 모으고 옮기는 실체는 종자 모양을 한 화분낭(수술) 속에 있고 꽃의 깃 같은 암술 위에 있는 작은 구형체 또는 입자라고 추측했다. 그것은 흔히 꿀벌의 식량으로 불리는데, 일종의 가루 형태로 다소 수분이 있는 화분낭 안의 작은 입자로서, 밀랍을 만들기 위해 꿀벌이 입(嘴) 안으로 나른다. 그러나 화분낭의 가장 중요한 용도는 식물 자체를 위해 쓰이는 것이며, 이는 매우 중요하고 필수적인 것처럼 보인다. 왜냐하면 꽃이나 잎이 없는 식물들조차 이러저러한 수술 모양, 즉 수술대의 밑이 화탁에 붙은 수술 형태이거나 관상화에서는 수술이 화관통에 붙는 형태를 띠기 때문이다. 이것은 마치 잎이 (광합성을 통해) 열매를 맺게 하는 것처럼, 수술이 (수정을 통해) 종자를 맺도록 하는 일을 하는 것으로 보인다." …… "그리고 미성숙하고 어린 수술이 열리기 전에 화분은 암술의 생리에 반응하고 수술이 열리거나 터지고 난 후 웅성 역할을 하게 된다. 이러한 것들은 각 부분의 형태에서 힌트를 얻어 설명할 수 있는데, 꽃의 수술에서 수술대는 위에 포피가 있는 작은 음경을 닮았다. 그리고 종자 모양의 수술에 있는 여러 개의 화분낭은 매우 많고 작은 크기의 고환들이며, 음경 위와 화분낭 안에 있는 구형체와 다른 작은 입자들은 식물의 정자들이다. 수술대가 힘을 뻗거나 화분낭이 터지면 화분이 씨받이인 씨방으로 떨어져서 다산의 미덕으로 이어지는 것이다."

— 니어마이어 그루, 『육안과 현미경으로 관찰한 꽃의 해부학(*The Anatomy of Flowers, Prosecuted with the bare Eye, and with the Microscope*)』, 1682.

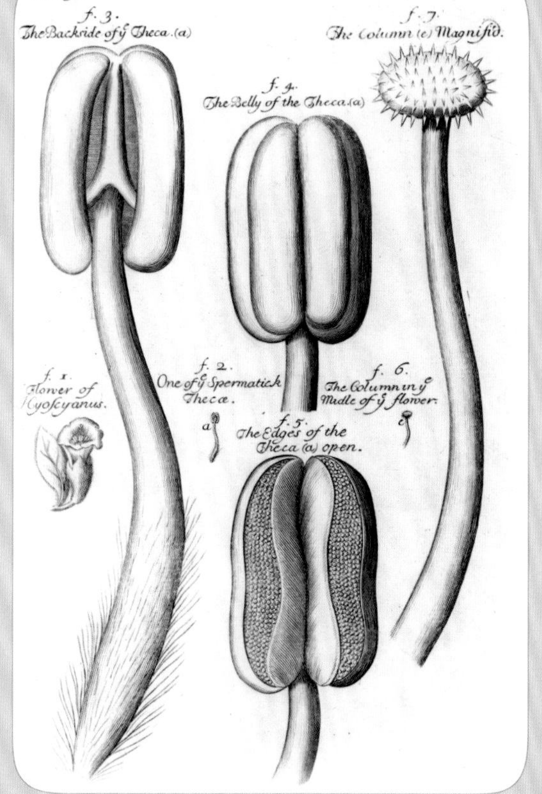

주석

이 책은 모든 사람들이 화분립의 독특한 세계와 형태를 발견하고 즐길 수 있도록 쓰였다. 그러나 화분이 무엇인지, 어떻게 생겼으며, 어떠한 역할을 하는지 설명하기 위하여 과학적인 부분에서는 기술적인 용어들을 사용해야만 했다. 독자 중에는 식물 또는 화분에 대한 용어가 익숙한 사람들도 있겠지만 그렇지 않은 사람도 있을 것이다. 우리는 이 책이 식물학적인 정보를 주기보다는 보다 폭넓은 독자들로부터 흥미를 끌 수 있기를 바라는 마음이다. 그러므로 내용이 어렵다고 생각되는 독자들을 위해 '폴른키트' 의 경우와 같이, 전문 용어가 본문에서 처음으로 쓰일 때 작은따옴표를 사용하여 표시하였다. 보통 전문 용어가 처음 사용될 때 이에 대한 설명을 하지만, 내용의 흐름을 방해하거나 지나치게 설명되는 것을 피하기 위해 부록의 용어 해설에서 용어에 대해 자세히 설명하였다.

식물학 라틴어: 이 책에 수록한 주석은 현재까지 출판된 식물학 라틴어에서 가장 권위 있고 광범위하게 사용되는 내용들만을 수집한 것이다. 특별히 취급해야 하는 고전적인 라틴어의 사상과 구조와는 상당히 다르고 소통의 채널로 받아들여지는 책 『식물학 라틴어(*Botanical Latin*)』는 윌리엄 스턴(William Stern)의 저서이다. 이 책은 젊은 시절의 스턴이 린네식물학회지(Botanical Journal of the Linnean Society)에 라틴어로 신종 기재를 하는 인도 학생을 도우려는 어설픈 시도에서 시작되었다. 어린 스턴은 이 경험을 통해 식물의 라틴명 기재에 있어서 고전 라틴어에 대한 지식이 실질적으로 필요하다는 것을 깨달았다. – "식물학자에게 필요한 식물 라틴어 지식의 범위는 고전주의자들에게는 낯설고 어려운 영역이다."

제2차 세계대전 동안 영국 공군의 전투기를 바라보며 시간을 보내던 윌리엄 스턴은 그가 '자초한 거대한 임무'를 시작했다. 윌리엄 스턴은 식물과 관련된 라틴어에서 적용되는 법칙을 명화하게 정리하기 위하여 식물 기재 및 용어와 관련된 '모든' 라틴어를 조사하였다. 전쟁이 끝난 후, 그는 전쟁 중에 작성한 필기장을 '다른 일을 하면서 간간히' 정리하기 시작하였고, 이 작업은 1966년 스턴의 대표작이 출간되기 전까지 20여 년이 걸렸다. 이렇게 하여 탄생한 이 책은 발간된 지 한 달 만에 완판되었으며, 그로부터 현재까지 3판이 더 출간되었다(1973, 1983, 1992).

라틴어 식물명: 식물의 라틴명을 인용할 때에 이 책에서 고수한 사용 방식이 있다. 예를 들어 버드나무과의 *Salix carprea*의 보통명은 갯버들(Pussy Willow)이다. 모든 식물의 공식적인 이름은 속명과 학명으로 이루어진다. – 이명(binomial): *Salix*(버드나무속)는 속명으로 언제나 대문자로 시작하며, *caprea*(카프레아)는 종소명으로 현재는 언제나 소문자로 시작된다. – 그러나 과거에는 종소명이 인물이나 지명을 나타내는 경우 대문자를 사용하였다. 속명은 고유하기 때문에 종소명이 없이도 의미를 지닌다. 예를 들면, 저자가 버드나무속(*Salix*) 또는 버드나무속 종(*Salix* sp.)이라고 언급한 경우, 정확하게 어떤 종인지는 내용에 나타나지 않아 알 수 없지만 버드나무속의 한 종을 뜻하는 것임을 알 수 있다. 반면, 종소명은 속명과 같이 사용하지 않을 경우 의미가 불명확하게 되는데, 이는 다른 속명에서 같은 종소명을 사용할 수 있기 때문이다. 예를 들면, *Myosotis arvensis*(물망초 Common Forget-me-not)와 *Sonchus arvensis*(사데풀 Field Milk Thistle)와 같은 경우이다. 버드나무속 종의 목록을 만들 때, 처음 종은 *Salix*의 전체 속명을 적고, 다음 종부터는 *Salix alba*, *S. caprea*, *S. fragilis* 등과 같이 약자 'S'로만 표기할 수 있다. 또한, 라틴어는 속명과 종소명 표기의 표준인 이탤릭체로 표기함을 주목해야 한다.

왜 라틴명일까?: 라틴어는 자연과학에서 쓰이는 국제적 언어로서, 라틴어 명과 용어는 자연과학자들에게 폭넓게 이해되고 있다. 예를 들면, 파파베르 로에아스(*Papaver rhoeas*)에 대해 이야기할 때, 영국인, 프랑스 인 및 독일인 식물학자들은 즉시 이해할 것인 반면, 이들이 각 나라에서 쓰이는 지방명인 Field Poppy, Pavot Rouge 및 Klatschmohn을 사용할 경우 서로가 같은 종을 이야기하고 있다는 것을 깨닫기까지는 시간이 좀 걸릴 것이다.

플로리스트 또는 원예 용품점에서 사용되는 이름이 식물학적으로 올바르지 않거나 또는 업데이트 되지 않은 것을 흔히 찾아 볼 수 있으며, 이 책에도 몇 가지 예를 소개하고 있다. 이 책을 쓰고 있을 무렵, 용담과에 속하는 리지안투스(*Lisianthus*)는 마켓에서 흔히 재배용으로 판매되었던 종이다. 식물학적으로 정확한 이름은 유스토마 그란디플로룸(*Eustoma grandiflorum*)이며, 명명자는 (Rafin.) Shinners로, 이전에는 리지안티우스 그랜디플로루스(*Lisianthius grandiflorus* Aubl.)였다(*Lisianthius*의 세 번째 i는 마켓의 상표에서 누락되었다). 우리가 여름에 화분이나 화단에 기르는 제라늄은 진짜 제라늄과 같은 과에 속하긴 하지만 사실 펠라고늄(*Pelargonium*)의 재배종이다. 따라서 영국 야생종의 일부 제라늄 – 예를 들어 허브 로보트(*Geranium robertianum* L.)와 같이 다소 고약한 냄새가 나긴 하지만 보기 좋은 일년생 초본 – 을 제외하면 대부분의 제라늄 종과 정원의 재배종은 덤불 형태의 단단한 다년생 관목이다.

라틴명의 명명자: 공식적으로 인정된 모든 식물 종은 '이명(binomial)' 에 의거한 라틴명을 가지며, 이것은 해당 종이 처음으로 과학 논문에 정식으로 기재될 때 명명된다. 만약 그 식물명이 후에 수정 또는 변경되는 경우에도 변경된 식물명 역시 공식적으로 발표되어야만 한다. 식물명은 식물분류학(생물의 분류)을 전공하는 식물학자에 의해 정해진다. 식물명에는 많은 명명자가 있으며 이 중, 'L'은 스웨덴의 박물학자로, 동식물의 명칭에 이명 체계를 도입했던 칼 린네(Carl Linnaeus, 1707~1778)의 약자를 뜻한다. 그는 특별히 북서부 유럽에 서식하는 많은 동식물의 이름을 명명하였다. 이 책의 부록에 있는 찾아보기에서 얼마나 많은 식물의 명명자가 'L' 인지 주목하라. 과학적인 글에서 식물학자가 처음으로 종의 이름을 언급할 때에는 식물명과 함께 명명자를 인용해야 하지만, 이 책에서는 글의 흐름을 방해하지 않기 위해 명명자를 본문에 사용하지 않았다. 이는 특히 식물을 전공하지 않은 독자를 위한 것이며, 대신 부록의 찾아보기를 통해 명명자의 정보를 제공하였다. 명명자를 명시하는 이유는 식물명에 대한 기준을 제공하기 위한 것이다. – 명명자를 통해 속명과 종소명이 정확한지의 여부와 현재 사용되는 이름인지를 점검할 수 있다. 식물과 동물의 명명법은 복잡하고 매우 전문적인 주제로, 많은 법칙과 규정 및 식물명명규약법에 의해 정해진다.

식물 라틴어의 그리스어 요소: 식물 라틴어에 왜 많은 그리스어가 있는지에 대한 설명은 윌리엄 스턴의 『식물학 라틴어(*Botanical Latin*)』(4판, 252~274쪽)에 나타나 있다. – "라틴어가 식물의 학명을 나타내기 위한 공식적인 언어이지만, 사실 많은 식물명의 기원은 그리스어이다. 그 이유는 이중적이다. 그린(E.L. Greene)은, '식물과 관련한 최고의 라틴어 작가인 플리니우스(Pliny)가 로마의 독자들을 위해 테오프라스탄(Theophrastan) 글들을 번역했을 때, 그리스어 식물명 대신 익숙한 라틴 이름들을 사용하였다.'라고 언급하였다. 그러나 실제로는 많은 식물들이 라틴명을 갖고 있지 않았다. 플리니우스는 이러한 어려움을, 그리스명을 로마어로 번역함으로써 극복했다. 어미의 끝은 그에 의해 또는 때때로 그의 어마어마한 집필을 도와주기 위해 고용된 항상 유능하지만은 않은 직원과 서기들에 의해 라틴어의 관용법에 맞게 변경되었다. …… 린네도 여러 이름들을 목록화하였다. …… 또, 그는 새로운 속명을 명명하면서 고전명을 이용하기도 하였다."

"그러나 비록 그리스어를 조합하여 만든 것이지만 고전 그리스어를 포함하지 않는 많은 식물명이 있다. 이러한 이름들은 계속하여 소개되었는데, 그 이유는 적합한 라틴어 문자가 이미 사용되고 있는 점도 있지만, 주된 이유는 그리스어가 만족스런 복합어를 만들기에 적합한 풍부하고도 융통성 있는 언어이기 때문이다."

식물의 과명: 식물의 과명은 주로 어미가 –aceae로 끝난다. 간혹 과명이 –ae로 끝나는 경우가 있는데, 꿀풀과(Labiatae), 국화과(Compositae), 콩과(Leguminosae)와 십자화과(Cruciferae) 등이 잘 알려진 예이다. 이러한 예외적인 식물명은 보존명으로, 이는 식물학자 및 원예학자들이 오랫동안 사용하여 잘 알려져 있을 뿐만 아니라 이들이 또한 식물 중 매우 큰 과에 속하기 때문이다. 이러한 과들은 더 일반적인 –aceae로 끝나는 또 다른 과명을 가지고 있다(Lamiaceae 꿀풀과, Asteraceae 국화과, Fabaceae 콩과, Brassicaceae 십자화과).

식물의 일반(지방)명: 지방명의 표기에도 일정한 방식이 있다. 감자, 토마토, 오이, 장미와 같이 식물군을 일반화하여 표시할 때에는 단어의 첫 글자를 소문자로 표시한다. 그러나 민들레(Dandelion)와 같이 특정한 식물종의 일반명을 표시할 때에는 첫글자를 대문자로 표시한다. 일반명이 두 단어로 이루어졌을 경우 각 단어의 첫 글자를 대문자로 표시한다(Pussy Willow 또는 Dog Violet). 그러나 단어 사이에 하이픈이 있는 경우에는 대문자를 사용하지 않는다(Forget-me-not, Lords-and-ladies). 같은 일반명이 다른 지역에서 쓰이는 경우에도 혼란이 일어날 수 있다. 예를 들면, 스코틀랜드에서 블루벨은 *Campanula rotundifolia* L.(초롱꽃과)이지만, 잉글랜드에서는 *Endymion non-scriptus* (L.) Garcke(백합과)를 가리킨다. 이러한 주제들에 대한 완벽한 이해를 위하여 윌리엄 스턴의 『식물학 라틴어(*Botanical Latin*)』와 찰스 제프리(Charles Jeffrey)의 『생물의 명명(*Biological Nomenclature*)』을 추천한다(자세한 설명은 참고 문헌 참조).

참고 문헌: 이 책에서 설명되고 논의된 어떤 주제를 탐구하는 데 흥미를 가진 사람들을 위해 화분과 수분, 그리고 예술과 예술가에 대한 선별된 참고 문헌을 제공한다.

도판: 다른 식물학자와 예술가들에 의해 선택된, 주로 역사적으로 중요한 이미지들을 제외한 이 책의 모든 이미지들은 저자들이 작업한 원본 이미지들이다. 화분 이미지들은 이 책을 위해 특별히 수집되고 준비된 재료들이거나 이전에 수행된 연구에서 얻은 것이다. 특별히 확대된 꽃 이미지는 Nikon D100 카메라로 촬영되었고, 60mm micro nikkor와 35~105 macro nikkor 렌즈를 사용하였다. 화분립 처리 기술에 관하여는 본문에 설명되어 있다. 광학현미경(LM)에 사용되는 화분립은 100× 유침용(油浸用) 대물렌즈(oil immersion objective)가 장착된 Nikon Optiphot로 촬영하였고, 주사전자현미경(SEM)에서 사용된 화분립은 Hitachi S2400 SEM으로 관찰 및 촬영되었으며, 투과전자현미경(TEM)에 사용된 화분립은 특별히 준비된 수지에 넣어 Diatome diamond knife를 장착한 초박편 제작기(Reichert Ultracut)로 얇은 박편을 만들었다.

박편된 재료는 LKB ultrostainer로 염색된 후 Hitachi H300 투과전자현미경(TEM)으로 관찰 및 촬영되었다. 광학현미경 이미지는 35mm의 고해상도 컬러 또는 흑백 필름으로 현상되었다. 주사전자현미경(SEM)과 투과전자현미경(TEM)의 이미지들은 고해상도의 흑백으로 현상된 후 스캔 파일로 준비되었고, 몇몇 주사전자현미경 이미지들은 컬러로 소개되었다. 이미지에 사용된 컬러는 몇 가지 요인에 의해 결정되었다. 단순히 본래의 꽃 또는 화분의 컬러를 적용하거나 화분의 구조와 기능을 고려하여 적용한 경우가 있는 반면, 순전히 직관적인 감각과 다분히 비과학적인 방법으로 선택하기도 하였다.

각각의 사례에 반영되고 논의를 시작하게 하는 화분 이미지에 대한 선별 작업은 관심사가 서로 다른 과학자와 예술가에 의해 명확하게 이루어졌다. 많은 화분립은 문양과 다른 특징들을 명확하게 보여 주기 위해 세척 후 최대한 팽창된 상태로 준비되었다. 또 다른 표본들은 신선한 꽃에서 직접 채취하여 자연 건조를 한 후, 있는 그대로 주사전자현미경을 이용해 관찰되었다. 화분의 미학적인 관점보다는 보편적인 관점에 중점을 두어 관찰하였으며, 부서지거나 불완전한 형태로 일반적인 실험에서는 사용할 수 없는 화분립의 경우에도 그 조각 형태를 보여 주기 위해 사용하였다.

화분 이미지의 확대율

비록 화분립을 촬영한 원래 확대율이 있지만, 이 책(3판)에는 기존의 이미지보다 더욱 확대된 이미지가 수록되었다.

본문과 사진 설명에 사용된 약자

LM = light microscopy 광학현미경
SEM = scanning electron microscopy 주사전자현미경
TEM = transmission electron microscopy 투과전자현미경
CPD = critical point drying 임계점 건조법
cv. = a garden cultivar, not a natural species 재배종
sp. = species (singular) 종 (단수)
spp. = more than one species 한 종 이상
sp. unk. = species unknown 미확인종

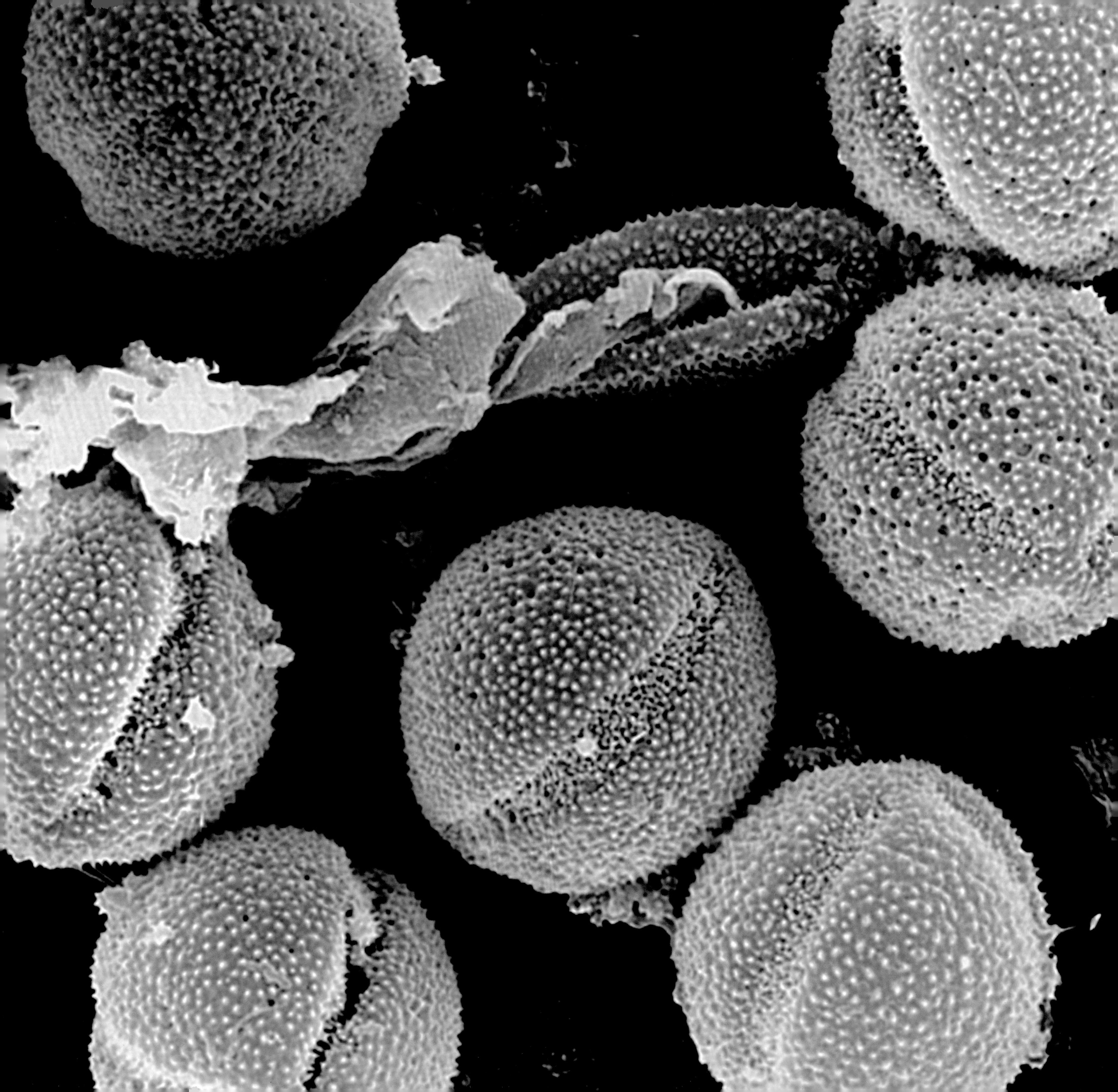

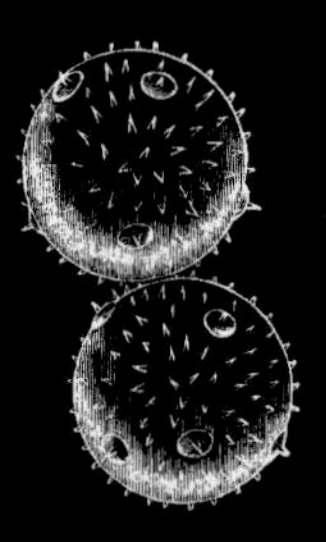

서문
FOREWORD

피터 크레인 교수(PROFESSOR SIR PETER CRANE FRS)
예일대학교 산림 · 환경연구대학원 CARL W. KNOBLOCH, JR. 석좌 학장, 영국 왕립협회 회원

웨일스양귀비(양귀비과) *Meconopsis cambrica* (L.) Vig. (Papaveraceae) – Welsh Poppy. 화분립. 자연 상태로 확대함. 폴른키트(pollenkitt)로 덮여 있는 것에 주목 [SEM × 1500]

큐 왕립식물원은 약 250년 동안 식물학적 주제를 예술적으로 가장 잘 표현하는 일들을 해왔다. 18세기에 하노버 왕가의 3대인 오거스타(Augusta) 공주, 샬럿(Charlotte) 여왕 그리고 엘리자베스 공주는 당시 가장 잘 알려진 식물 화가인 마거릿 민(Margaret Meen)과 프란츠 바우어(Franz Bauer)로부터 꽃을 그리는 수업을 받았다. 그들은 그림의 소재를 큐 왕립식물원에 급격히 증가된 수집품들 중에서 선택하였다. 이후 19세기에 월터 후드 피치(Walter Hood Fitch)와 그의 동업자는 타국의 수집가로부터 외래식물을 들여왔고, 여기에는 외래식물의 진수라고 할 수 있는 빅토리아연꽃(giant amazonian waterlily)부터 기이한 웰위치아(*Welwitschia*)까지 포함되어 있었다. 같은 시기에, 마리앤 노스(Marianne North)는 풍경과 식물을 찾아 전 세계를 여행하며 그림의 소재를 얻음으로써 영광스럽게도 오늘날 그녀의 이름을 딴 갤러리를 갖게 되었다. 20세기를 지나오면서 큐 식물화의 전통은 해리엇 디슬턴-다이어(Harriet Thistleton-Dyer), 마틸다 스미스(Matilda Smith), 릴리안 스넬링(Lilian Snelling), 마거릿 미(Margaret Mee), 마거릿 스톤(Margaret Stone), 스텔라 로스-크레이그(Stella Ross-Craig), 메리 그리어슨(Mary Grierson)과 같은 많은 이들의 정교한 작업을 통해 유지되고 있다. 이러한 작업은 현재에도 계속되고 있다. 큐 왕립식물원은 목표로 하는 수집품 확보 활동과 『커티스 식물학 잡지(*Curtis's Botanical Magazine*)』 및 다른 출판물에 소개할 새로운 작품을 위한 위원회 활동을 통해 타의 추종을 불허하는 식물 예술품의 소장 목록을 늘려 가고 있다. 또한 미래의 보태니컬 아티스트(botanical artists) 양성을 위해 활발한 교육 프로그램 시리즈를 운영하고 있다.

식물 전체와 꽃을 정확하게 표현하는 것은 언제나 식물 예술의 중심이 되어 왔으며, 이것은 또한 식물의 다양성을 기록하는 과학의 목적과 불가분의 관련이 있었다. 그러나 큐 왕립

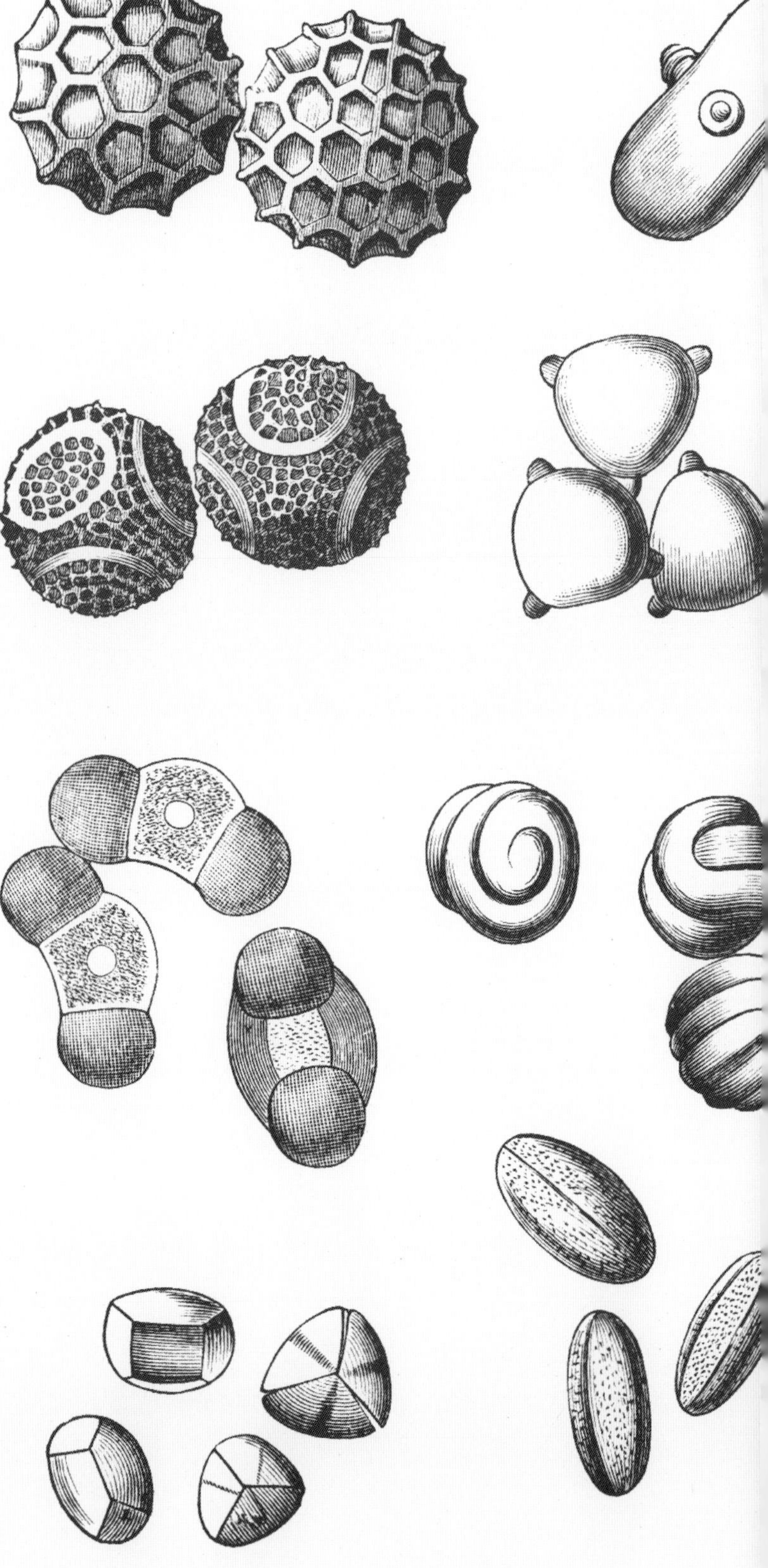

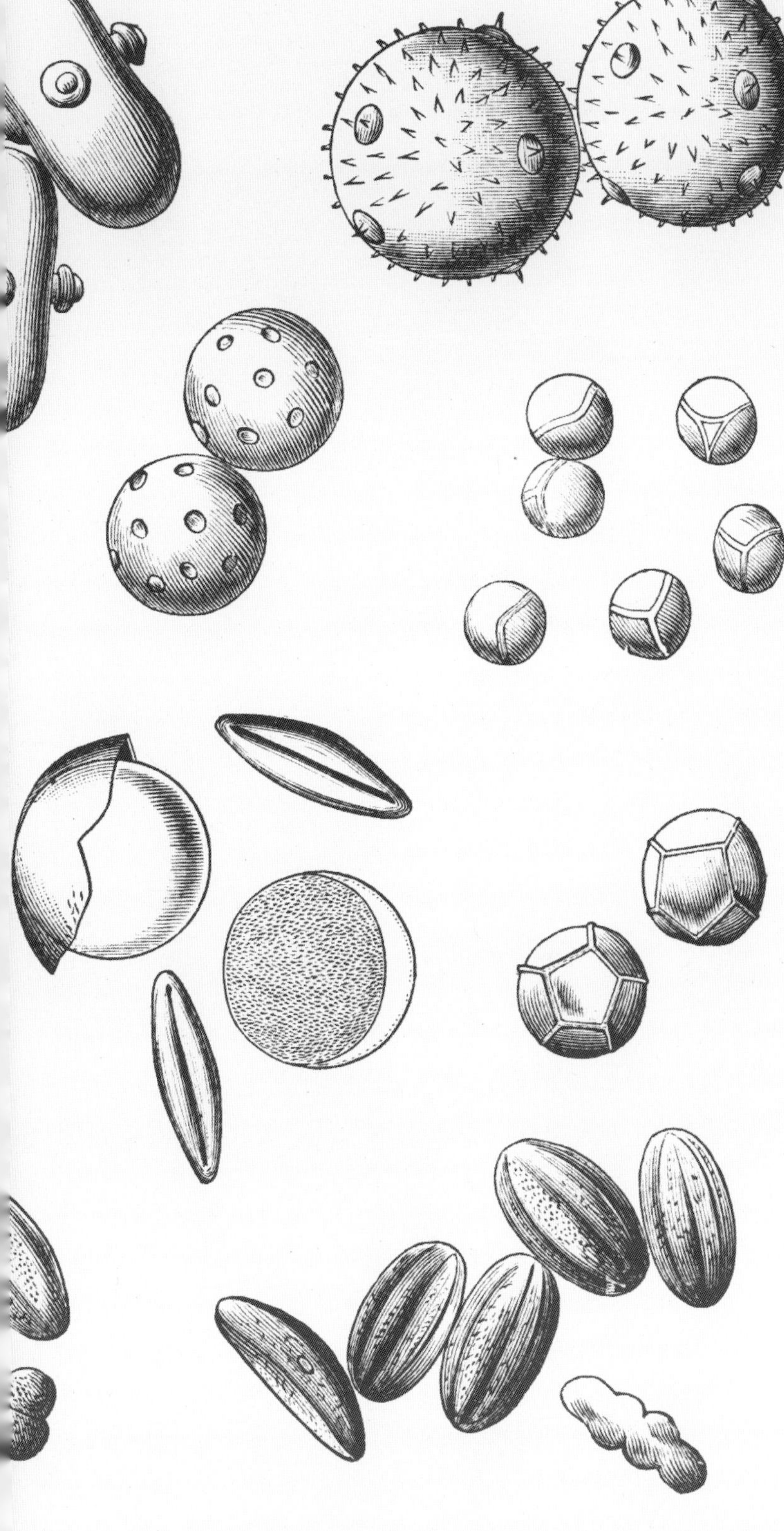

식물원의 광범위한 과학적인 임무를 수행하는 상황에는 언제나 식물의 현미경적 구조에 초점을 맞춰 온 예술 부분이 함께했다. 니어마이어 그루(Nehemiah Grew)와 다른 연구자들의 초기 작업 이후로 줄곧 예술가와 과학자들은 현미경을 이용하여 자연의 복잡한 구조를 밝혀내는 일에 매혹되어 왔다.

특별히 프란츠 바우어(Franz Bauer)는 식물의 현미경적 구조를 표현하는 예술을 발전시킨 중요한 사람이다. 그는 꼼꼼하고 세심하게 관찰하는 성향을 가진 사람으로서 화분립 내 형태의 다양성을 최초로 조사하였으며, 이 조사는 19세기 화분의 집중적인 연구와 더 많은 전문가 배출의 기반을 제공하는 데 도움을 주었다. 바우어의 업적과 이후 연속적으로 밝혀진 식물 구조의 양상들은 오늘날 이에 대한 과학적 흥미를 지속시켜 주고 있다. 또한, 어떻게 유전정보가 식물의 복잡한 형태에 반영되는지에 대한 비밀을 찾는 연구가 새롭게 주목받고 있다.

이 책에서 보여 주는 과학자와 예술가 간의 독창적인 공동 작업은 식물 구조의 복잡성을 탐구해 온 오랜 전통이라고 할 수 있다. 이러한 탐구는 식물 형태를 분석하고 이해하며 표현하기 위한 예술적인 시도와 밀접하게 연결되어 왔다. 그것은 17세기와 18세기의 저명한 과학자에 의해 시작된 화분 다양성에 대한 탐구를 지속시키고, 또한 식물생활사에서 화분의 중요한 기능을 밝히고 있다. 이 책은 주사전자현미경을 이용하여 지금까지 접하지 못했던 세계로 우리를 안내한다. 연구의 결과물인 이 책은 예술서로서, 또 식물이 어떻게 활동하는지에 대한 해설서로도 매력이 있다. 즐거움과 영감, 그리고 흥미로운 이 책을 제작한 매들린 할리(Madeline Harley)와 롭 케슬러(Rob Kesseler)에게 축하의 말을 전하며, 독자들은 이들의 헌신과 창조성이 깃든 식물 세계의 숨겨진 걸작들의 새로운 모습을 감상하길 바란다.

피터 크레인 교수(Professor Sir Peter Crane)

배경: 화분립의 일러스트. 『식물의 자연사(*The Natural History of Plants*)』에서 발췌. 케르너(A. Kerner) & 올리버(F.W. Oliver). 1903.

롭 케슬러 · 매들린 할리

ROB KESSELER & MADELINE HARLEY

절굿대(국화과) *Echinops bannaticus* (Compositae) — Globe Thistle

이 책은 육안으로는 볼 수 없는 매우 작은 생명체인 화분립의 완벽한 디자인에 대해 예술가와 과학자가 서로 열정을 공유하여 얻은 결과물이다. 화분립은 그들의 목적인 번식을 위하여 바람, 물 또는 동물에 의해 옮겨지는 마지막 순간까지 꽃의 아름다움 속에 싸여 있게 된다. 화분은 어디에서나 볼 수 있다. 어린 시절 우리는 식물의 번식과 벌의 역할에 대해 배웠지만 아주 소수만이 화분립 구조의 놀라운 다양성을 알고 있다. 그러나 이 작고 특별한 형태를 가진 화분립은 이미 17세기부터 과학적인 흥미를 끌어 왔다.

역사를 통해 보면 지식에 대한 열정으로 많은 학문을 넘나들었던 천재 학자들이 있었는데, 레오나르도 다빈치가 바로 그 전형이라고 할 수 있다. 17세기 들어 화학자, 물리학자이며 런던 시의 측량사였던 로버트 훅(Robert Hooke)은 복합현미경 개발에 열정을 쏟았으며, 이는 과학계에 대단한 영향을 예고했다. 1665년에 발간된 그의 주요 저서 『현미경의 세계(*Micrographia*)』는 당시 과학계에서 획기적인 것이었다. 훅(Hooke)은 실크 무늬부터 벼룩까지, 현미경으로 관찰한 모든 것을 이해하기 쉬운 언어로 묘사했을 뿐만 아니라, 관찰한 각 표본에 대해 '다른 세계'의 모습을 보여 주는 상세한 도해까지 수록하였다. 현대의 우리들은 도해가 풍부한 책들에 너무 익숙해져 있기 때문에, 『현미경의 세계』가 첫 출간 당시 일으켰던 반향을 상상하기가 어렵다.

『현미경의 세계』는 '자연의 문양'을 수집하고 보여 주는 일에 점점 더 강하게 매료되어 가고 있는 그 무렵 유럽 사람들을 만족시키기 위해 발간된 1765년의 『눈부신 자연과 예술(*Spectakulum Naturae & Artium*)』, 1776년의 『재미있는 현미경(*Amusemens Microscopiques*)』과 같은 유명한 도해서들보다 무려 한 세기나 앞서 발간된 것이었다.

혹 시대부터 예술과 과학의 관계는 많은 변화를 겪어 왔다. 식물의 발달 주기를 상상하면서 잠을 청했을지도 모를 괴테는 좋은 시절을 만나지 못했다. 그는 그의 저서 『식물의 변형(*On the Metamorphosis of Plants*)』이 당시 식물학자와 대중들에게 인정받지 못한 것에 충격과 실망을 감추지 못했다. 이 책은 30년이 지난 후에야 식물학에서의 중대한 공로를 인정받았다. 그는 "이 세상 어디에도 과학과 예술이 결합할 수 있음을 인정하는 이가 없다. 사람들은 과학이 시에서 발달해 왔다는 걸 잊었고, 과학과 예술이 상호 간에 이득이 되도록 상당히 높은 수준에서 재결합될 수 있는 것을 고려하지 못했다."라고 불평했다.

과학과 예술이 분리된 후 시간이 지난 지금, 과학과 예술의 문화는 협력의 르네상스 시대를 만끽하고 있다. 이 책이 바로 이러한 새로운 협력 정신의 증거라고 할 수 있다. 과학적으로 생산된 이미지는 정교하고, 품질이 매우 명료하고 상세하여 과연 예술적 개입이 필요한지를 의심할 수 있을지도 모른다. 그러나 이는 새로운 과학적 이미지를 해석하고 번역하는 데 있어서 과학적 발견의 문화적 중요성을 발전시킬 수 있는 예술가의 역할을 무시하는 것일 수도 있다. 동시대를 살고 있는 모든 연령대의 독자들은 자연계 이미지에 대한 욕구를 가지고 있다. 자연계는 순수한 기품을 통해 우리로 하여금 경외감을 떠올리게 할 뿐만 아니라, 생명의 역할에 대해 좀 더 배울 수 있는 기회를 제공하기 때문이다.

이제 우리가 과학과 예술의 공동 작품에 대한 결실을 함께 나눌 수 있게 된 것은 매우 즐거운 일이라고 할 수 있다.

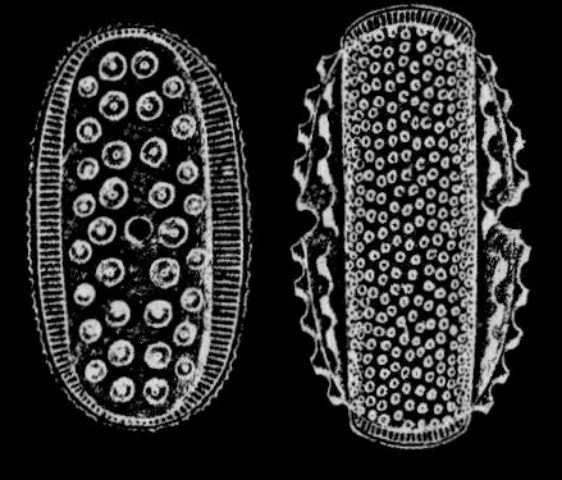

꽃 없이는 화분도 없고, 화분 없이는 꽃도 없다

NO FLOWERS–NO POLLEN, NO POLLEN–NO FLOWERS

매들린 할리
MADELINE HARLEY

코베아 스칸덴스(꽃고비과) *Cobaea scandens* (Polemoniaceae) – Cup and Saucer Vine, 확대된 화분립

아래: 백합 재배종(백합과) *Lilium* cv. (Liliaceae) – Florists' Lily. 확대된 화분립 [SEM × 1000]

20쪽: 백합 재배종(백합과) *Lilium* cv. (Liliaceae) – Florists' Lily. 확대된 꽃밥

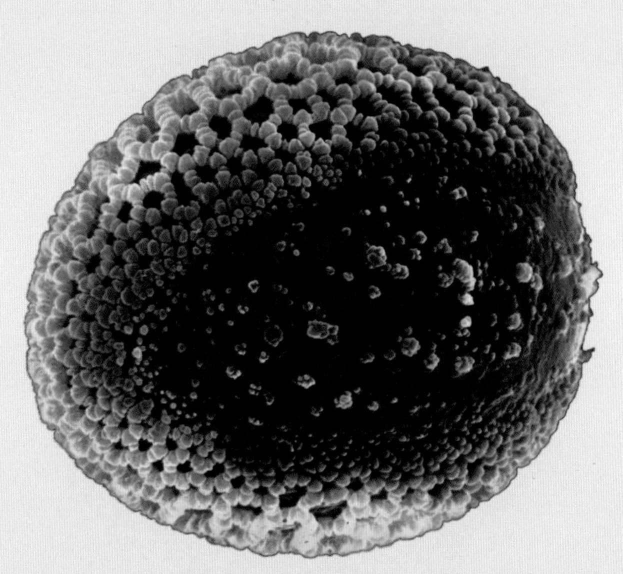

이 책은 꽃밥에서 방출된 성숙한 화분립이 그들이 운반하는 정자의 짝을 찾기 위한 탐색 여정을 기념한 것이다. 이 책에는 화분립이 어떻게 배주(밑씨)를 수정시켜 종자를 발달시키는지에 관한 신비로운 이야기뿐만 아니라, 화분립 자체에 관한 내용이 담겨 있기도 하다. 이 화분립들이 자연에서 볼 수 있는 가장 아름다운 미세 구조물들 중 한 가지라는 데에는 의심의 여지가 없다. 화분립들은 자연적으로나 구조 공학적으로 완벽한 걸작이어서 때로는 숨이 막힐 정도로 아름답다. 화분립의 형태는 매우 다양하며, 그것을 만들어 낸 식물로부터 분리해서 보면 각각의 특징을 볼 수 있어서 어떤 종의 화분인지 알 수 있거나 또는 어떤 종인지를 식별할 수 있는 범위를 좁힐 수 있다.

'화분(pollen)'은 라틴어로서 미세한 먼지나 가루를 의미하며, 화분이라는 단어의 사용은 고대에서 비롯된다. 화분은 1747년 출간된 칼 린네(Carl Linnaeus)의 『식물의 성(*Sponsalia Plantarum*)』에서 하등식물의 웅성 정자를 운반하는 단위라는 과학적 용어로 처음 사용되었다. 또 린네는 그의 첫 번째 저서 『식물학론(*Philosophy of Botany*)』(1750(1)) 에서 "화분은 액체가 적당히 가해지면 터지는 식물의 가루이며 육안으로는 볼 수 없는 물질을 퍼뜨린다."라고 화분에 대해 정의했다.

대부분의 사람들은 화분이 옷을 얼룩지게 하거나 심각한 알레르기(건초열)를 자주 일으키는 성가신 것이라고 알고 있다. 그러나 이런 일들은 화분과는 관련이 거의 없다. 화분립은 완벽하고 꽤나 놀라운 자연의 독립체들이다. 그것은 육안으로는 거의 감지할 수 없을 만큼 먼지처럼 작을 뿐만 아니라, 더 중요한 것은 이들이 식물계의 중요한 두 그룹인 피자식물과 나자식물 및 그 근연식물에서 정자세포를 운반하기 위한 특별한 구조의 운반체라는 것이다.

만약 화분립을 현미경으로 들여다본다면 우리는 작고 아름다운 화분이 펼치는 환상의 세계로 들어가게 될 것이다. 화분은 문양으로도 중요하게 이용된다. 화분립을 싸고 있는 표면

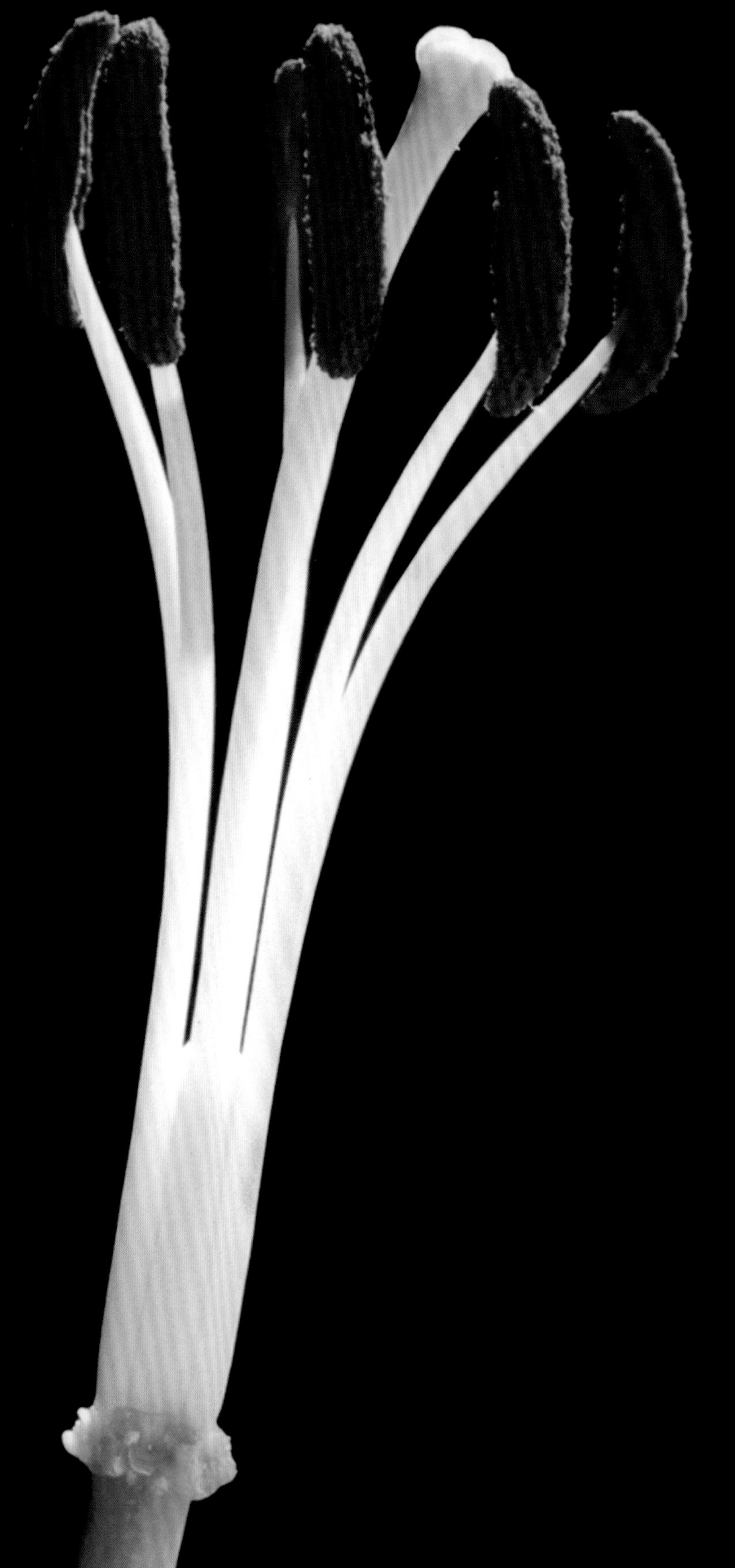

아래: 꽃잎을 떼어 낸 백합의 암술과 6개의 수술 중 3개

22쪽: 백합 재배종(백합과) *Lilium* cv. (Liliaceae) – Florists' Lily. 수술의 배열을 보기 위해 꽃잎을 제거함.

의 형태는 식물 종에 따라 놀랍도록 다양한 변이를 보인다. 이러한 매우 정교하고 우아한 다양함을 '화분 유형'이라고 부른다. 화분 유형은 수천 개에 이르며, 보통 한 식물 종은 한 가지 유형의 화분을 가진다. 그러나 식물의 종수만큼 화분 유형이 존재하는 것은 아니며, 몇몇 식물 특히 서로 가까운 종들은 매우 비슷한 화분 유형을 공유한다. 어떤 화분 유형은 많은 '과'에서 공통적으로 나타나므로 만약 그 화분을 생산한 식물을 구할 수 없다면, 전문가라 할지라도 그 화분이 어떤 식물에서 생산된 것인지 식별하기 어렵다. 그러나 잔디나 대나무가 속하는 벼과(Poaceae)의 경우, 모든 종이 매우 비슷한 화분 형태를 가지지만 이들이 벼과인지를 식별하는 것은 매우 쉽다.

배추와 꽃무가 속하는 십자화과(Cruciferae)의 많은 종들은 비슷한 화분 유형을 공유하며, 이들은 벼과 식물의 화분과 매우 다르지만 역시 과(family) 수준에서는 쉽게 구별이 가능하다. 과 수준에서는 다른 과와 확연히 구별되는 특징을 가진 화분을 공유하지만, 과 내의 서로 다른 종 간에는 기본적인 패턴의 다양함을 보여 주는 것이 있는데, 데이지과(국화과)가 그 좋은 예이다. 다른 과를 예로 들면, 쥐꼬리망초과(*Acanthus*, 'Bear's Breeches', 'Black-eyed Susan')는 과 내에 많은 유형의 화분이 있지만 과를 나타내는 뚜렷한 특징이 있기 때문에 전문가에 의해 쉽게 구별된다.

꽃의 구조

화분에 대한 이야기를 이어가기 전에 잠시 학창 시절로 돌아가 꽃의 구조와 용어를 상기시키는 것이 도움이 될 것이다. 꽃은 몇 개의 기본적인 부분으로 구성되어 있는데 이들의 배열, 구조 및 변형으로 인해 형태의 다양함은 무궁무진하다.

꽃의 구조를 쉽게 설명하기 위해 이미지화된 방사대칭화를 예로 사용하였다. 꽃줄기의 가

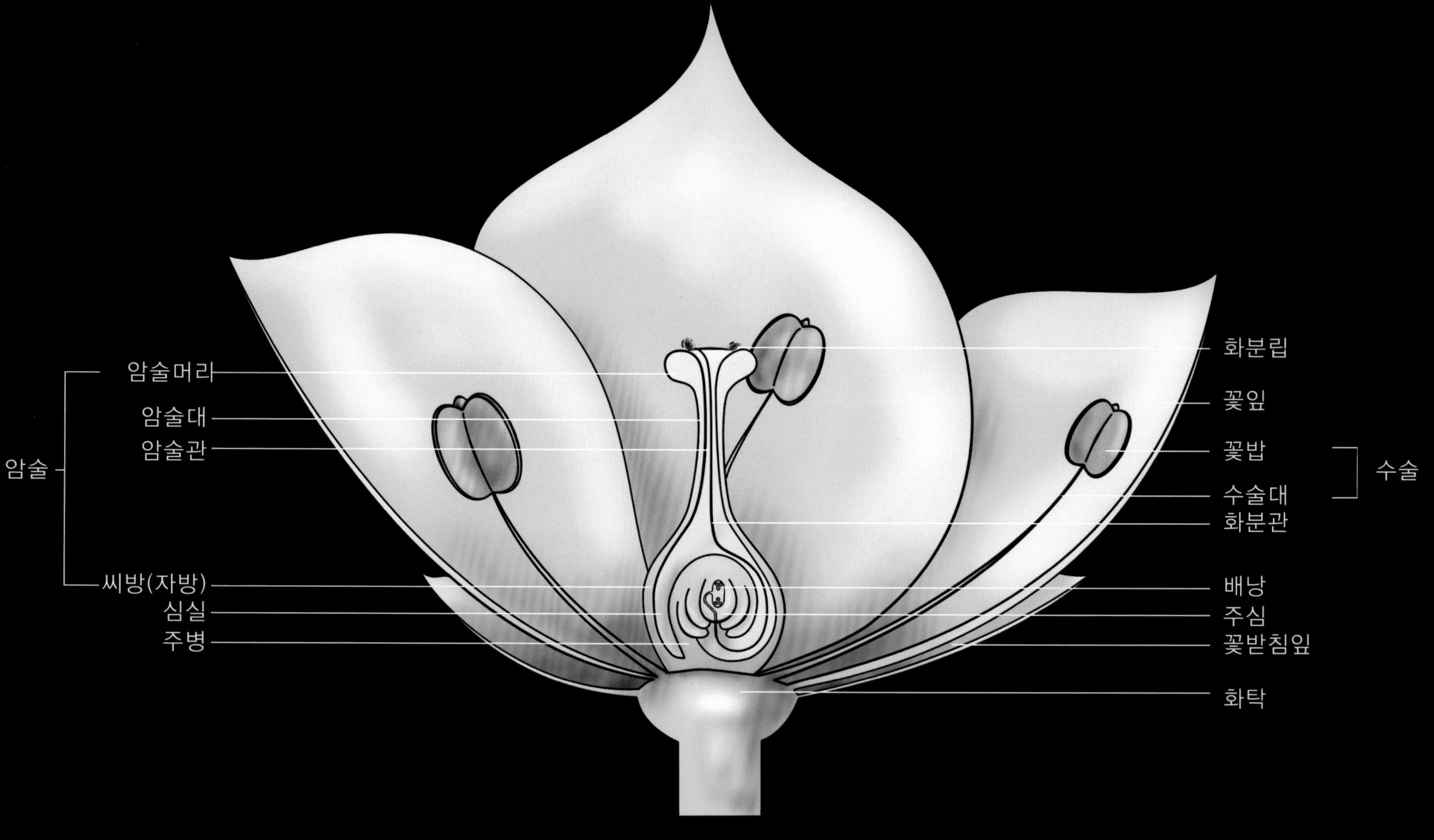

위: 꽃의 각부 명칭

24쪽: 바위미나리아재비(미나리아재비과) *Ranunculus acris* (Ranunculaceae) – Meadow Buttercup

아래: 백합의 꽃밥 단면

맨 아래 왼쪽: 암술관(stylar canal)을 보여 주는 암술의 단면과 중앙태좌에 붙은 씨방 안의 배주(밑씨)들
맨 아래 오른쪽: 백합의 수술

26쪽: 백합 재배종(백합과) *Lilium* cv. (Liliaceae) – Florists' Lily. 암술머리에 붙은 화분립

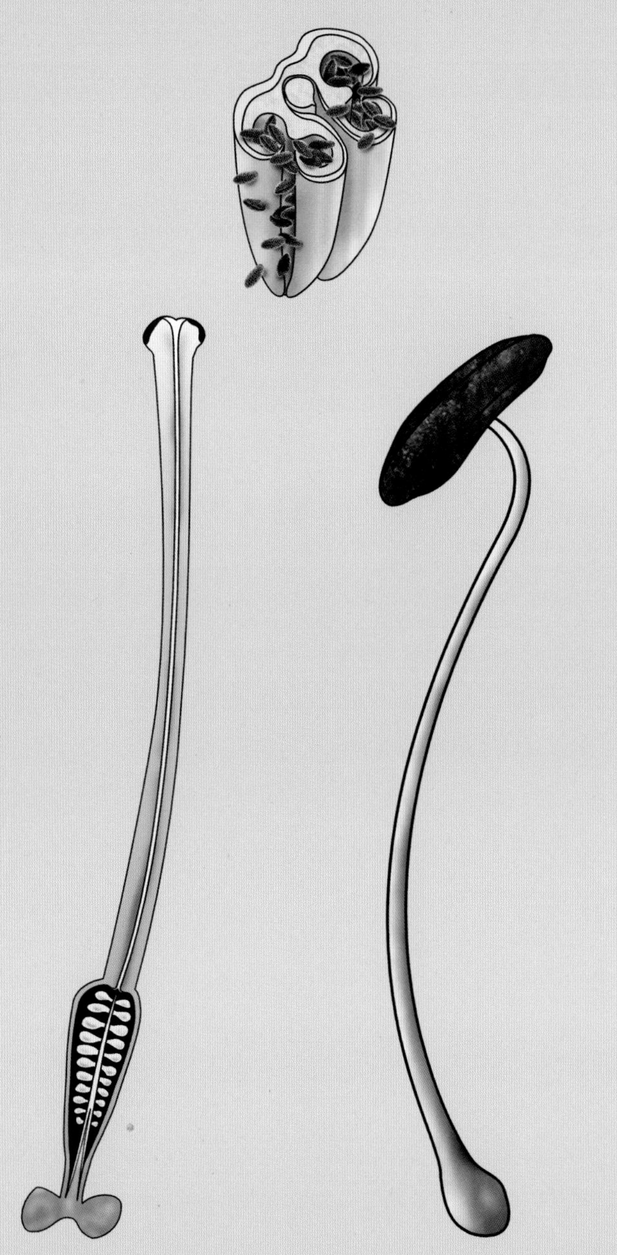

장 윗부분을 '화탁'이라고 하며, 꽃의 모든 부분을 받치기 위해 넓게 퍼져 있다. 꽃받침통(악 calyx) – 작은 원형을 이루는 꽃잎과 비슷한 구조로 보통 녹색 또는 갈색을 띠며 '꽃받침잎(악편 sepals)'이라고도 한다 – 은 꽃잎을 통칭하는 '화관' 아랫부분에 붙어 있다. 화관은 환상(環狀)의 수술들로 구성된 '수술군'을 감싸며, 수술은 암술머리+암술대+씨방으로 구성된 암술(= 심피 또는 합생심피)을 둘러싸는데, 두 개 또는 그 이상의 암술이 있는 경우를 '합생심피'라고 한다. 씨방 안에는 '배주(밑씨)'들이 있으며, 각각의 배주에는 '배낭'이 들어 있다.

화분은 어디에 있을까?

화분이 꽃의 생식주기에 얼마나 적합한지 알기 위해서는 직접 꽃의 생식 기관을 관찰하는 것이 도움이 될 것이다. 꽃집에서 살 수 있는 백합 재배종(*Lilium* cultivars)은 생식 기관을 관찰하기에 좋은 재료로, 누구나 쉽게 구할 수 있다. 백합은 그림에서 보듯이, 암술과 수술이 한 꽃에 있는 양성화를 가지는데, 대부분의 식물은 양성화를 갖는다. 백합은 생식 기관이 크기 때문에 관찰이 용이하며, 꽃잎을 떼어 내면 꽃의 아랫부분이 드러난다. 꽃의 중앙에는 자성 기관인 암술이 있고, 그 끝 부분에 삼각형으로 갈라진 암술머리가 있으며, 암술머리 아래쪽으로 긴 암술대가 있다. 암술대 내부의 중앙에는 '암술관'이라 불리는 관이 있는데, 이것은 암술머리부터 배주가 있는 씨방까지 연결된다. 암술 주변에는 웅성 기관인 6개의 수술이 있으며, 이것이 화분 생활사의 중심이 된다. 백합의 가늘고 줄기처럼 생긴 수술대 끝에는 커다란 꽃밥이 달려 있는데, 가장 일반적인 수술의 수는 3(또는 백합에서처럼 3의 배수), 5(또는 5의 배수) 또는 그 이상이며, 수술 위에 달린 꽃밥 안에는 화분립이 들어 있다. 대부분의 꽃밥에는 두 개의 주머니 또는 '화분낭(thecae)'이 있으며 이들은 '연결 조직'으로 분리되어 있다. 각각의 화분낭은 두 개의 칸 또는 '실(약실)'로 나뉘는데, 꽃밥이 성숙했을 때 두 개의 화분낭

이 수직으로 열리면서 수백, 수천 개의 화분립이 방출된다.

수술과 암술

수술과 암술의 구조와 형태는 매우 다양하지만 우리의 관심은 화분이므로 간단히 살펴보고자 한다. 피자식물에서 수술의 형태는 매우 다양하나, 공통적으로 가늘고 긴 수술대 위에 4실로 된 꽃밥을 갖는다. 수술대는 털이 있거나 밋밋하고, 길거나 짧으며, 굵거나 가늘다. 화관 밖으로 나온 수술대는 아랫부분만 붙고 위는 짧거나 긴 수술대들이 낱개로 떨어져 있거나 또는 수술대가 통으로 완전하게 결합되기도 한다. 박하과(꿀풀과 Lamiaceae)처럼 꽃이 관처럼 생긴 경우에는 아래의 고정된 부분이 꽃잎 위에 붙는다. 많은 과에서 수술대는 꽃받침 위에 고정되어 있으며, 수술대의 끝 부분은 꽃밥 연결 조직의 밑부분, 중간 부분 또는 끝 부분과 연결되기도 하는데, 꽃밥의 연결 조직은 거의 눈에 보이지 않거나 매우 정교하고 때로는 크다. 꽃밥의 화분낭 또한 매우 다양하여 수평으로 열리거나 심지어는 구멍에 의해 터지기도 한다. '공개 꽃밥(poricidal anther)'은 특히 진달래속 식물과 밀접한 관계가 있다. 센타우리움 에리트레아 (*Centaurium erythraea*, 용담과)처럼 꽃밥이 벌어진('열개') 후에 비틀어지거나, 풍년화(Witch Hazel- *Hamamelis*)처럼 화분낭이 '판' 처럼(작은 여단이 '문') 되기도 한다.

암술머리와 암술대 또한 여러 형태를 띤다. 예를 들면, 양귀비의 암술대는 매우 뭉뚝하고, 암술머리는 수레바퀴의 축소판 같다. 분꽃의 경우 암술대는 길고 끝이 '회전폭죽' 처럼 말린 모양을 하고 있으며, 그 끝 부분에는 윗부분이 여러 갈래로 갈라진 암술머리가 달린다. 튤립의 암술대와 백합의 암술은 길고 곧게 뻗은 모양을 하며, 3개로 갈라진 암술머리 갈래는 서로 가깝게 붙어 있다. 쥐손이풀과(Geraniaceae)의 경우 5개의 가느다란 암술대와 우아한 별

아래: 푸크시아 재배종(바늘꽃과) *Fuchsia* cv. (Onagraceae) – 화분립, 점질사(viscin thread)에 주목 [LM × 88, 말라카이트 그린 염색]

28쪽: 푸크시아 재배종(바늘꽃과) *Fuchsia* cv. (Onagraceae) – 확대된 수술과 암술

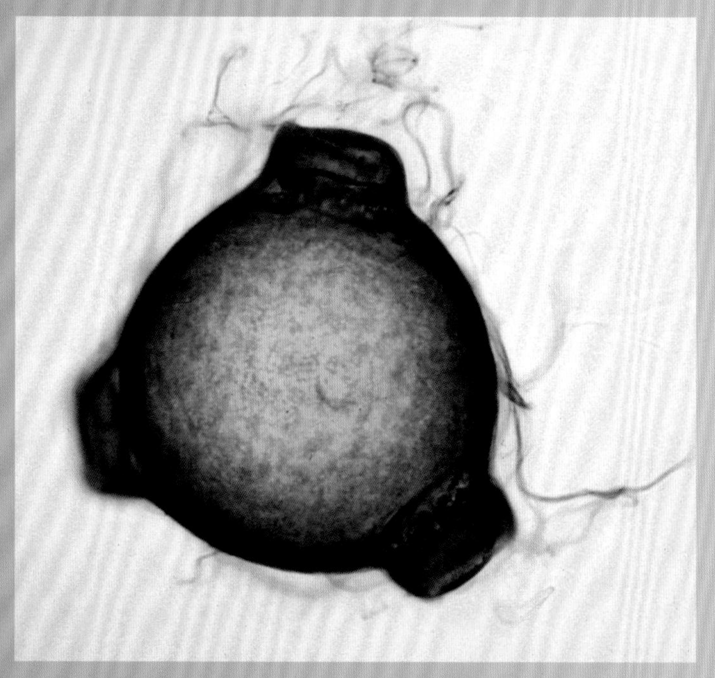

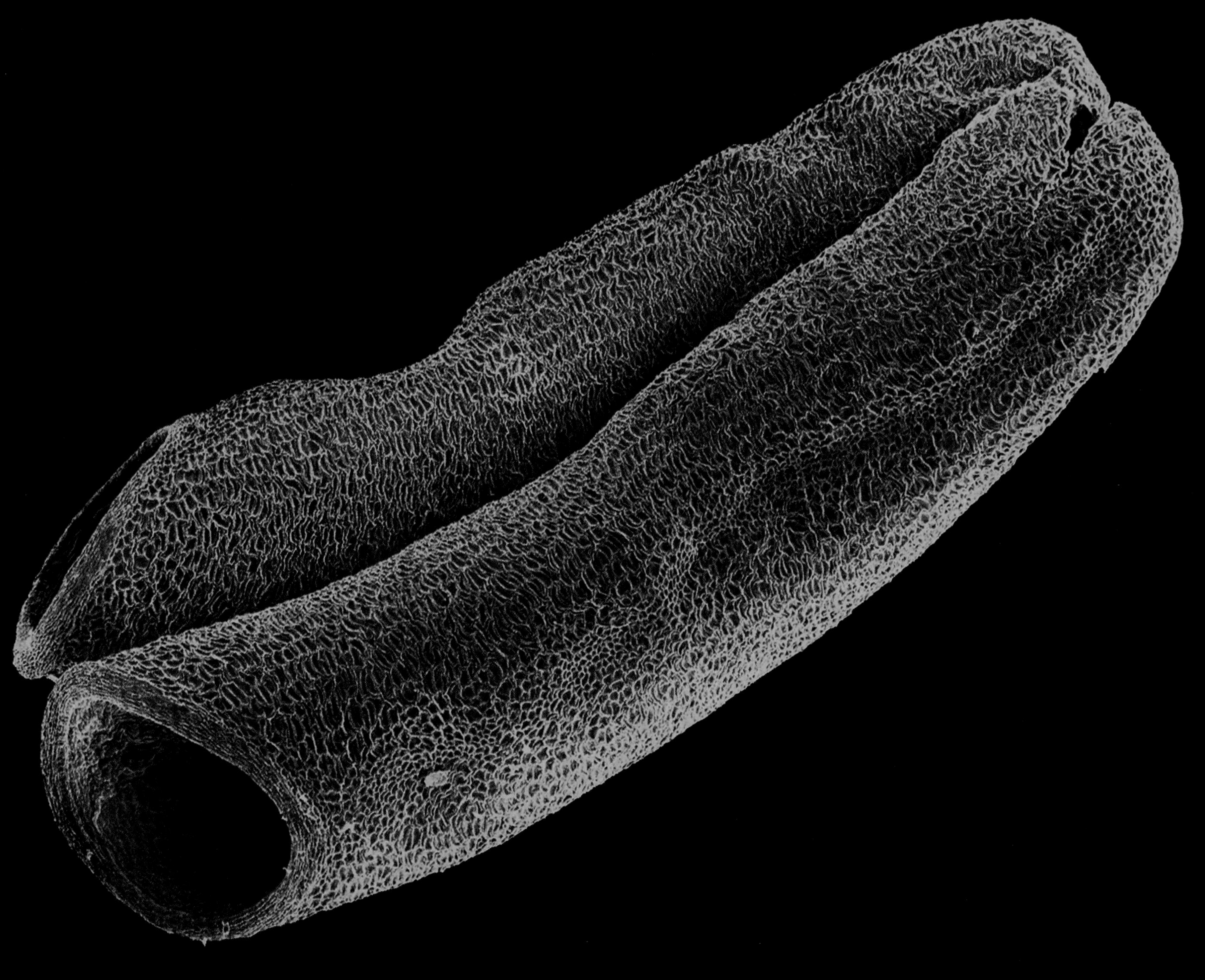

모양의 형태로 갈라진 암술머리가 통 모양을 이루는 반면, 아욱과(Malvaceae), 예를 들면 무궁화와 당아욱(*Malva sylvestris*)의 경우 수술대 길이를 따라 여러 곳에서 꽃밥이 달린 수술대가 가지를 친 수술통이 암술대를 둘러싸고 있다. 갈라진 암술머리는 수술통의 위쪽 끝에 나와 있으며, 그 전체적인 모양이 마치 작은 크리스마스트리와 비슷하다.

화분의 발달과 기능

대부분의 식물에서 화분립은 성숙한 꽃의 꽃밥에서 낱개 형태로 방출된다. 그러나 몇몇 과(약 50%)의 몇 가지 종에서는 성숙한 화분립이 '사분립(tetrads)'의 형태로 방출되기도 한다. 헤더(Heather)와 진달래과(Ericaceae) 식물, 달맞이꽃, 프리지어 및 분홍바늘꽃(바늘꽃과 Onagraceae)이 이에 속한다. 화분은 '다립(polyads)'으로도 방출되는데, 보통 4의 배수가 일반적이다. 다립의 예를 들면 매우 큰 과인 콩과(Leguminosae)의 미모사아과(Mimosoideae)의 아카시아속 및 미모사속이 이에 속한다.

화분의 또 다른 '산포 단위'인 '화분괴'는 매우 큰 과인 난과(Orchidaceae)와 박주가리과(Asclepiadaceae)에서 제한적으로 찾아볼 수 있다. 이 두 과에서 화분립은 거의 압축된 덩어리(massulae) 형태로 외부에 노출된다. 화분괴는 보통 4개로 4실로 나뉘는데, 이러한 형태는 다른 과의 일반적인 화분 형태와 같다. 4개의 화분괴는 한 개의 화분괴병 위에 붙거나 또는 2개의 화분괴병 위에 쌍으로 붙는데, 이러한 화분덩어리는 화분괴병에 의해서 '점착체'라 불리는 접착 구조에 연결되며, 이 전체 구조를 '화분괴낭(pollinarium)'이라고 한다.

화분립은 성장한 꽃밥 안쪽에 생긴 '융단 조직'이라 불리는 또 다른 보호막으로 둘러싸인 특수화된 '포자형성세포(sporogenous cell)'로부터 발달되고, '이배체(diploid)'인 포자형성세포는 '화분모세포(pollen mother cell)'로 발달한다. 이후에 각 이배체 화분모세포는 감수

아래: 진달래 재배종(진달래과) *Rhododendron* cv. (Ericaceae) – 'Coral Star'. 공개(구멍으로 열리는) 꽃밥이 달린 수술

30쪽: 진달래 재배종(진달래과) *Rhododendron* cv. (Ericaceae) – 'Coral Star'. 공개 꽃밥. 화분낭 위쪽에 구멍이 있다. [SEM × 30]

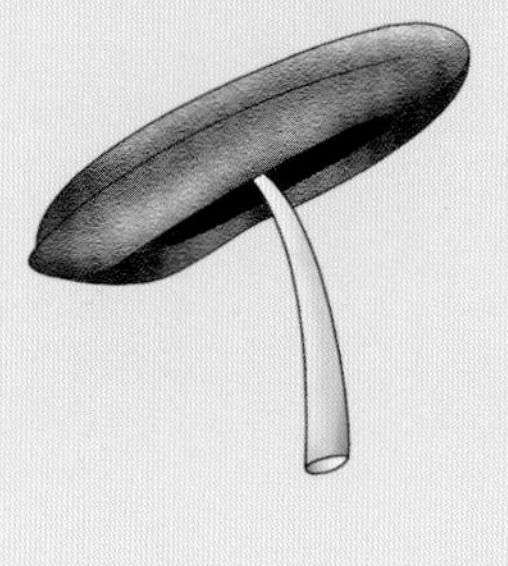
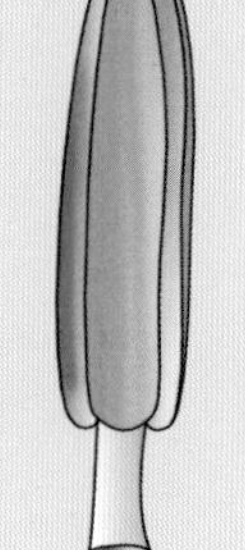

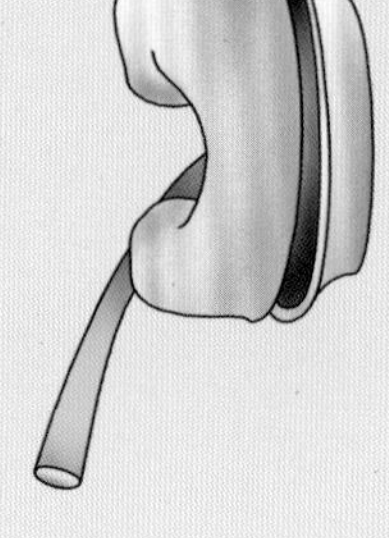
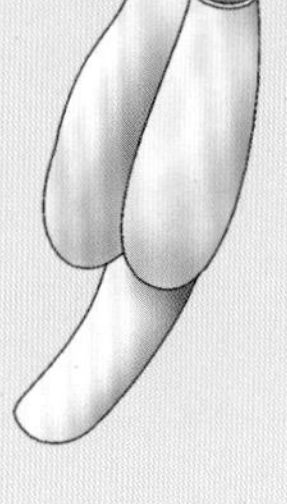
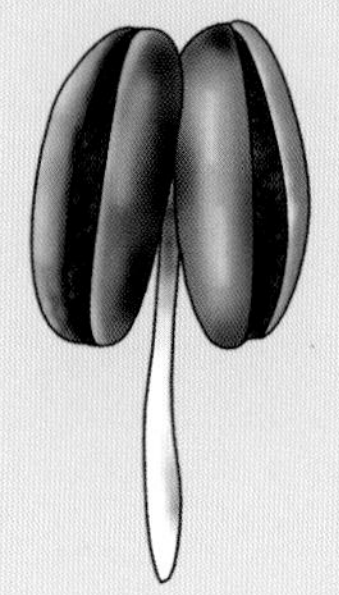
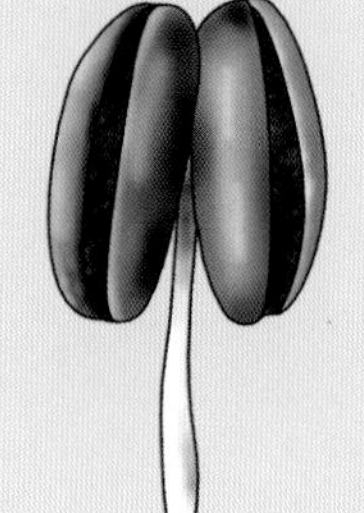

수술의 형태와 구조의 다양한 예
케르너와 올리버(Kerner and Oliver, 1903)와 로런스(Lawrence, 1955)의 그림을 다시 그림.

분열을 거치면서 보통 사분립의 '반수체(haploid)', '딸세포(daughter cell)'로, 또는 드물게 다립이나 화분괴로 분열하고, 감수분열 이후 사분립, 다립 및 화분괴 내의 각 화분세포들이 발달된다. 대부분의 피자식물에서 사분립은 성숙되기 전에 각각의 화분립으로 분리되는 반면, 다립 또는 화분괴는 그대로 유지된다. 충분히 성숙된 화분립은 꽃밥으로부터 방출되기 전에 '체세포 분열'을 거치게 되며, 이때 생성되는 화분립은 2개의 세포를 가지는데, '화분관핵'을 가진 '영양세포'와 '생식핵(또는 정자핵)'을 가진 '생식세포'가 그것이다. 특별한 저장 조건이 아닌 경우, 대부분의 화분립은 일반적으로 매우 짧은 기간 생존하며, 최상의 조건에서는 며칠 정도 활성을 가진다. 그러므로 방출된 화분립은 같은 종의 다른 꽃과 수분을 하기 위하여 그들이 생존하는 동안 빠르게 퍼져 나가야만 한다.

화분립은 꽃잎, 잎, 수술 또는 줄기와는 달리 식물의 일부분이 아니다. 화분은 정교하고 꽤나 기능적인 독립적 구조를 가진 개체로서, 피자식물 생활사의 반수체 세대이며, 명백하게 이배체 세대인 전체 식물의 미시적인 대조물이다. 반수체(성 결합에 참여하는 세포)인 배우체 세대는 반수(haploid number)의 염색체만을 가지는 반면, 이배체 세대는 생식에 참여하지 않는 세포(체세포 somatic cell)의 핵 안에 이배체 염색체 수의 염색체를 갖는다. 이배체 모식물의 꽃밥에서 방출된 화분립이 같은 종의 이배체 식물의 암술머리에 닿으면 발아하는데, 이때 정핵은 배주의 난세포 및 극핵과 결합하게 된다(이 과정은 후에 자세히 설명할 것이다). 이렇게 수정된 배주는 이배체의 종자로 성숙하게 되고, 이후 이배체 식물로 발달하게 된다.

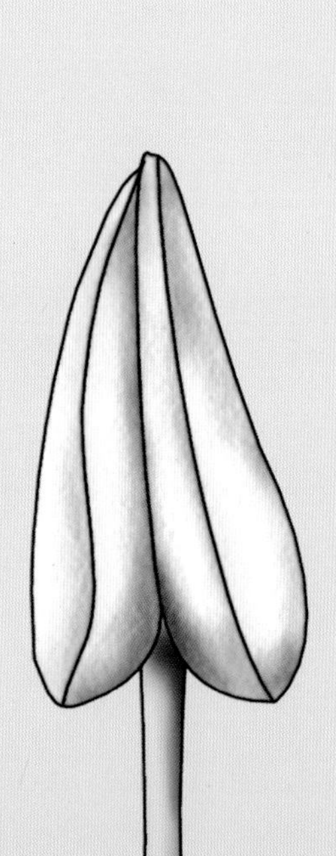

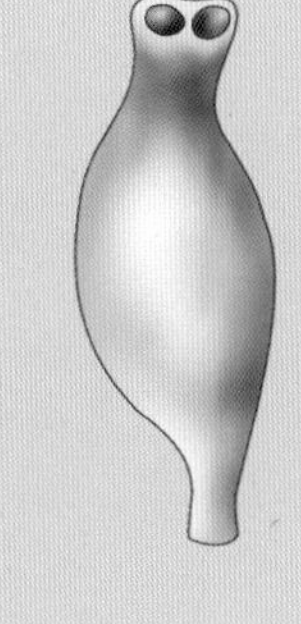
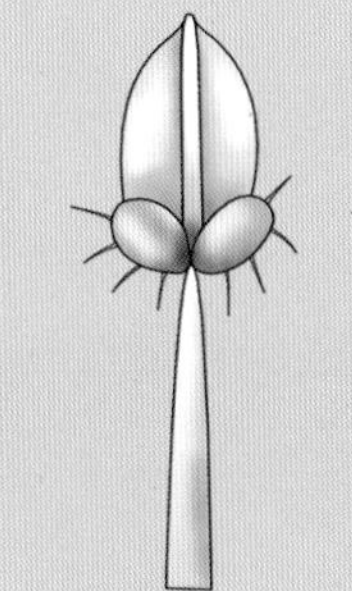

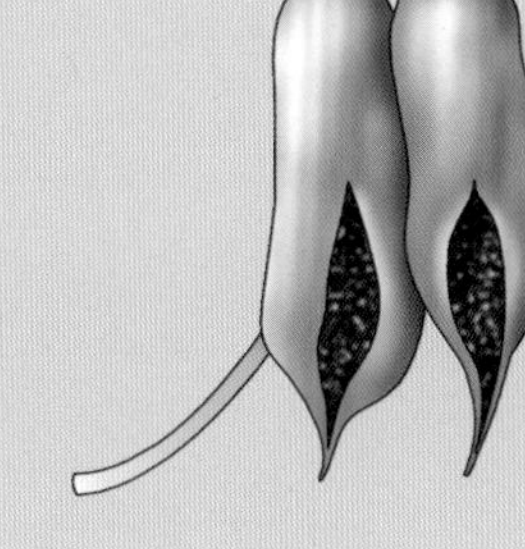
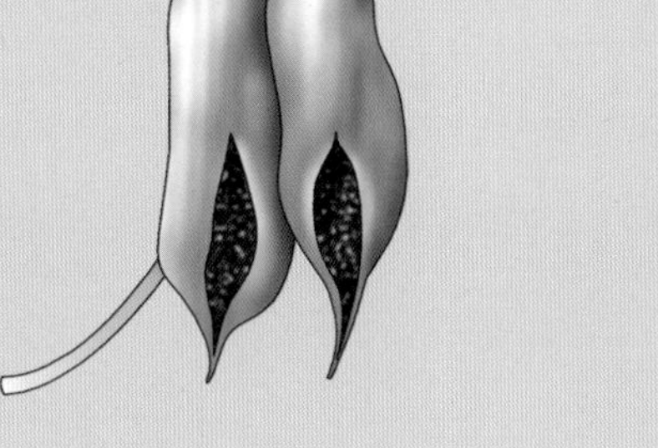
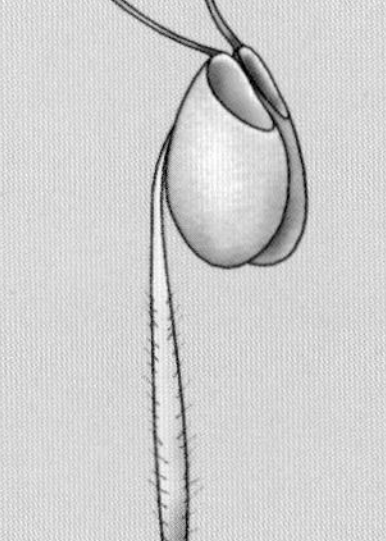
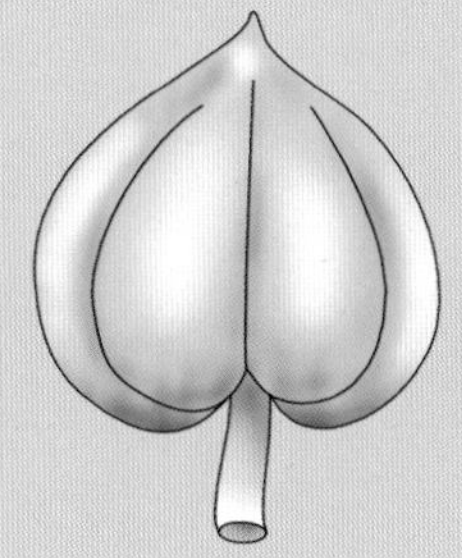
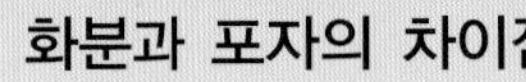

화분과 포자의 차이점

화분립과 포자 사이에는 기본적인 차이점이 있다. 세대교번(반수체와 이배체)은 녹조류부터 선태류, 양치류, 침엽수 및 이의 근연식물(나자식물)에서 피자식물까지 식물에서만 찾아볼 수 있는 유일한 것으로, 동물계에서는 찾아볼 수 없다.

그러나 엄밀히 말해 화분립을 갖는 침엽수와 이의 근연식물을 제외한 민꽃식물들은 포자를 생산한다. 피자식물 및 나자식물과는 달리 포자를 생산하는 식물 또한 '포자체(sporophyte)'라고 하는 무성세대를 가진다. 예를 들면, 양치류인 관중(*Dryopteris filix-mas*)의 성숙한 엽상체 아랫면을 보면 작은 잎(우편)에 콩팥 모양의 작은 구조들이 줄지어 있는데, 이러한 각각의 콩팥 모양 구조를 '포자낭군(낭퇴 sorus)'이라고 한다. 각 포자낭군은 포자가 들어있는 포자낭을 보호하며, 포자낭이 성숙하면 터져 열리게 되고, 이때 화분립과 같은 반수체 세대인 포자가 방출된다. 이배체 모식물의 포자낭으로부터 방출된 포자는 수분이 있는 환경에서 발아하게 되며, '전엽체(prothallus)'라고 하는 반수체 세대인 소기관으로 발달한다. 전엽체의 뒷면에는 난자를 지니고 있는 기관인 '장란기(archegonium)'와 정자를 지니고 있는 기관인 '장정기(antheridium)'가 있다. 매우 습한 환경에 의존하는 정자는 난세포와 수정을 하기 위해 전엽체의 장정기를 떠나 또 다른 전엽체의 장란기로 헤엄쳐 간다. 이렇게 정자와 난자가 결합하면 이배체성 포자체가 생성되며, 이는 수년 후 성숙한 개체로 성장하게 된다.

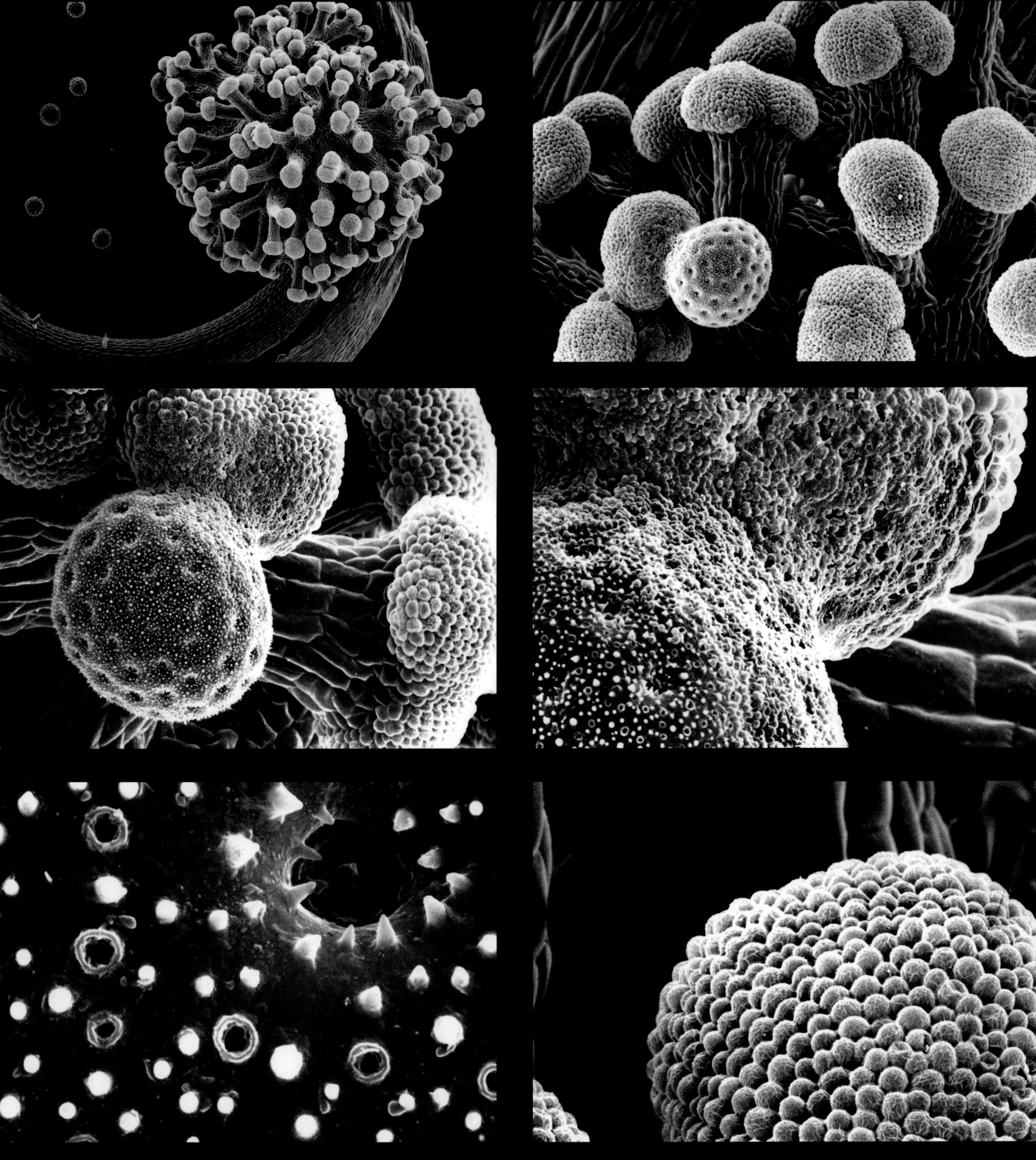

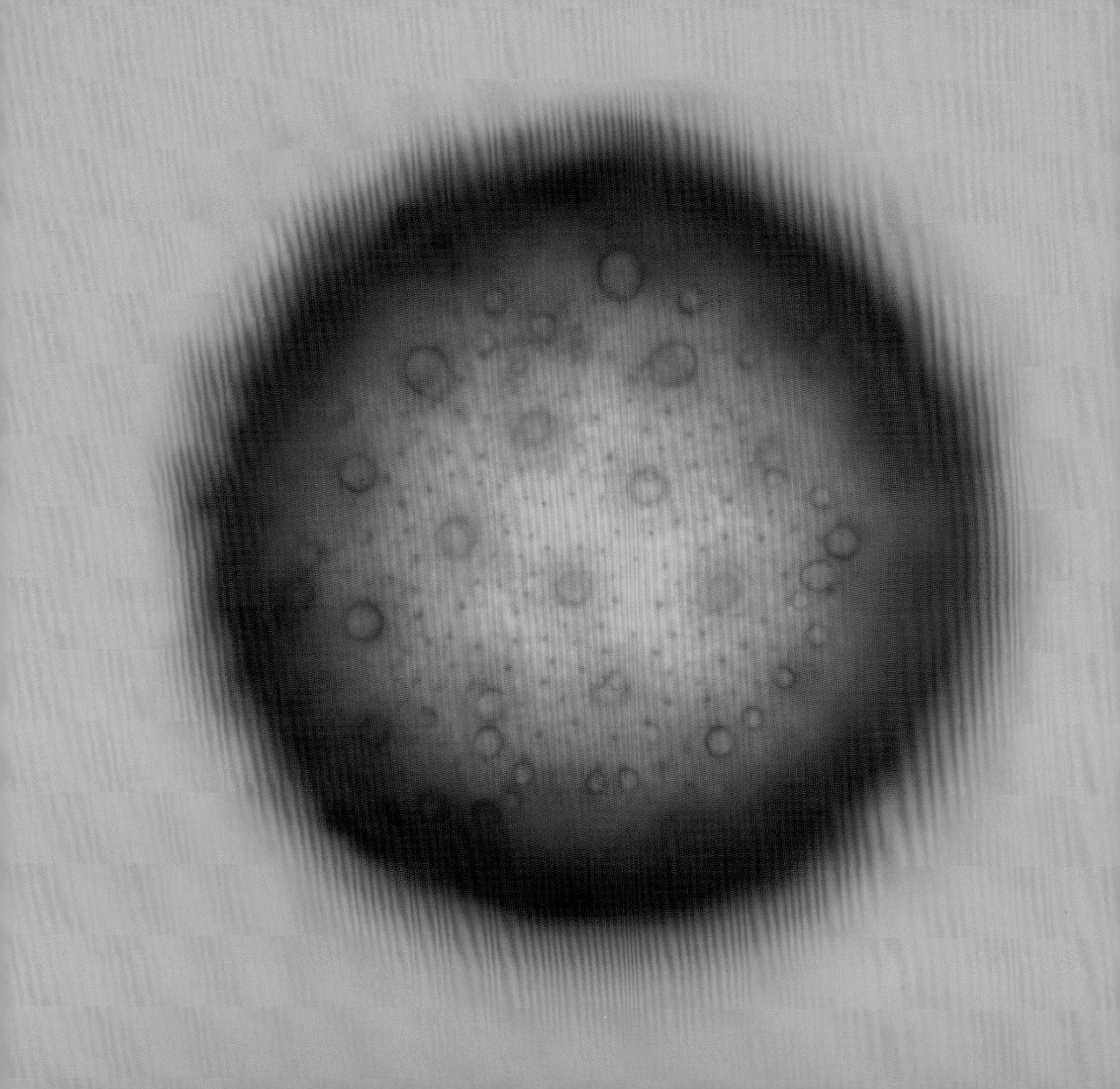

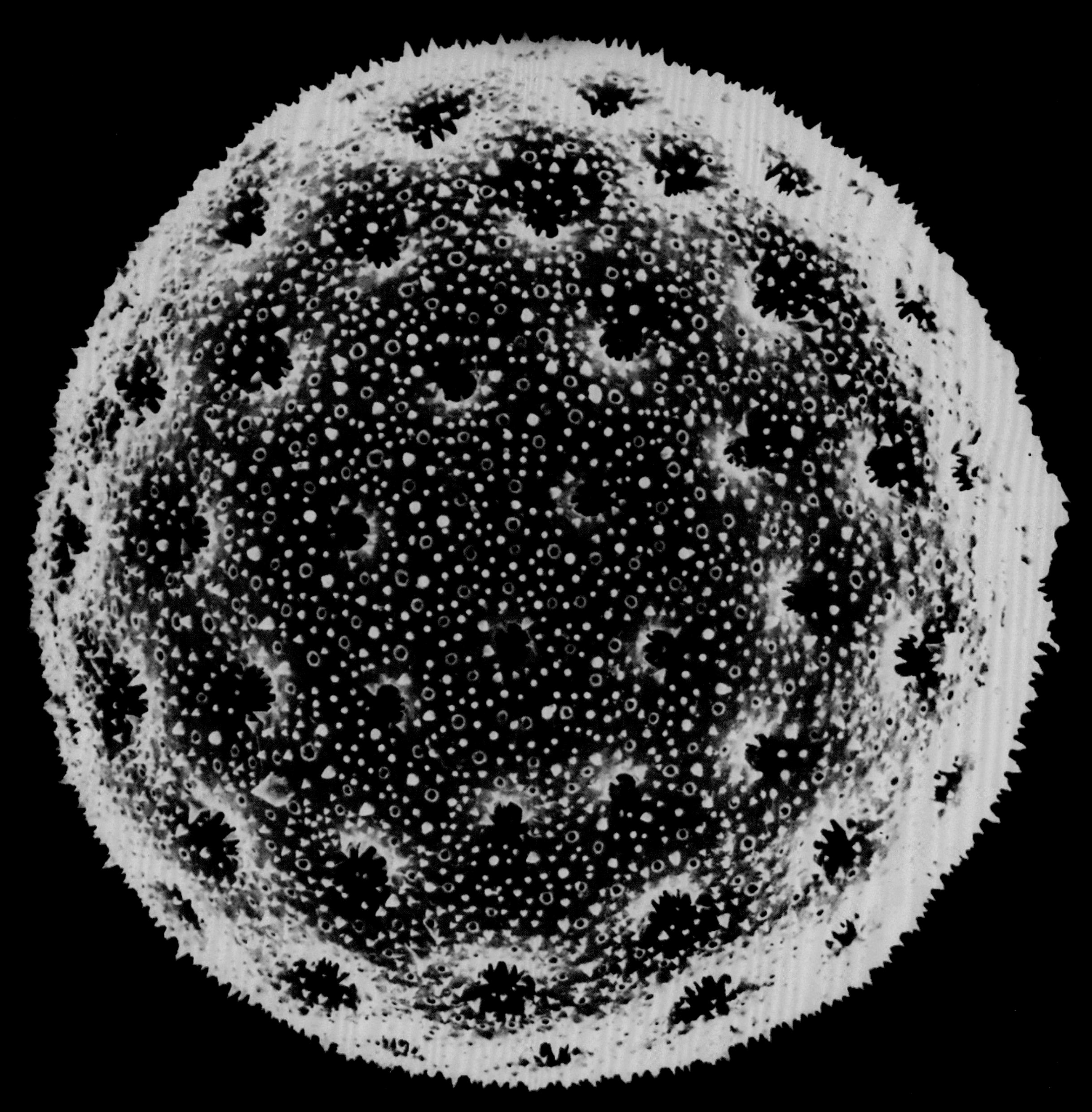

화분의 구조

화분립은 매력적이고 아름다운 구조물이지만, 우리의 미에 대한 개념은 기능과 효율이 아닌 심미적 인식에 있다. 그러나 화분립은 기능적일 뿐만 아니라 효율적이기도 하다.

우리가 동식물에서 찾을 수 있는 수많은 아름다움은 진화적 전략과 깊은 관계가 있다. 이것은 우리의 감각이 짝짓기나 먹이를 위해 한 동물이 또 다른 동물을 유혹하거나 또는 식물이 곤충을, 곤충이 새를 유인하는 등으로 진화된 자연의 '구애 행위'를 선택하기 때문이다.

정교하게 발달된 감각을 지닌 인간은 진화사에서 매우 늦게 출현했다. 곤충과 다른 척추동물, 물고기, 뱀과 도마뱀, 새, 곰팡이, 이끼, 고사리, 꽃과 그 밖의 식물류와 다른 무척추동물 집단, 포유류 그리고 그들이 살고 있는 대지는 모두 인간이 출현하기 오래전부터 진화해 왔다.

진화가 잇따라 일어난 것은 성경의 창세기 1~3장에 나타나 있다. 맨 처음 하느님은 땅과 바다를 나누고, 다음으로 식물, 그다음으로 새, 바다생물, 동물을 만들었다. 마지막으로 '하느님의 형상을 따라' 아담과 이브를 만들고 그들을 위해 에덴동산을 만들었으며, 그곳에서 '선악에 대한 지식의 나무'와 그 나무 열매를 따 먹으라고 유혹하는 뱀을 만나게 된다.

화분벽

우리는 화분립을 묘사하면서 '건축'과 '문양'이라는 단어를 사용하는데, 이것은 이 두 단어가 우리가 보거나 상상하는 것을 묘사하는 데 도움이 되기 때문이다. 많은 종에서 화분립의 바깥쪽 벽인 '외벽(exine)'은 매우 화려하며 '스포로폴레닌(포분질 sporopollenin)'이라는 물질로 구성되어 있다. 양치류, 선태류와 같은 민꽃식물의 포자벽에서 화려한 형태를 띠는 '외생포자(exospore)'도 스포로폴레닌으로 구성되어 있다. 스포로폴레닌은 가장 단단한 물질 중의 하나로 알려져 있으며, 식물계의 다이아몬드라 불린다.

34쪽: 분꽃(분꽃과) *Mirabilis Jalapa* (Nyctaginaceae) – Mavel of Peru
위 왼쪽: 여러 개의 머리를 가진 암술머리. 아래쪽의 꼬인 암술대를 주목 [SEM × 30]
위 오른쪽: 여러 개의 암술머리 중 한 곳에 붙은 화분립의 확대 이미지 [SEM × 200]
가운데 왼쪽: 암술머리 위에 부착된 화분립의 확대 이미지. 화분립과 암술머리의 머리 크기가 비슷한 것에 주목 [SEM × 400]
가운데 오른쪽: 화분과 암술머리 사이의 폴른키트(화분 외벽의 지방) 접착을 보여 주는 고해상도 이미지 [SEM × 1000]
아래 왼쪽: 화분립 표면에 있는 작은 원형의 발아구 [SEM × 6000]
아래 오른쪽: 암술머리의 표면 [SEM × 1000]

35쪽: 분꽃(분꽃과) *Mirabilis Jalapa* (Nyctaginaceae) – Mavel of Peru.
신선한 화분립 [LM × 40, 말라카이트 그린, 산성푹신 및 오렌지G의 혼합액으로 염색]

36쪽: 분꽃(분꽃과) *Mirabilis Jalapa* (Nyctaginaceae) – Mavel of Peru.
화분립 [CPD/SEM × 500]

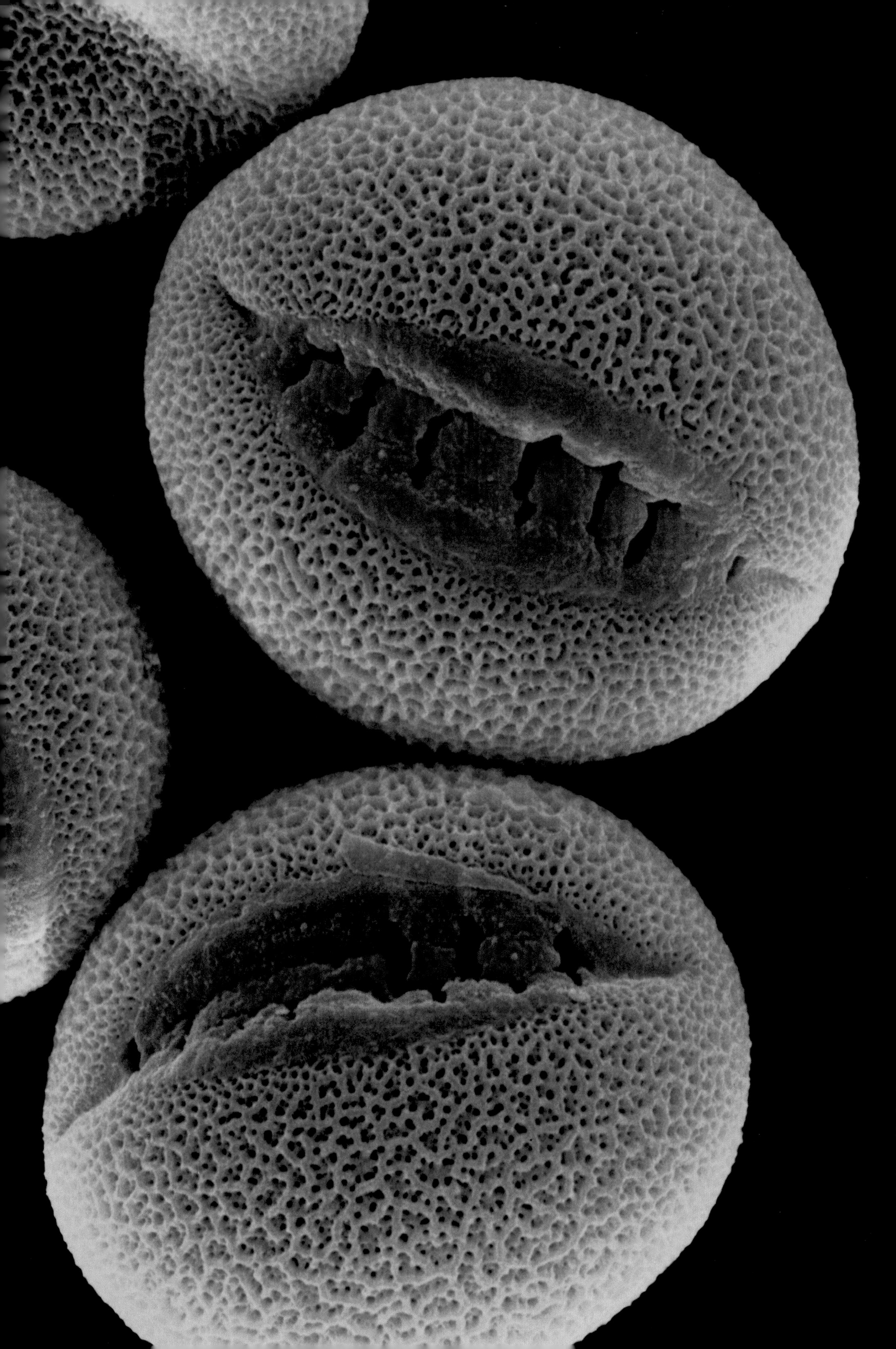

익모초(꿀풀과) *Leonurus cardiaca* (Lamiaceae) – Motherwort. '사다리꼴'로 파열된 발아구막의 특징을 보이는 두 개의 화분립 [SEM × 3000, 초산 처리]

39쪽: 숙근양귀비(양귀비과) *Papaver orientale* (Papaveraceae) – Oriental poppy 재배종. 방사대칭화의 중앙. 많은 수의 수술로 둘러싸인 수레바퀴 모양의 암술머리에 주목

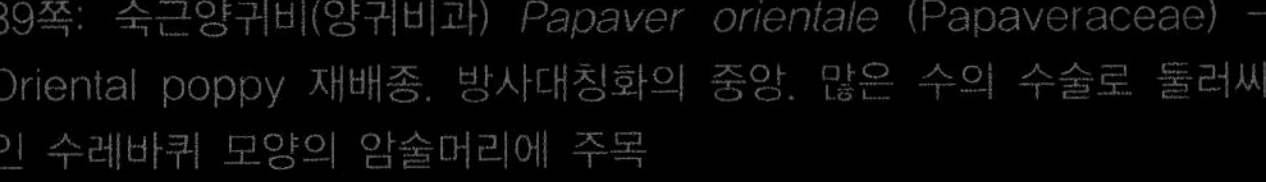

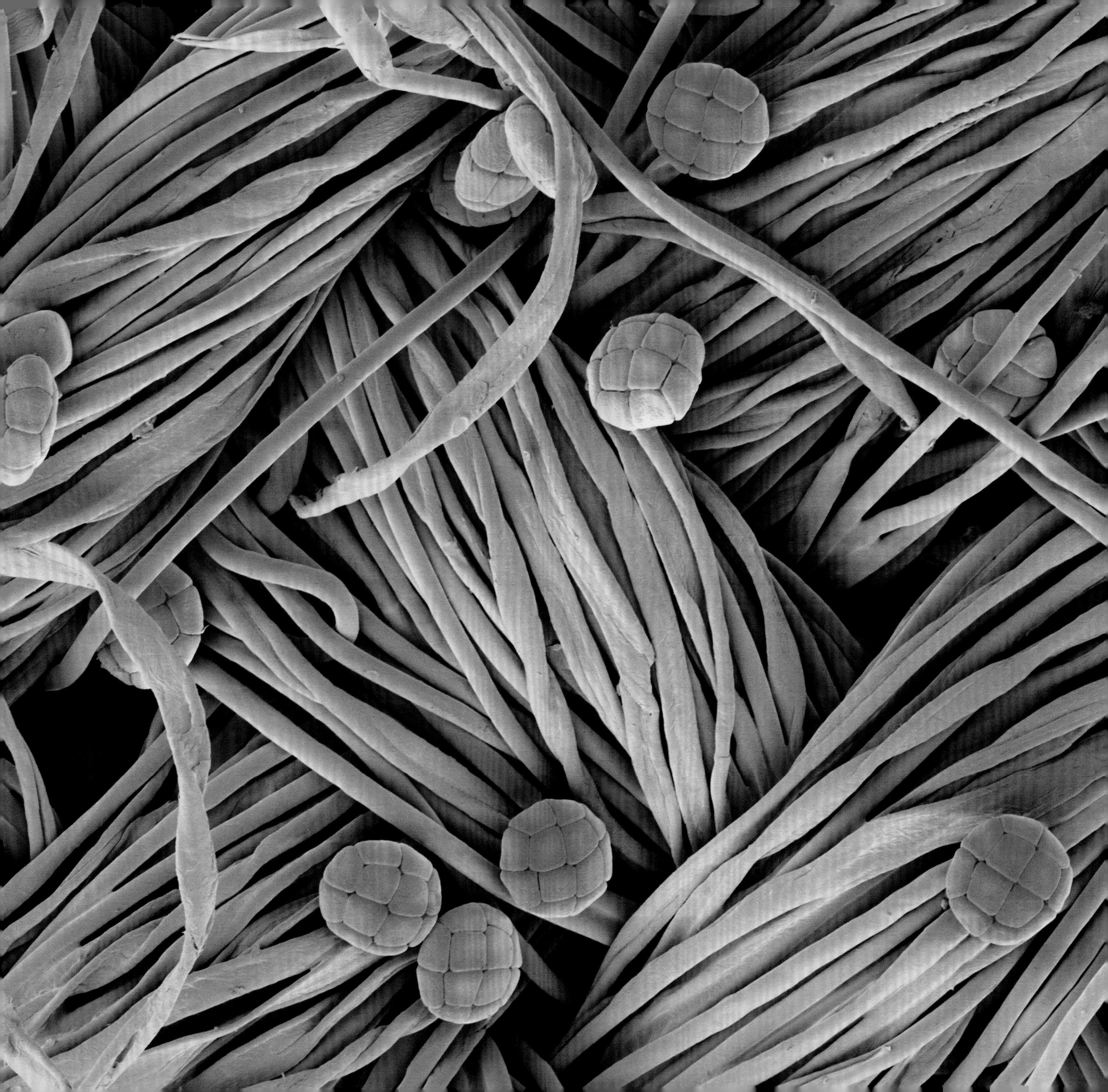

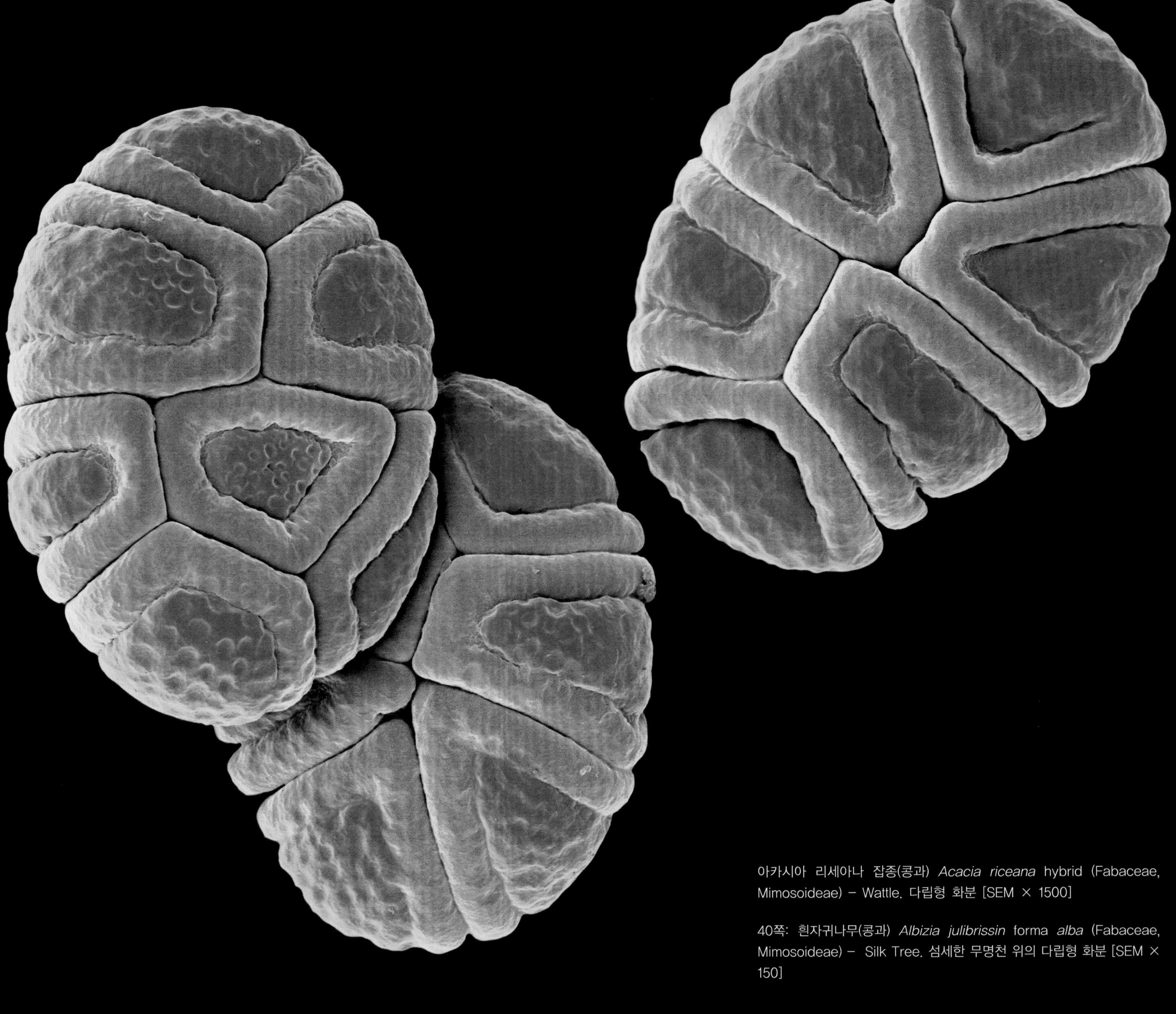

아카시아 리세아나 잡종(콩과) *Acacia riceana* hybrid (Fabaceae, Mimosoideae) – Wattle. 다립형 화분 [SEM × 1500]

40쪽: 흰자귀나무(콩과) *Albizia julibrissin* forma *alba* (Fabaceae, Mimosoideae) – Silk Tree. 섬세한 무명천 위의 다립형 화분 [SEM × 150]

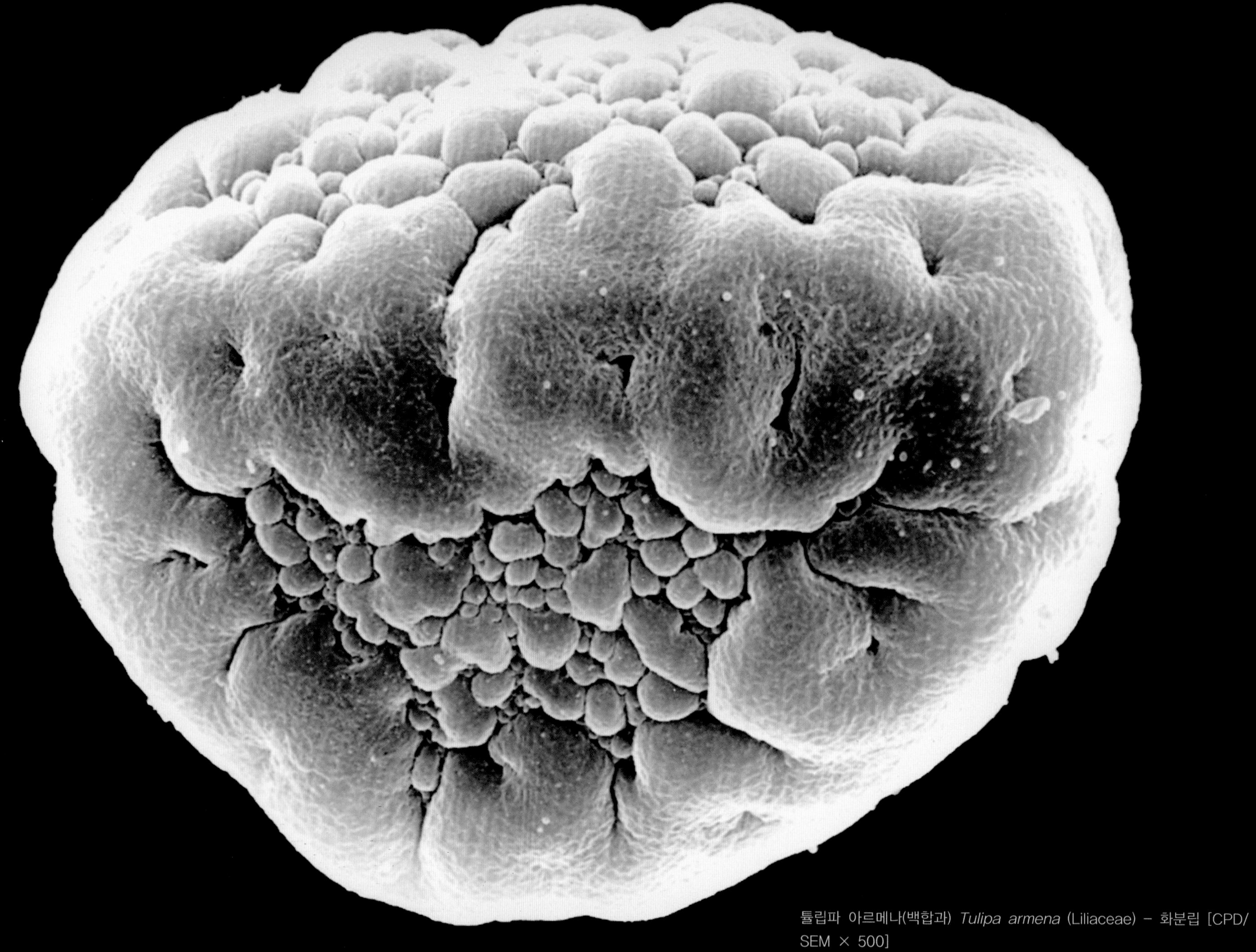

튤립파 아르메나(백합과) *Tulipa armena* (Liliaceae) – 화분립 [CPD/SEM × 500]

42쪽: 튤립 재배종(백합과) *Tulipa* cv. (Liliaceae) – Florist's Tulip. 외떡잎식물과 튤립에서 볼 수 있는 전형적인 6개의 수술과 3개로 갈라진 암술머리를 가진 암술

때때로 어떤 물질에 대해 간단한 설명이 필요할 때가 있는데, 스포로폴레닌의 경우 화학적 구조가 명확하게 밝혀지지 않고 있다. 기본적으로 탄소, 수소 및 산소의 대략적인 비율이 4 : 6 : 1로 이루어져 있고, 지방, 방향성 및 소량의 카복실산(carboxylic acids)을 함유하고 있다. 분명히 이러한 요소들이 모든 식물에서 일정하게 나타나지만, 식물에 따라 이 요소들의 구성비는 다르다. 스포로폴레닌은 아마도 반복되는 거대 규모의 구조 없이 무작위로 교차 결합된 거대 생체 분자일 것이다. 학자들은 이러한 특성으로 인해 스포로폴레닌이 원래의 성분을 파악하기 위해 고안된 많은 실험 과정에서뿐 아니라 효소에 의해서도 변하지 않았을 것이라고 주장했다. 이러한 사실을 토대로 화분 외벽의 특별한 보존 능력을 설명할 수 있을 것이다. 화분이 묻혀서 적당한 조건에 보존되는 경우, 화분의 단단한 외벽은 수백만 년 동안 부식을 견딜 수 있고 '미라 상태'가 되어 구조적으로 변하지 않는 상태를 유지할 수 있으며, 민꽃식물과 피자식물의 풍부한 화분과 포자 화석 기록은 우리로 하여금 진화에 대한 더 많은 지식을 추론할 수 있게 한다.

스포로폴레닌성 외벽 아래의 안쪽 층을 '내벽(intine)'이라고 한다. 내벽은 '세포질(cytoplasm)'을 둘러싸고 있으며, 산포되기 전 화분 내부는 이러한 세포질로 가득 채워져 있다. 영양세포와 생식세포는 화분의 기능을 위해 특성화된 모든 세포 구성 요소들(세포 소기관 organelle)과 함께 세포질 안에 싸여 있다. 이것을 3D로 더욱 쉽게 형상화하기 위해 타원형의 아이스 과일 케이크를 상상해 보자. 외벽은 하얀 얼음이고 내벽은 마지팬(설탕과 아몬드를 갈아 만든 페이스트)이며, 세포질은 세포 소기관이 안에 퍼져 있는 풍부한 라이스 케이크인 것이다(말린 과일, 체리와 견과류로 만들어진 과일 케이크에 비유함.). 내벽과 외벽 모두 보호 기능이 있지만 오직 외벽만이 단단하고 부식에 강한데, 이는 생식세포와 영양세포가 암술머리 표면으로 옮겨지는 동안 이 두 세포를 보호하기 위해서이다. 내벽은 화분이 발아되는

튤립파 비올라세아(백합과) *Tulipa violacea* (Liliaceae) – Tulip. 화분립의 확대 이미지 [CPD/SEM × 1500]

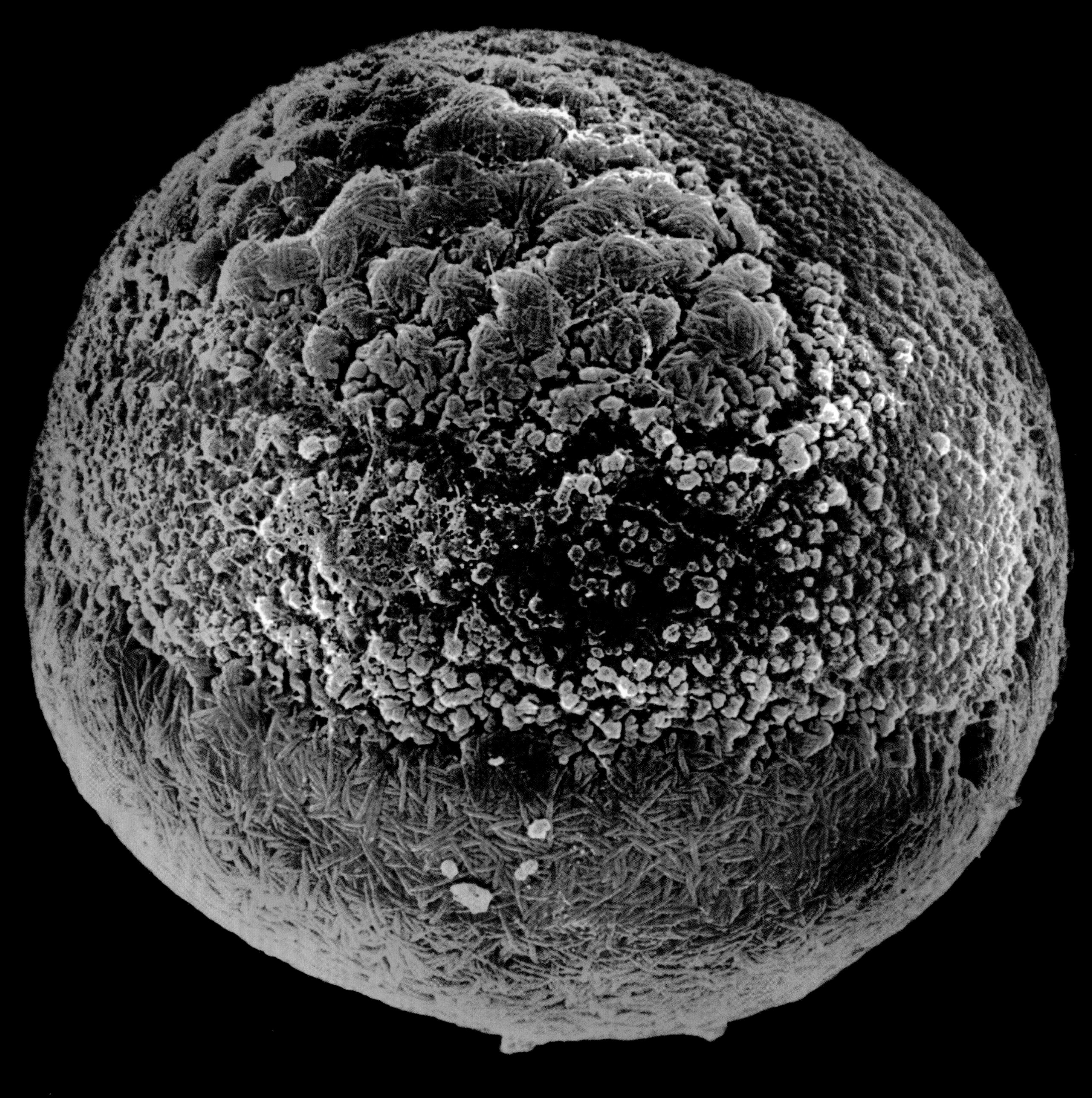

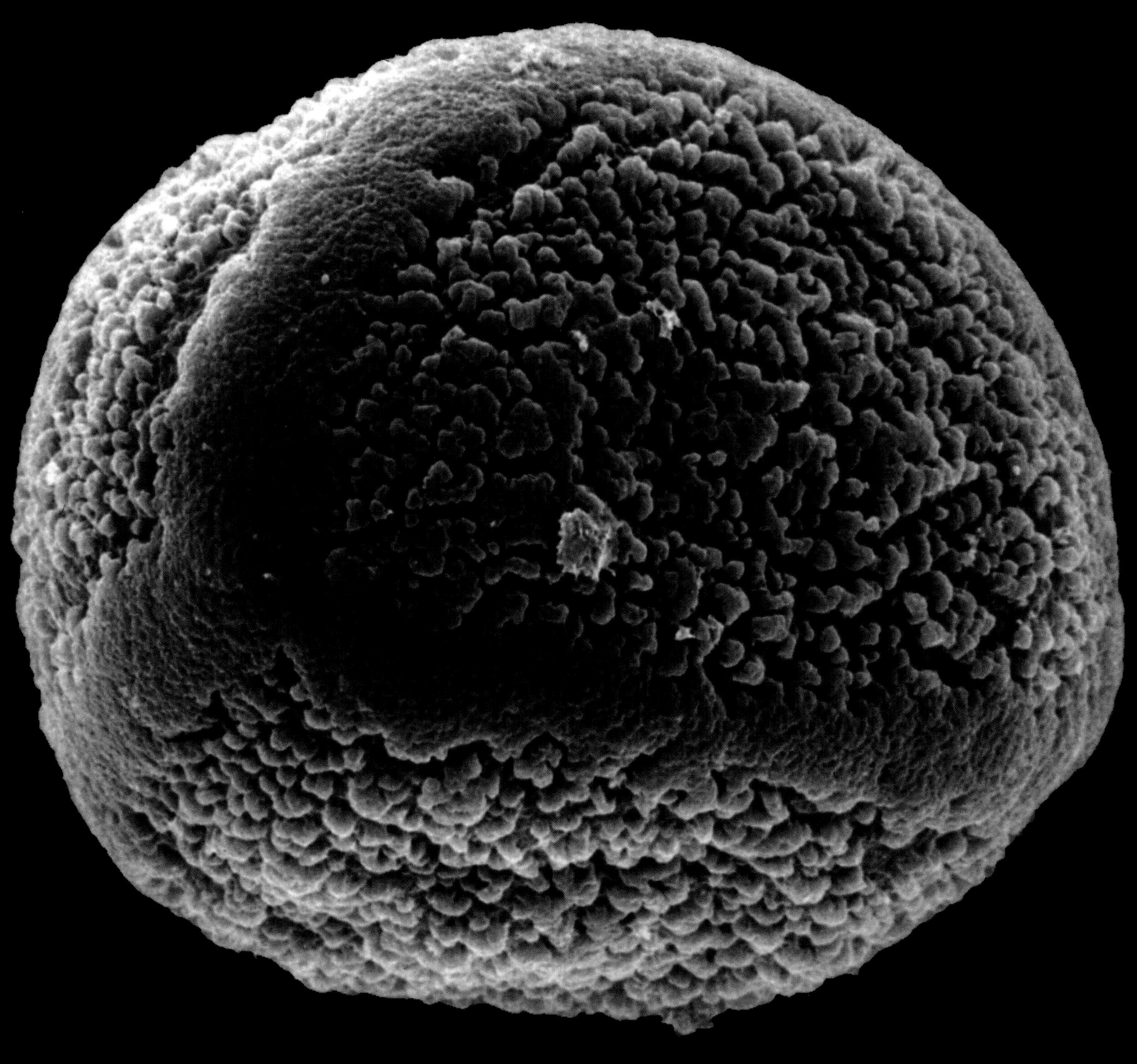

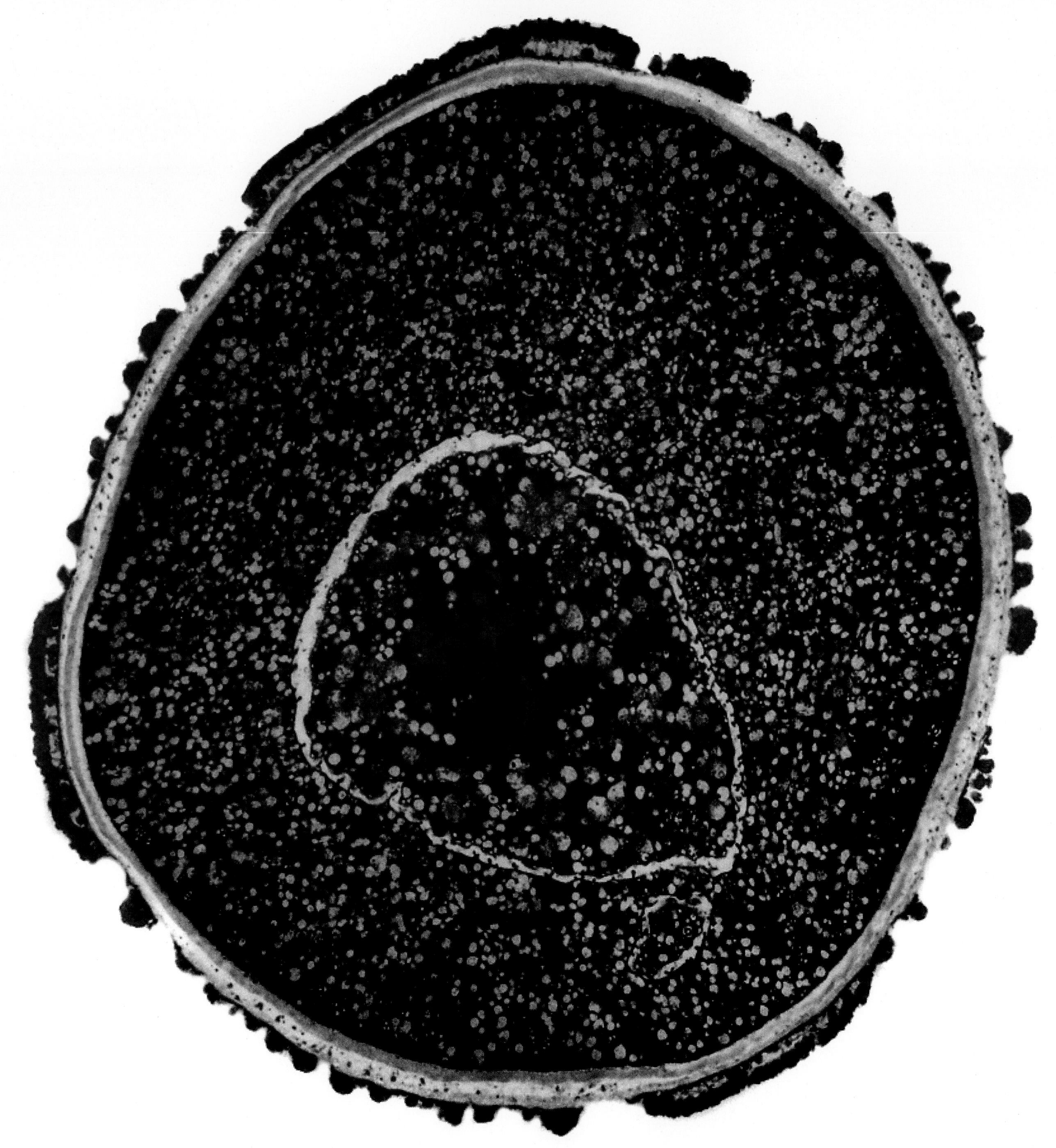

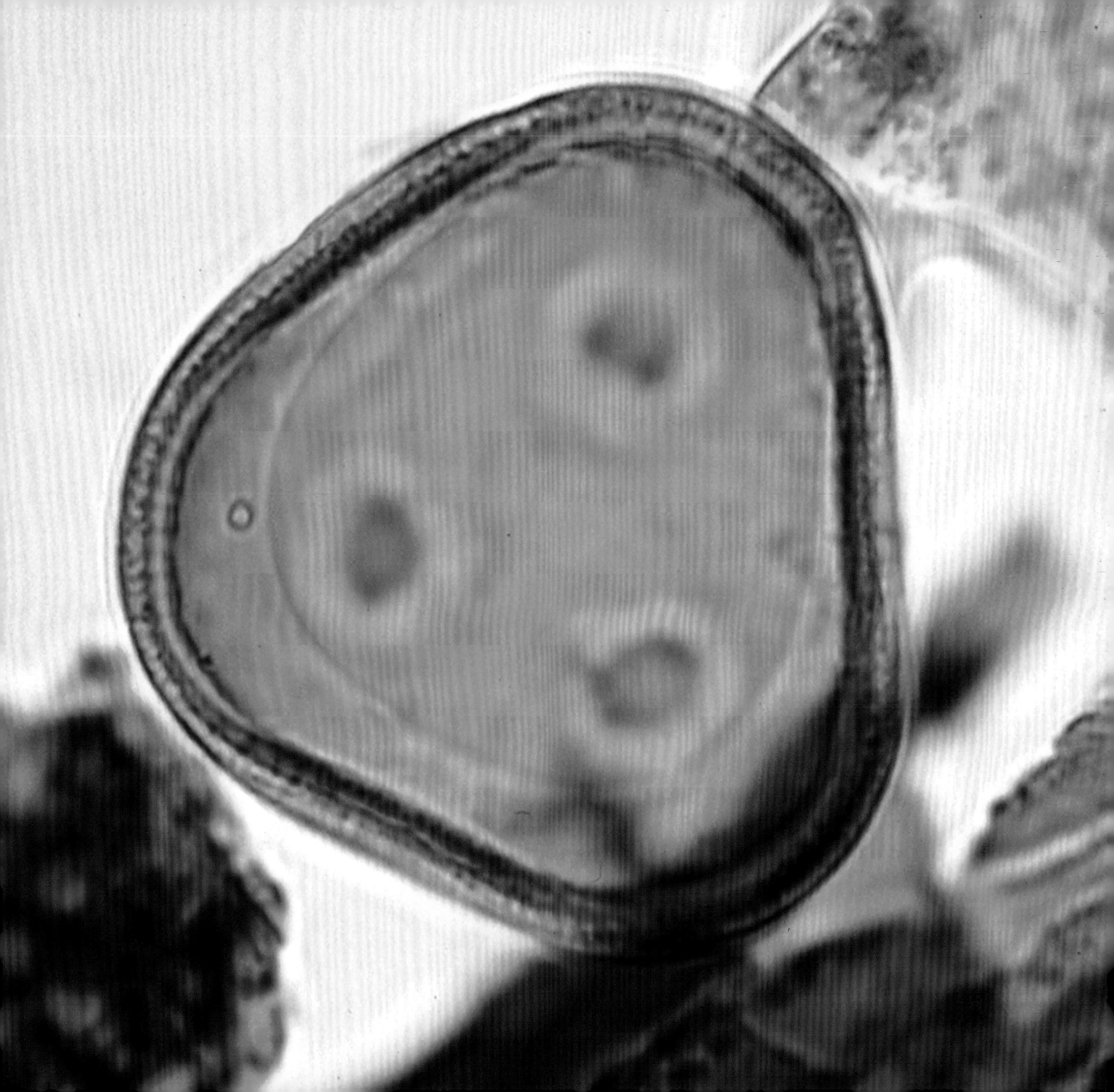

층(infratectum)'과 그 위에 '피복층(tectum 라틴 어로 지붕을 의미)'의 전형적인 세 부분으로 나뉜다. 원주층이라 불리는 것은 그리스의 사원에서처럼 많은 원주형 기둥들로 구성되어 있기 때문이다. 수많은 화분벽 유형 중에는 피복층이나 기저층이 없는 경우도 많다. 화분 외벽의 장식 면은 '피복상층(supratectal)'이며, 피복층이 없는 경우의 장식 요소는 변형된 원주층들이다. 현미경으로 화분립의 표면을 볼 때 우리가 보게 되는 패턴과 문양들은 모두 외부로 드러난 피복층과 원주층의 변형인 것이다.

화분의 발아구

대부분의 화분립 외벽의 또 다른 매우 중요한 특징은 화분관이 발아하여 나오기 위한 1개 또는 그 이상의 출구가 있다는 점이다. 화분관은 화분립에서 배주까지 생식세포를 옮기는 역할을 한다. 출구 또는 '발아구(aperture)'는 '발아구막(aperture membrane)'이라는 얇은 막에 의해 싸여 있으며, 인체의 고막과 같이 압력에 의해 터지도록 설계되어 있다. 이 막은 보통 산 처리를 하면 파괴되며, 화석에서는 거의 찾아볼 수 없다. 발아구의 수는 식물의 종에 따라 1개에서 여러 개까지 다양하게 나타난다. 약 1억2천~1억3천만 년 전의 화석 중 가장 초기의 화분 화석에서는 길게 뻗은 틈새 모양의 발아구가 1개만 발견되었는데, 목련과 야자수 같은 피자식물은 아직도 이러한 특징을 지니고 있다. 이 두 그룹은 모두 피자식물 초기에 진화된 과를 대표한다. 또한, 단순하면서 방사상으로 배열된 3개의 긴 발아구도 초기 화분 화석

46쪽: 튤립파 카우프마니아나(백합과) *Tulipa kaufmanniana* (Liliaceae) – Tulip. 3개의 큰 발아구를 가진 화분립 [CPD/SEM × 2000]

47쪽: 튤립파 베덴스키(백합과) *Tulipa vvedenskyi* (Liliaceae) – Tulip. 화분립의 초박편. 바깥쪽부터 외벽(검은 회색층), 내벽(옅은 회색), 세포 소기관과 세포질(안쪽의 작은 반점 지역)이 있고, 중앙에 잘 발달된 생식세포가 있다. 외벽의 얇은 부분은 46쪽 사진에서 큰 발아구의 오톨도톨한 부분과 일치하는 반면, 3군데의 굵은 부분은 46쪽의 띠 모양을 한 부분과 일치한다. [TEM × 1000]

48쪽: 트릴라티포리테스(*Trilatiporites*) – 이름을 알 수 없는 근연종의 삼공형 화분립 화석. 외벽 표면을 자세히 보여 주기 위해 초점을 맞춘 사진으로, 세 개의 발아공은 보이지만 형태가 명확하지 않다. 2천2백만 년 전(초기 마이오세)으로 추정되는 인도의 네이벨리 갈탄(Neyveli lignite) 화석으로, 화석화된 다른 식물의 미세한 파편도 보인다. [LM × 1000, 자연적인 화석 색 – 참고: 초산 분해된 화분립 색을 띰.]

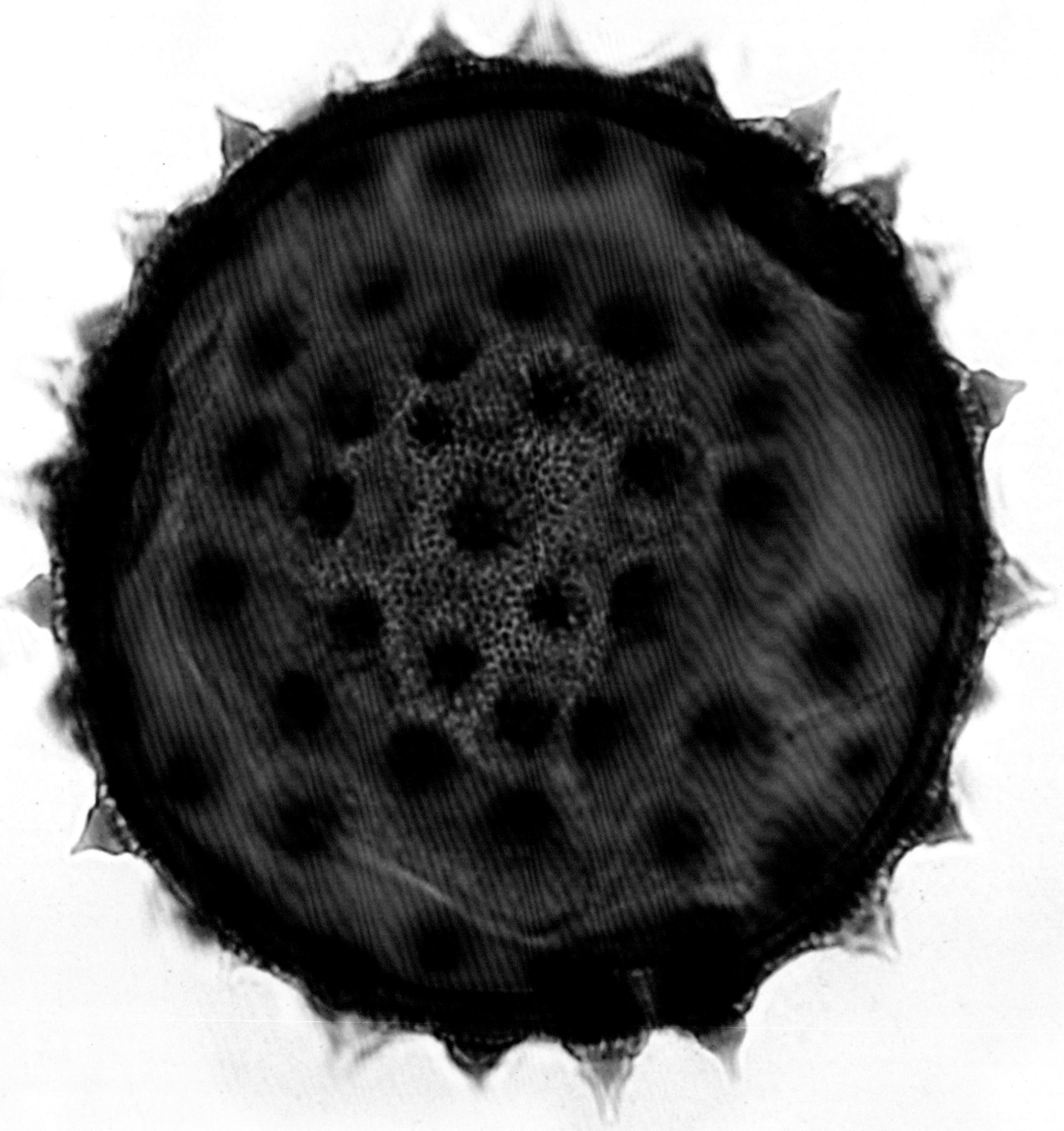

기록에서 발견되었으며, 발아구의 이러한 배열은 크리스마스로즈(*Helleborus niger*), 풍년화(*Hamamelis*) 및 단풍나무(Maples, Sycamore) 등과 같은 많은 현존 식물에서도 여전히 나타나고 있다.

화분은 왜 이렇게 다양한 것일까?

화분립은 식물의 생활사에서 명확한 역할을 가지고 있다. 원래의 간단한 단구와 삼구인 '원형들'에서 어떻게 환상적으로 변형된 배열이 발달했는지는 진화적 적응이나 발달적 변형으로 설명할 수 있다. 종종 발아구 수가 많아지면 화분관이 발달할 수 있는 출구도 많아지고, 암술머리 표면과 접촉되면 발아구를 통해 화분관이 발달해 나갈 수 있는 기회도 더 많아지는데, 이렇게 물질과 에너지를 아껴 빠른 성장을 할 수 있다는 사실이 흔히 하나의 주장으로 대두되고 있다. 그러나 최소한으로 특수화된 특징 – 1개 또는 3개의 틈새 모양의 발아구 – 을 가진 화분으로부터 다른 모든 발아구의 유형과 배열이 진화해 왔는데, 이러한 최소한으로 특수화된 특징을 가진 화분들은 아직도 많은 피자식물에 나타나며, 성공적으로 발아한다. 아마도 가장 성공적인 단구 형태의 발아구를 가진 식물의 예는 벼과일 것이다. 벼과는 뒤늦게 진화하였으나 매우 성공적이고 빠르게 경제적으로 중요한 식물군으로 다양화되었으며, 전 세계적으로 넓고 다양한 서식처를 점유하고 있다. 1000여 개에 이르는 벼과 식물의 모든 종은 하나의 작은 구만 있는 화분을 갖는다. 비록 가장 흔한 화분 유형은 각각 중앙에 구멍이 있는 삼구형이지만, 단구형 화분립은 발아구가 암술머리 표면 위로 향하여 그곳으로 떨어질 기회가 많은 것에 가중치를 둘 수 있다. 더욱 설득력이 있는 것은 모식물이 서식하는 특별한 환경에 맞도록 진화된 화분 유형이다. 예를 들면, 거머리말(거머리말과 Zosteraceae)과 같은 수생식물의 실 모양 화분이나 침엽수와 같이 화분에 부푼 '공기주머니(buoyancy bags)'가 있

어저귀속 재배종(아욱과) *Abutilon* cv. (Malvaceae) – 'Cynthia Pike'. 화분벽에 초점을 맞추어 찍은 화분립. 3개의 발아구를 주목 [LM × 400 – 초산 분해 처리]

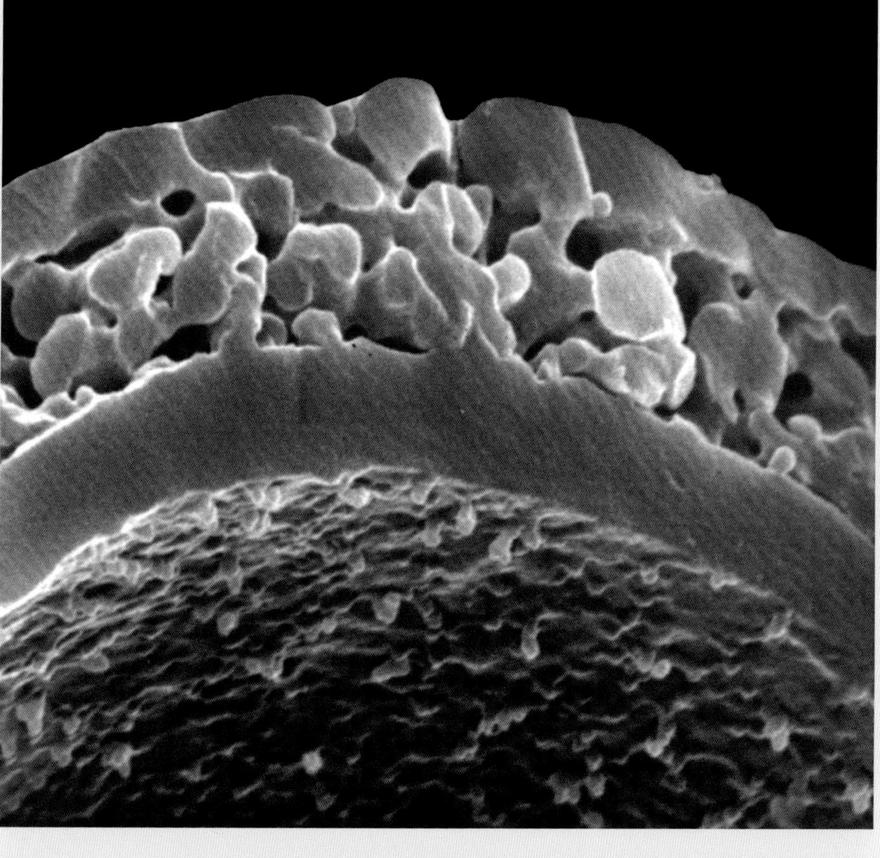

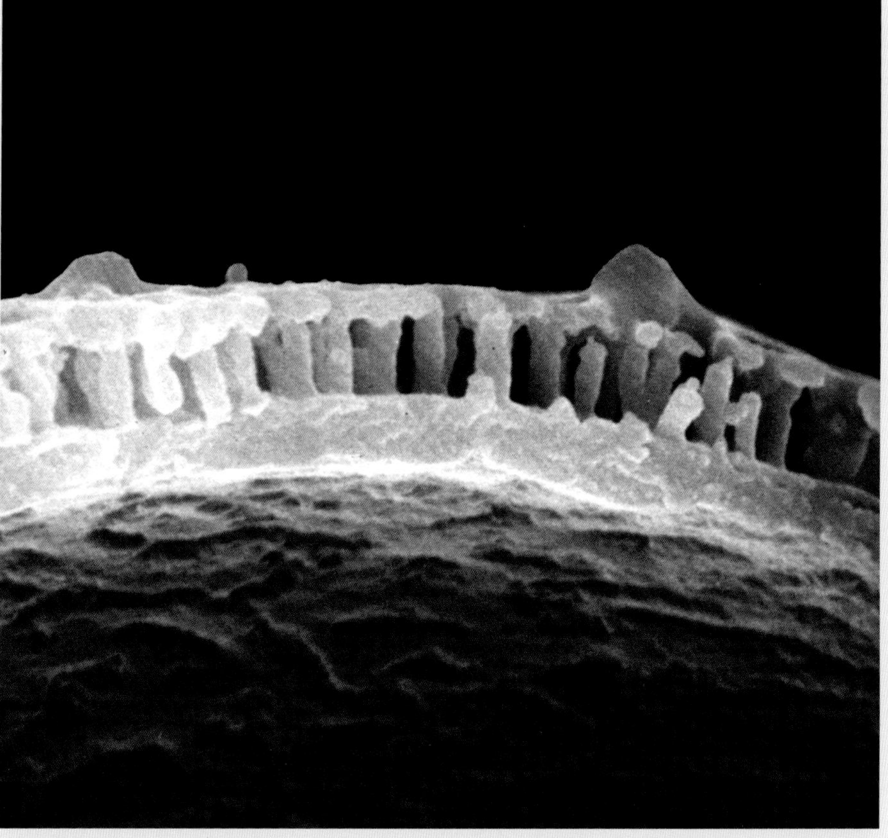

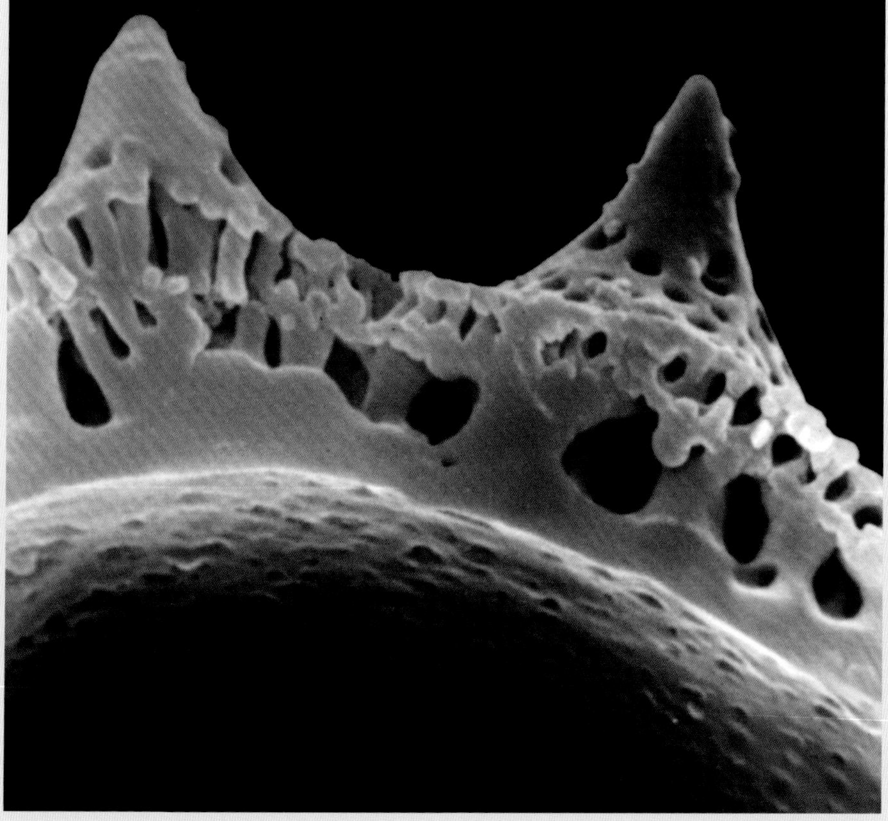

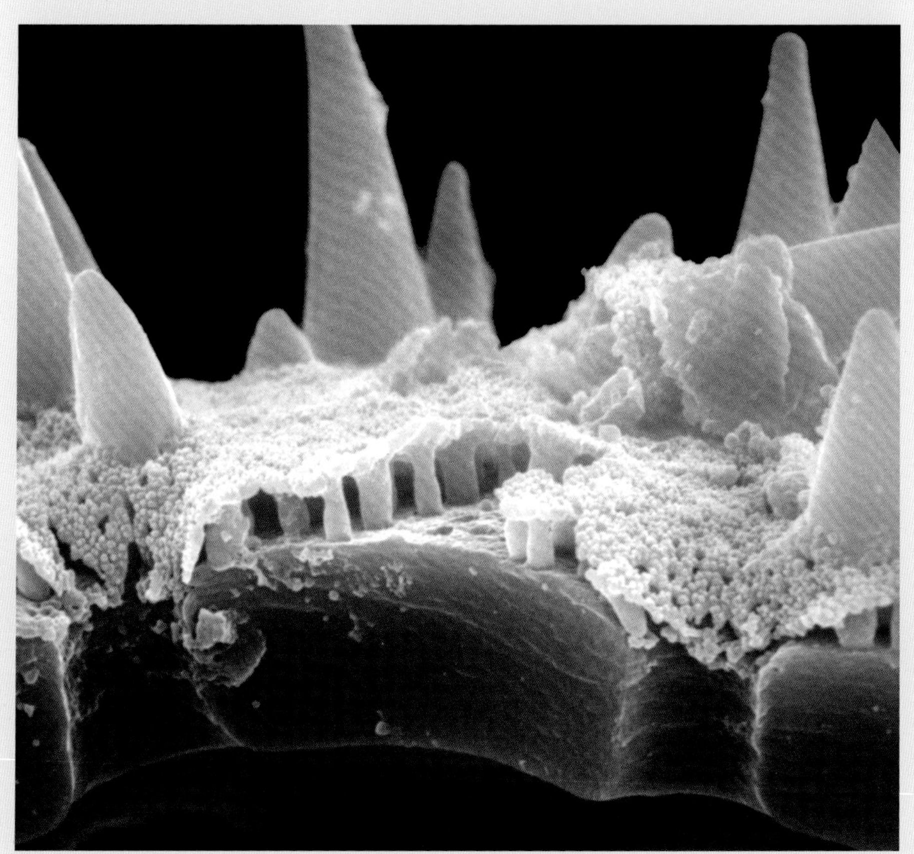

52쪽: 화분벽 구조와 피복층, 원주층, 기저층 두께의 변이를 보여 주는 화분립 파편
위 왼쪽: 모리나 롱기폴리아(산토끼꽃과) *Morina longifolia* (Dipsacaceae)
위 오른쪽: 바오밥(봄박스과) *Adansonia digitata* (Bombacaceae) – Baobab
아래 왼쪽: 서양톱풀(국화과) *Achillea millefolium* (Compositae) – Yarrow or Milfoil
아래 오른쪽: 당아욱(아욱과) *Malva sylvestris* (Malvaceae) – Common Mallow
[SEMs × 10,000 – 초산 분해 처리]

아래: 화분벽의 구조
A) 전형적인 화분벽과 기본 벽층의 용어 – 1. 최외층 구조 2. 피복층 3. 원주층 4. 기저층 5. 차외층 6. 내벽
B~E) 화분벽 구조의 변이: B) 원주형이 아닌 해면형 원주층 C) 원주층이 좁고, 피복층과 기저층이 비교적 넓은 형태 D) 원주층에 다소 확장된 두상으로 감소된 피복층 E) 잘 발달된 피복층, 긴 원주층과 기저층은 없고 차외층 위에 바로 원주층이 온 형태
주: 초산 분해 처리로 내벽이 파괴된 화분의 단면도이므로 B~E에는 내벽이 나타나지 않는다.

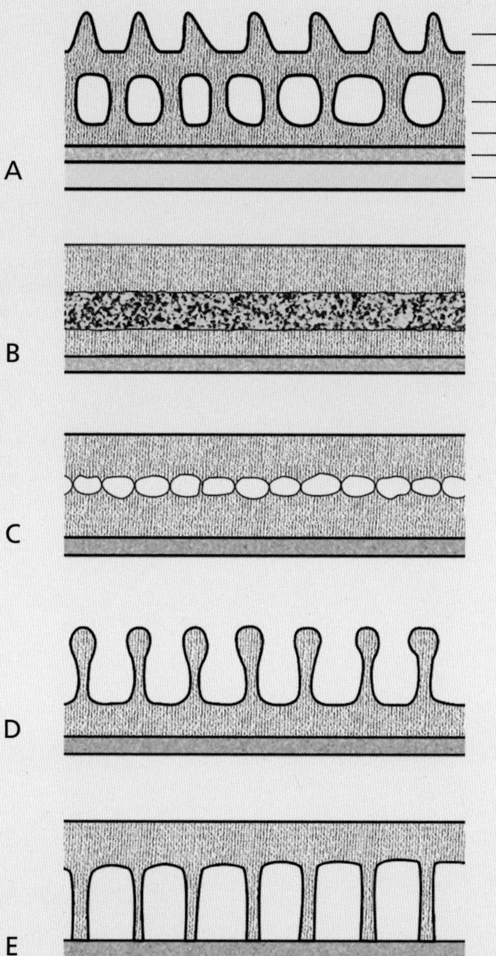

어서 물이나 바람을 통해 옮기는 것 등이다. 그렇기는 하지만 새로운 식물들이 진화해 왔듯이, 흔히 모식물에게 특징적인 새로운 화분 유형들 또한 진화해 왔다.

화분의 크기

화분은 현미경으로 봐야 할 정도로 미세하여 크기가 크지 않은 한 육안으로는 세세한 부분을 볼 수 없다. 크기 단위는 미크론으로, 1미크론은 1㎜의 1000분의 1이며, 대부분의 화분립 크기는 20~80 미크론이다. 그러나 물망초과(지치과 Boraginaceae)의 몇 종에서 발견되는 가장 작은 화분립은 약 5~8 미크론이며, 가장 큰 화분립의 기록은 500 미크론 이상이지만 흔하지 않은 경우이다. 더 이해하기 쉬운 예를 들면, 오이와 스쿼시과(박과 Cucurbitaceae) 몇 종의 화분은 지름이 250 미크론 정도이다.

폴른키트(Pollenkitt)

자연 상태의 화분립은 건조하거나 끈적거릴 수 있다. 건조 상태 또는 가루 형태의 화분립은 주로 자작나무, 오리나무, 개암나무, 참나무, 쐐기풀 및 벼과 식물과 같은 풍매화와 관련이 있으며, 이들의 화분은 봄이나 초여름에 재채기를 일으키게도 한다. 끈끈한 화분립은 곤충, 새 또는 다른 동물에 의한 수분과 관련이 있다. 이러한 끈적거림은 기름기가 있는 지방층으로부터 생긴다(폴른키트 – 화분 외벽의 지방). 폴른키트는 태양열로부터 세포질을 보호하고, 외벽강(外壁腔) 내에 화분 단백질을 유지하며, 곤충을 유인하여 화분이 수분 매개체의 몸에 잘 붙도록 하는 등 많은 기능을 가진다.

폴른키트는 꽃밥 안쪽의 보호막(융단 조직)에서 만들어지고, 꽃밥과 화분이 성숙할 때 화분립에 축적된다. 벼과 식물처럼 바람에 의한 수분과 관련이 있는 건조한 화분은 얇은 층

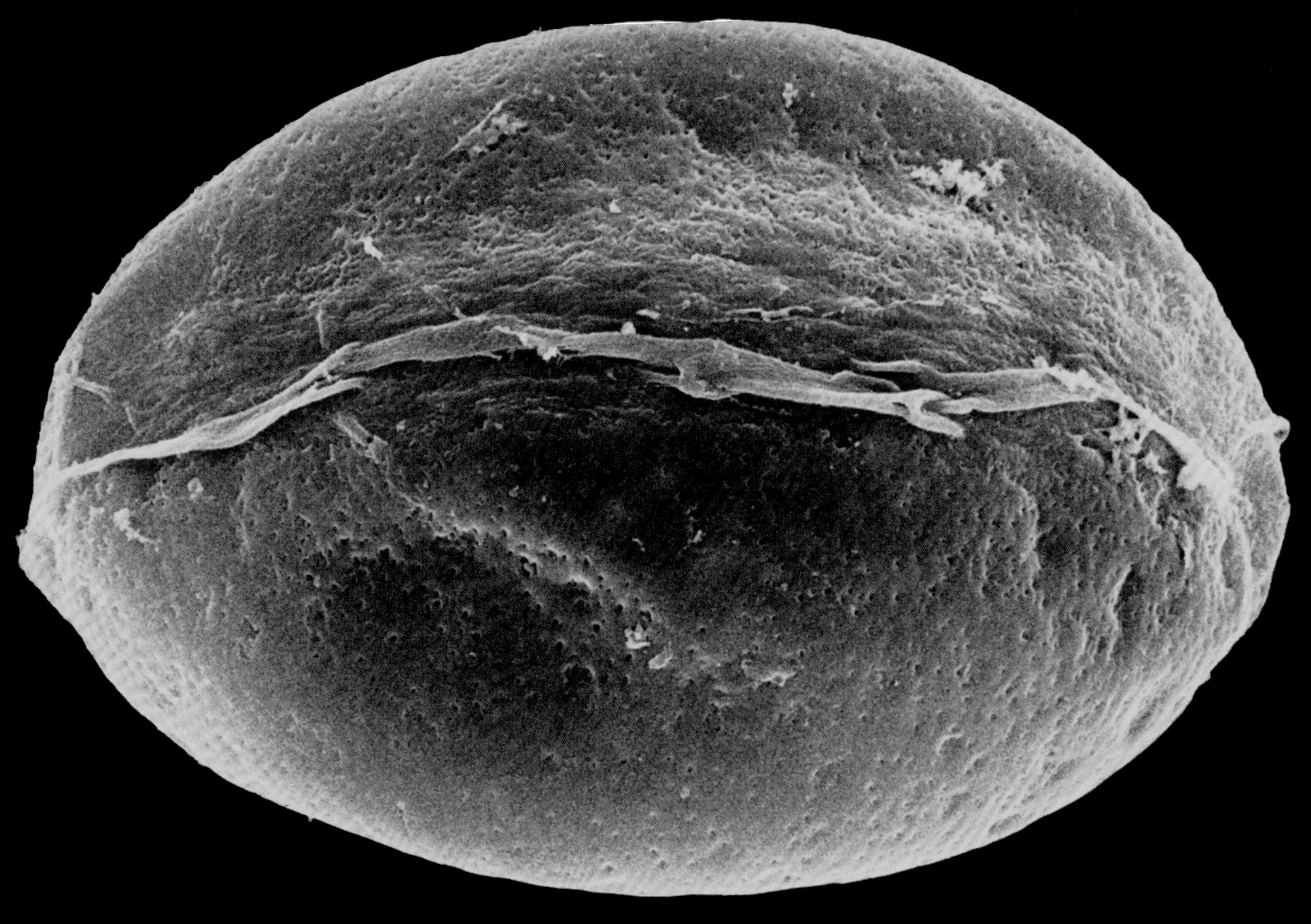

매그놀리아 소울란기아나(목련과) *Magnolia soulangiana* (Magnoliaceae) – 확대된 화분립. 매우 초기에 진화된 화분은 피자식물 화석의 초기 기록에 나타난다. 단구형 발아구는 거의 찾아볼 수 없고, 중앙을 따라 가늘게 솟은 부분은 발아구막의 중앙 부분으로, 매우 얇고 약간 주름져 있다. [CPD/SEM × 2000]

54쪽: 매그놀리아 실린드리카(목련과) *Magnolia cylindrica* (Magnoliaceae) – 양성화의 생식 부분으로, 많은 수술들이 중앙의 암술군을 둘러싸고 있다.

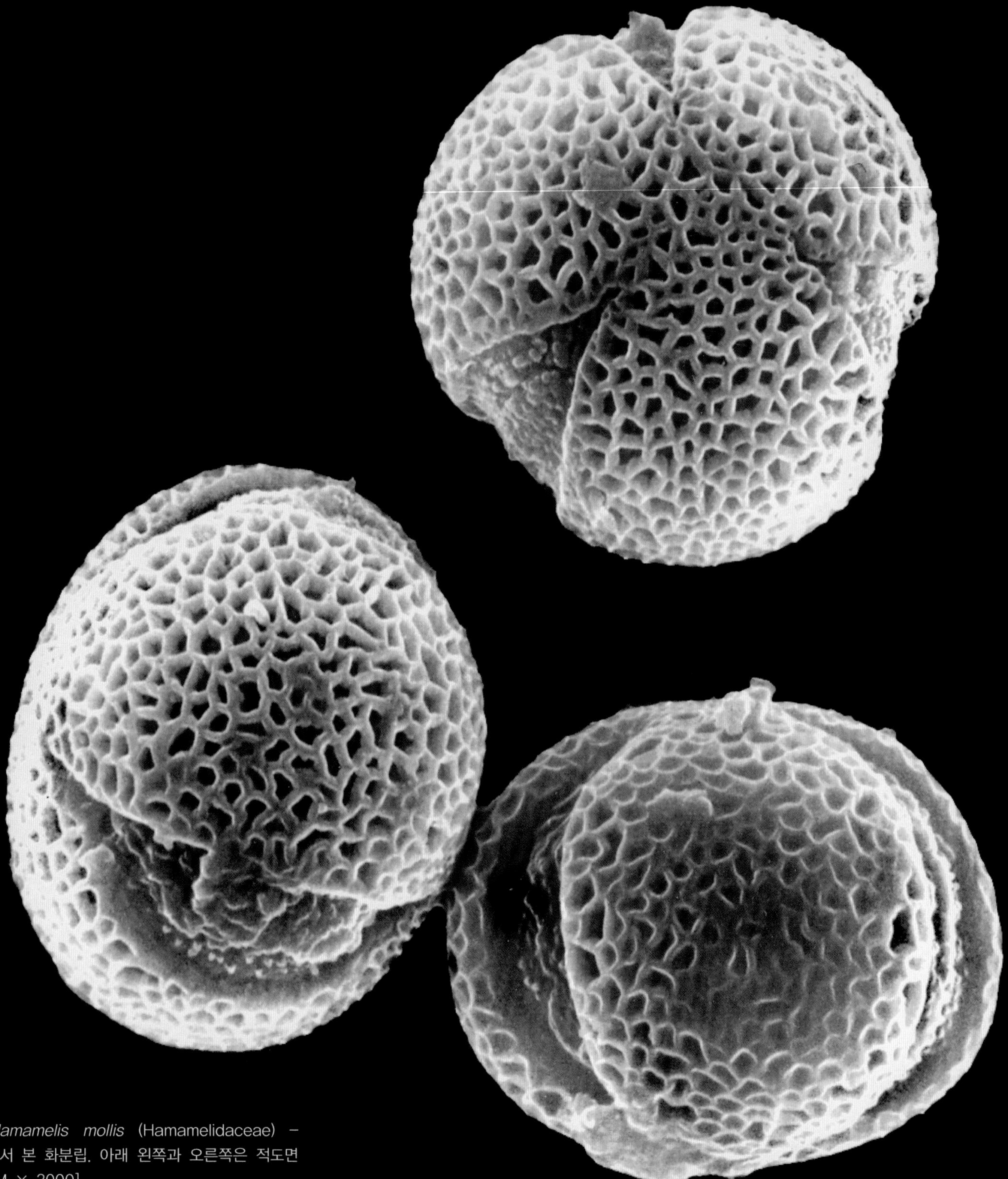

중국풍년화(조록나무과) *Hamamelis mollis* (Hamamelidaceae) – Witch Hazel. 다른 각도에서 본 화분립. 아래 왼쪽과 오른쪽은 적도면도, 위는 극면도 [CPD/SEM × 3000]

56쪽: 중국풍년화(조록나무과) *Hamamelis mollis* (Hamamelidaceae) – Witch Hazel. 꽃의 무리. 꽃 부분이 4부분으로 되어 있다. 검고 붉은 빛의 꽃받침, 길고 좁은 황색의 꽃잎과 중앙에 4개의 꽃밥이 있다.

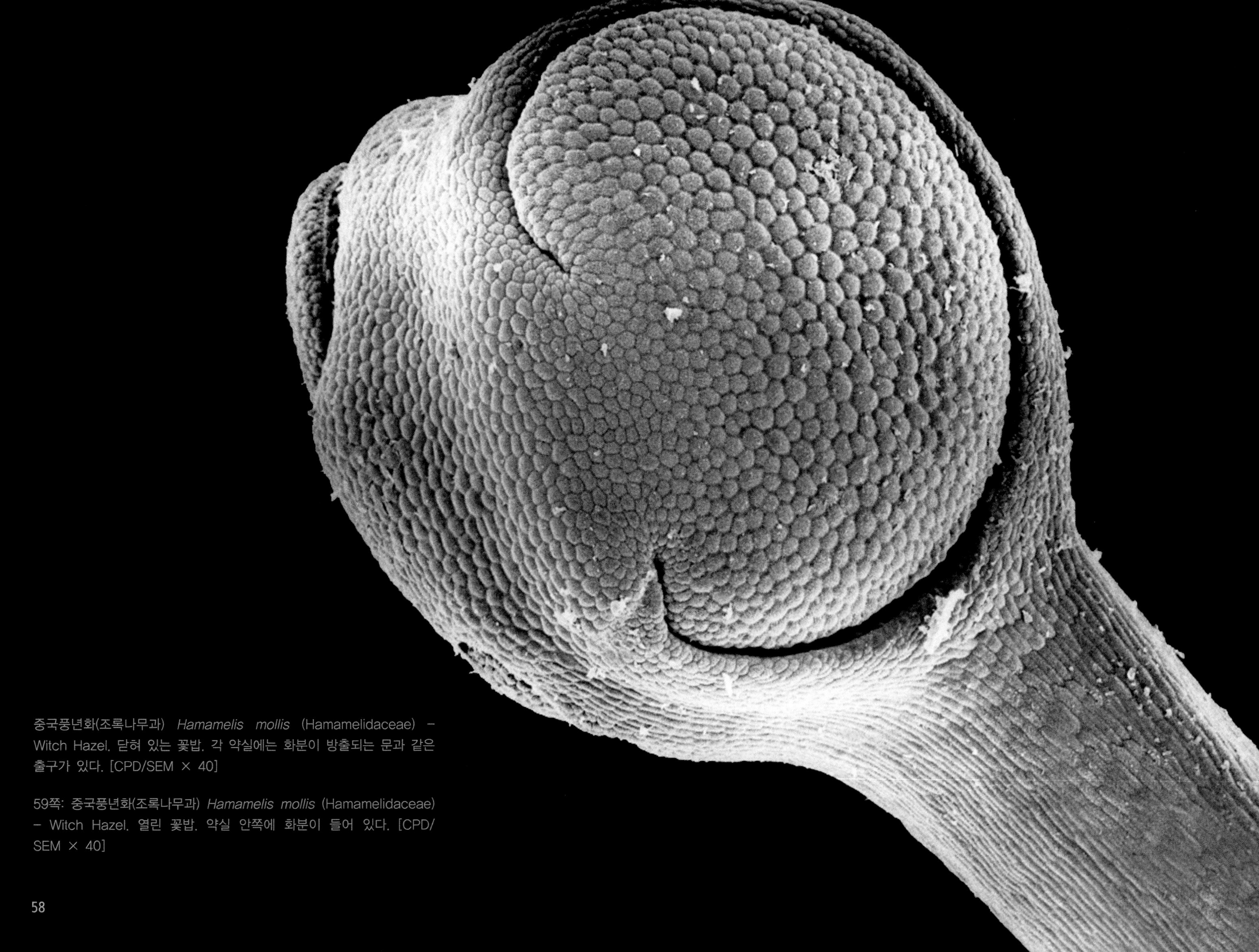

중국풍년화(조록나무과) *Hamamelis mollis* (Hamamelidaceae) – Witch Hazel. 닫혀 있는 꽃밥. 각 약실에는 화분이 방출되는 문과 같은 출구가 있다. [CPD/SEM × 40]

59쪽: 중국풍년화(조록나무과) *Hamamelis mollis* (Hamamelidaceae) – Witch Hazel. 열린 꽃밥. 약실 안쪽에 화분이 들어 있다. [CPD/SEM × 40]

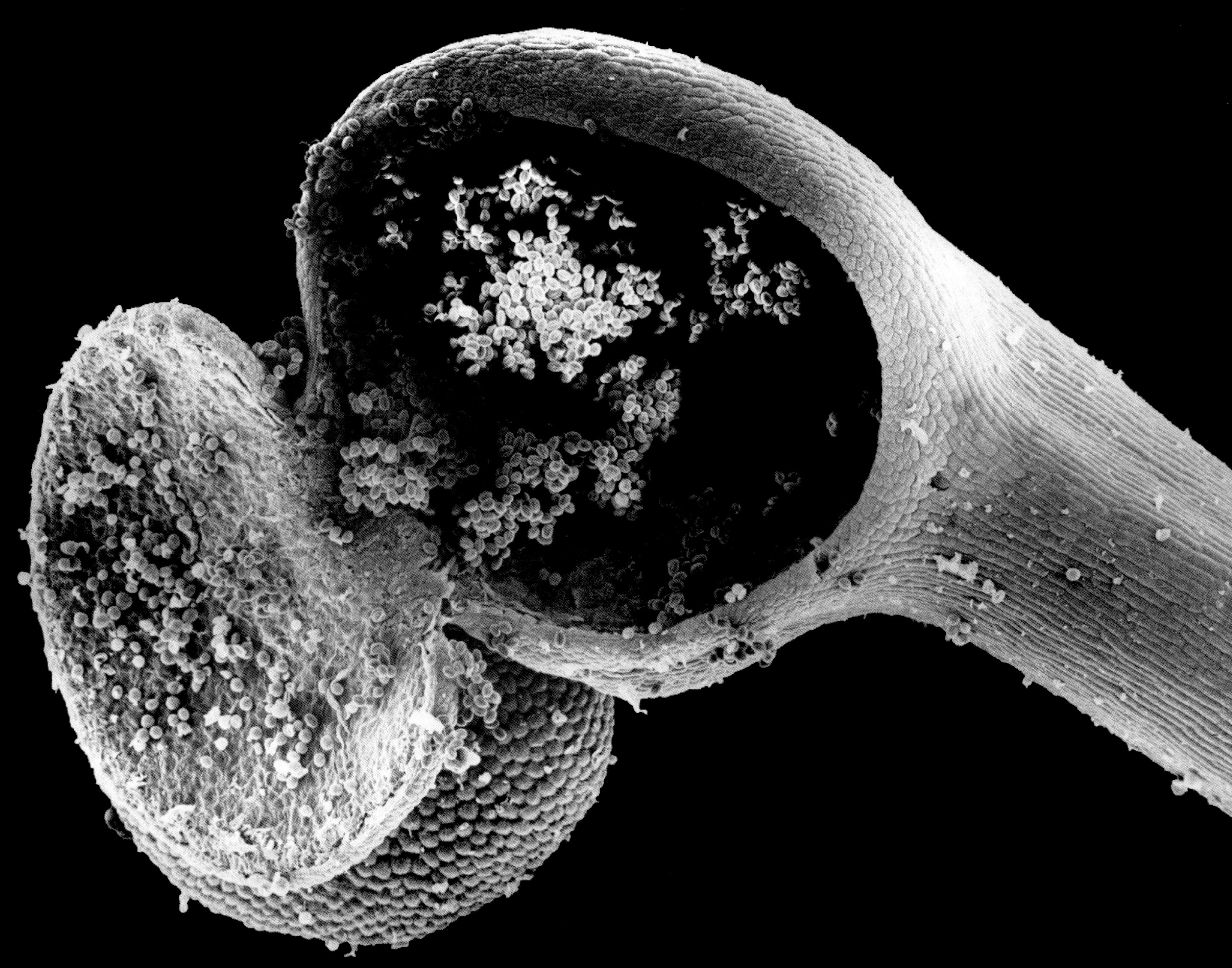

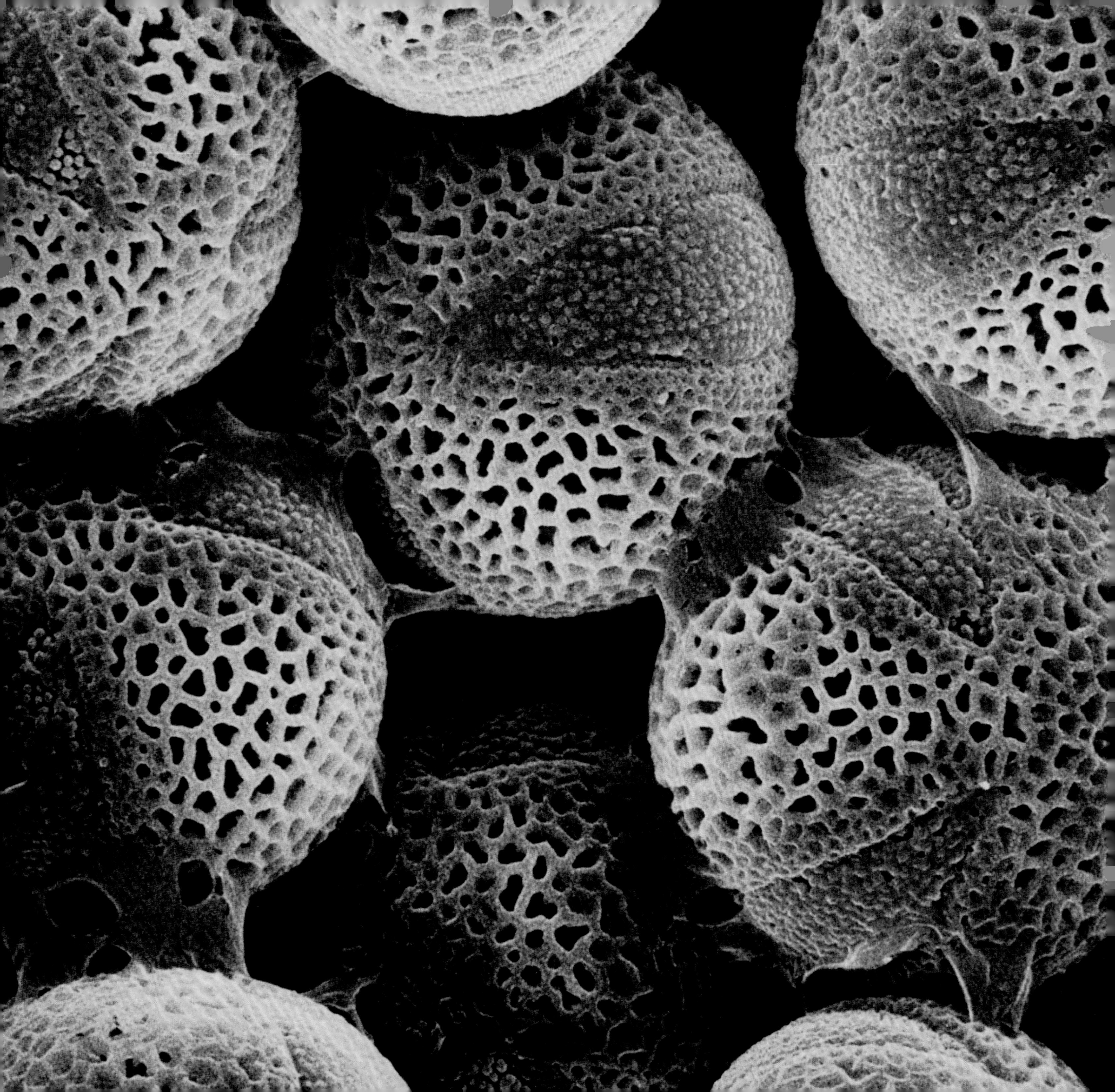

의 폴른키트를 가지는 것으로 밝혀졌는데, 이는 폴른키트가 곤충을 유인하고 몸에 화분을 쉽게 붙게 하는 기능 이외에 또 다른 기능을 지원하는 것으로 생각된다. 폴른키트는 꽃꽂이용 백합(*Lilium*, 원예용)과 데이릴리(*Day Lilies*, 원추리속, 재배종)에서 쉽게 관찰할 수 있는데, 이들의 화분립은 황색 또는 오렌지색의 유성 지질로 매우 잘 싸여져 있기 때문에 문지를 경우 피부나 옷을 물들게 한다. 심지어 이런 꽃들을 파는 상인들은 포장된 꽃다발에 경고 문구를 붙이기도 하고, 고객들의 불만을 없애기 위해 백합의 수술대에서 화분투성이의 꽃밥을 없애기도 한다.

아래: 헬레보루스 오리엔탈리스(미나리아재비과) *Helleborus orientalis* (Ranunculaceae) – Hellebore. 확대된 꽃. 꿀이 많은 작고 안으로 굽은 꽃잎과 이를 둘러싸고 있는 매우 크고 화려한 꽃받침의 특이한 배열을 주목. 주: 꽃밥들은 모두 같은 시기에 열리지 않는다.

60쪽: 헬레보루스 오리엔탈리스(미나리아재비과) *Helleborus orientalis* (Ranunculaceae) – Hellebore. 확대된 화분 그룹. 끈적한 폴른키트에 의해 화분립들이 함께 붙어 있다. [SEM × 1000]

자연적인 화분의 색

화분립의 색은 무색에서 황색 계통이 가장 흔하지만, 자연 상태의 화분립은 식물의 종에 따라 색깔이 다양하다. 화분립의 색을 나타내는 색소는 주로 카로티노이드와 플라보노이드이다. 카로티노이드는 밝은 황색에서 짙은 황색 또는 오렌지색을 나타내는 반면, 플라보노이드는 무색에서 황색의 플라본과 이소플라본, 빨강과 보라색의 안토시아닌을 가지고 있다. 두 가지 유형의 색소 모두 스포로폴레닌성 외벽에 들어 있지만, 플라보노이드의 함량이 좀 더 많으며, 카로티노이드는 백합에서 보듯이 외부의 지방층에서 많이 나타난다. 화분의 색은 플라본과 안토시아닌의 함량과 이 성분들이 어디에 분포하는지에 따라 달라진다. 예를 들면, 동일한 플라보노이드 성분이 두 종에 존재할 수는 있지만 그 농도의 차이에 따라 다른 색으로 나타날 수 있는 것이다. 또한, 플라보노이드는 화분 내에 흔하게 존재하는 금속인 알루미늄이나 철과 결합하면 흡수 범위가 달라진다. 인간의 눈에 화분립은 꽃잎의 색깔과 대조적으로 보이거나 또는 비슷하게 보일 수도 있다. 옅은 황색과 무색의 화분립은 피자식물에서 흔하게 찾아볼 수 있다. 바람 또는 물을 이용하여 수분을 하는 식물은 무색이거나 옅은 색을 띠는 것

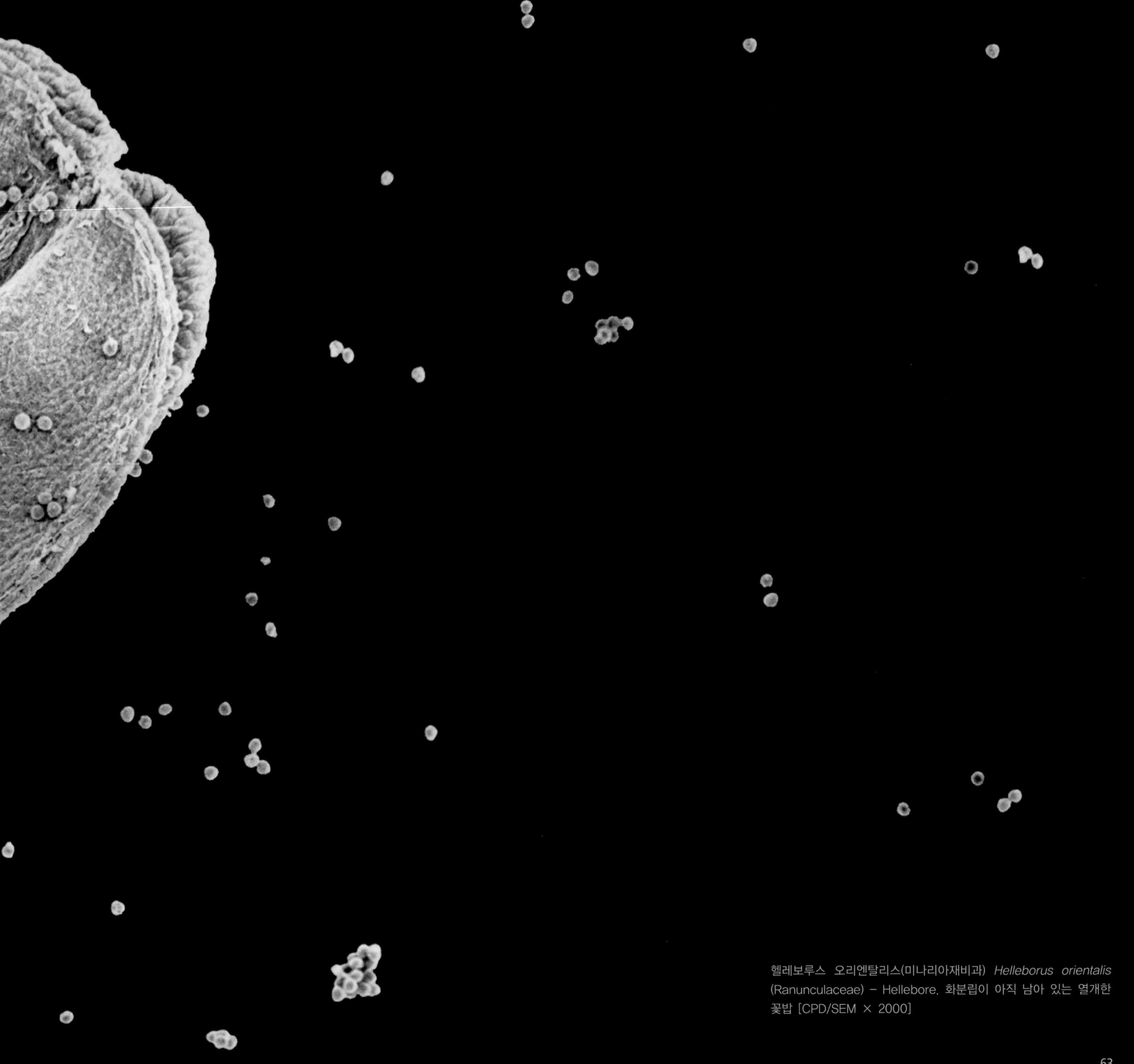

헬레보루스 오리엔탈리스(미나리아재비과) *Helleborus orientalis* (Ranunculaceae) – Hellebore. 화분립이 아직 남아 있는 열개한 꽃밥 [CPD/SEM × 2000]

컴프리(지치과) *Symphytum officinale* (Boraginaceae) – Comfrey. 화서

65쪽: 컴프리(지치과) *Symphytum officinale* (Boraginaceae) – Comfrey. 2개의 화분립 [SEM × 2000]

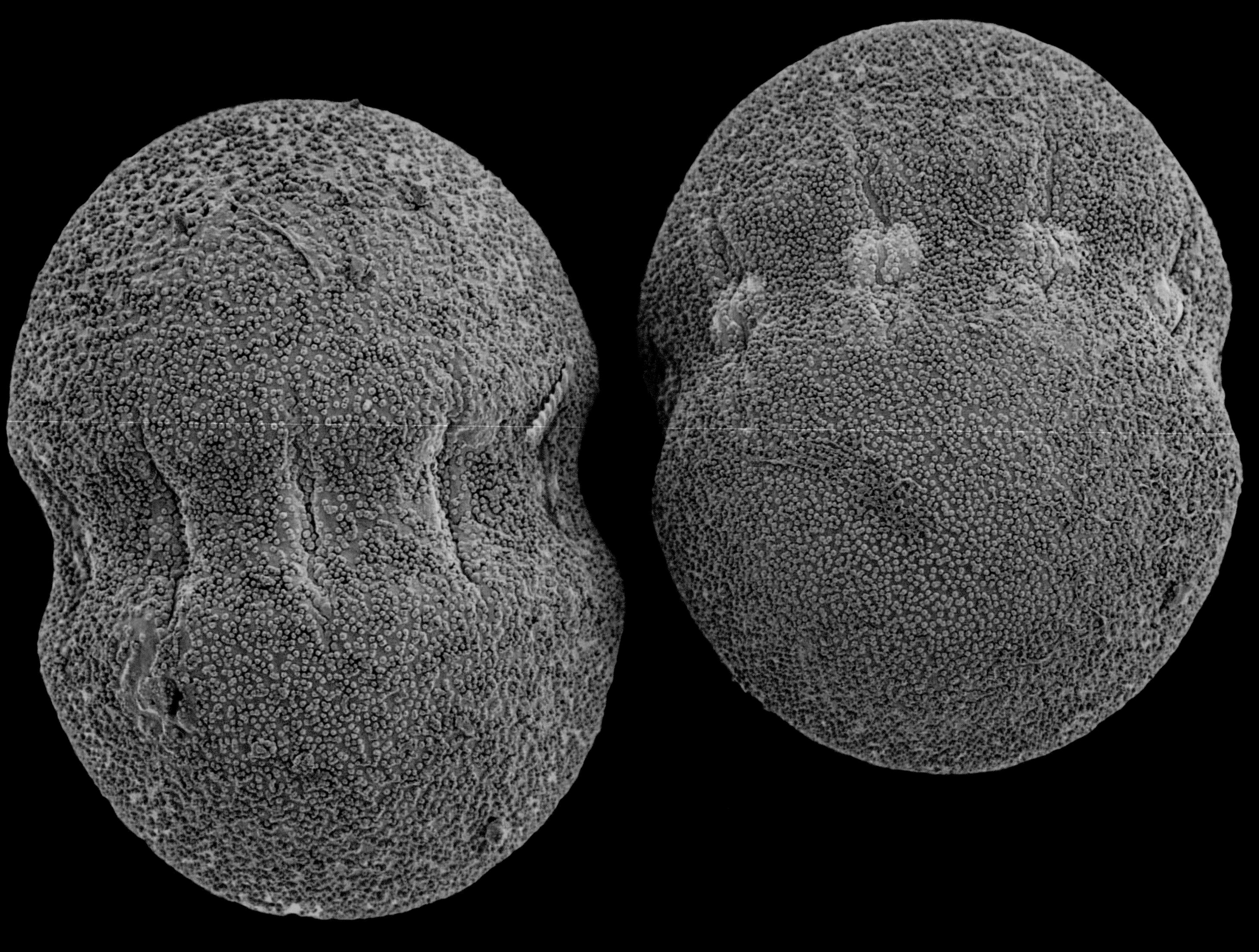

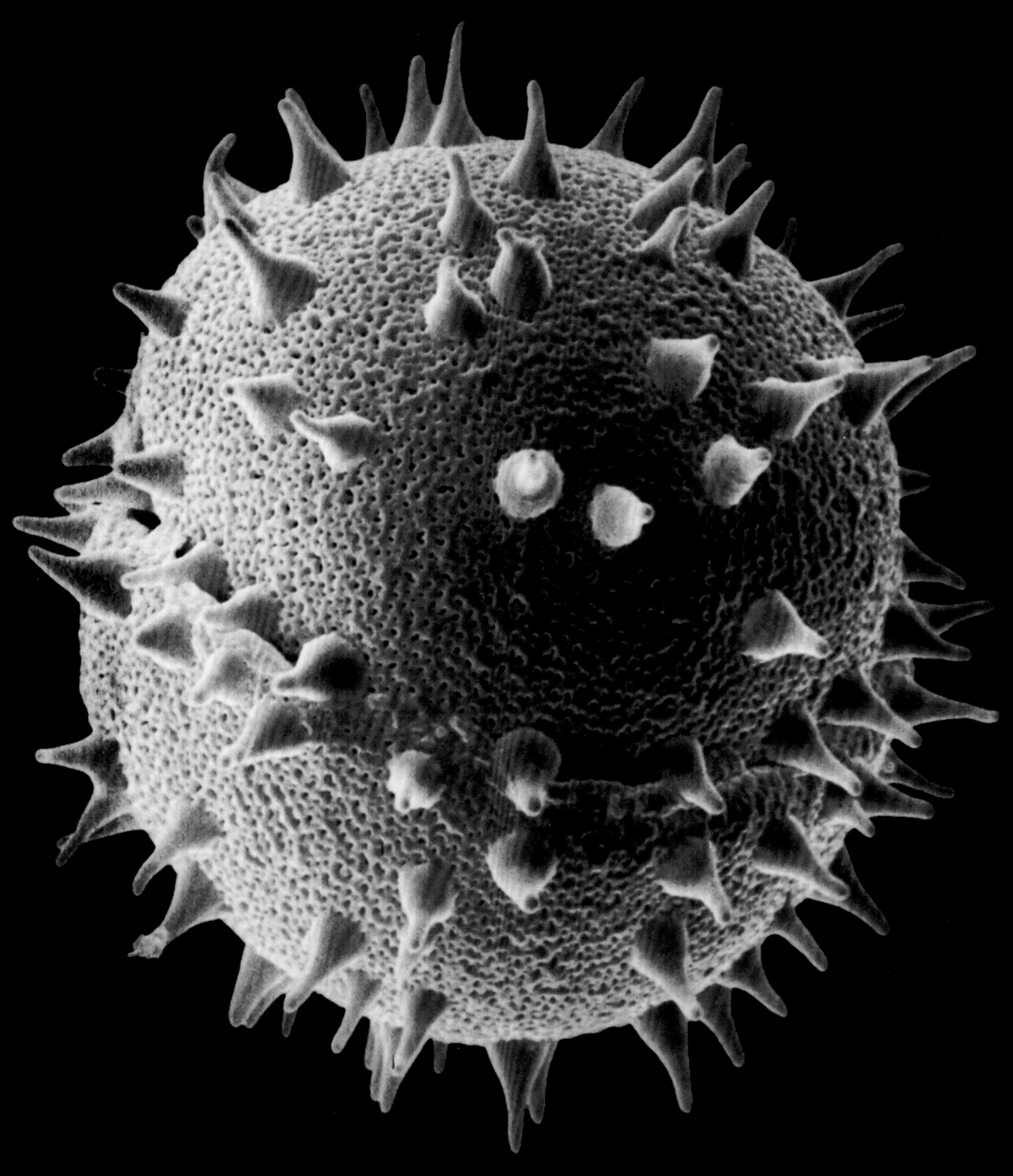

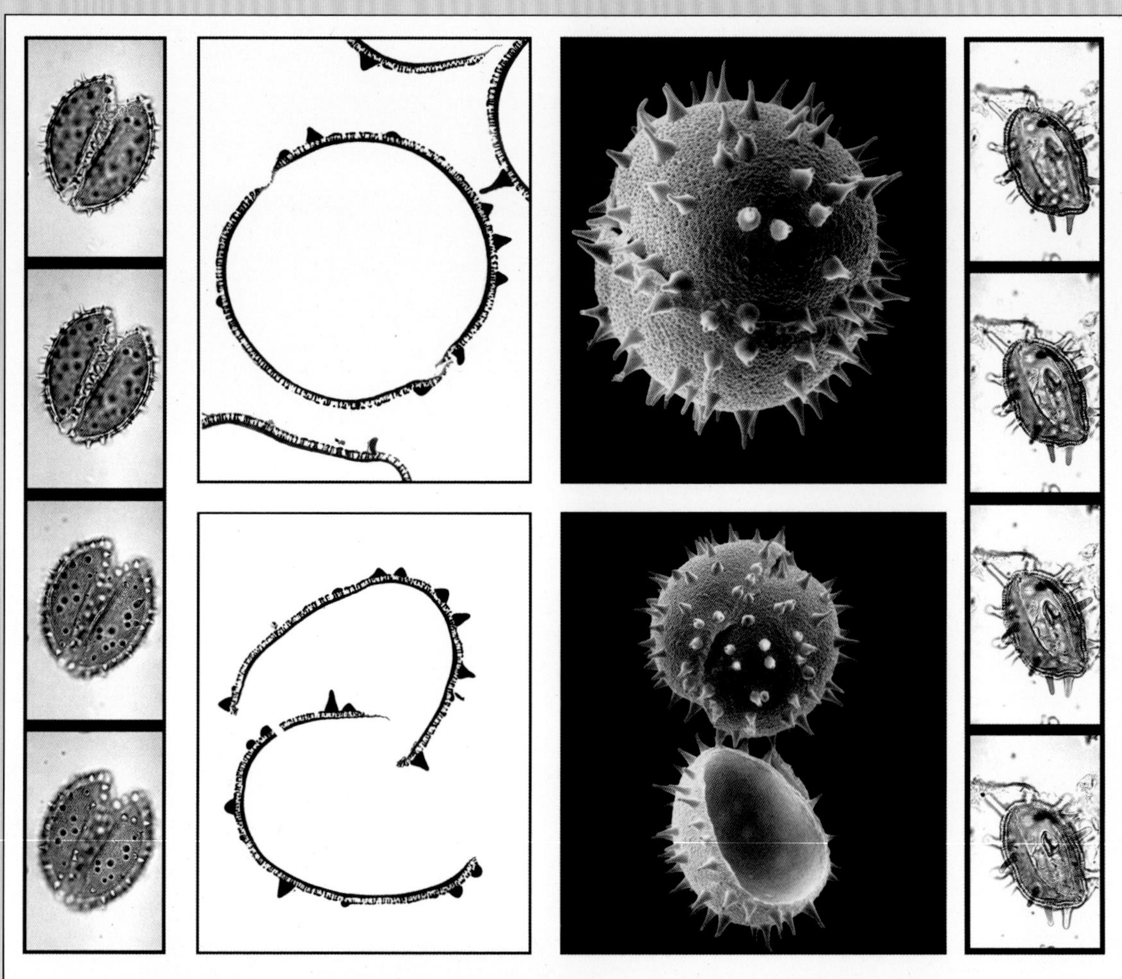

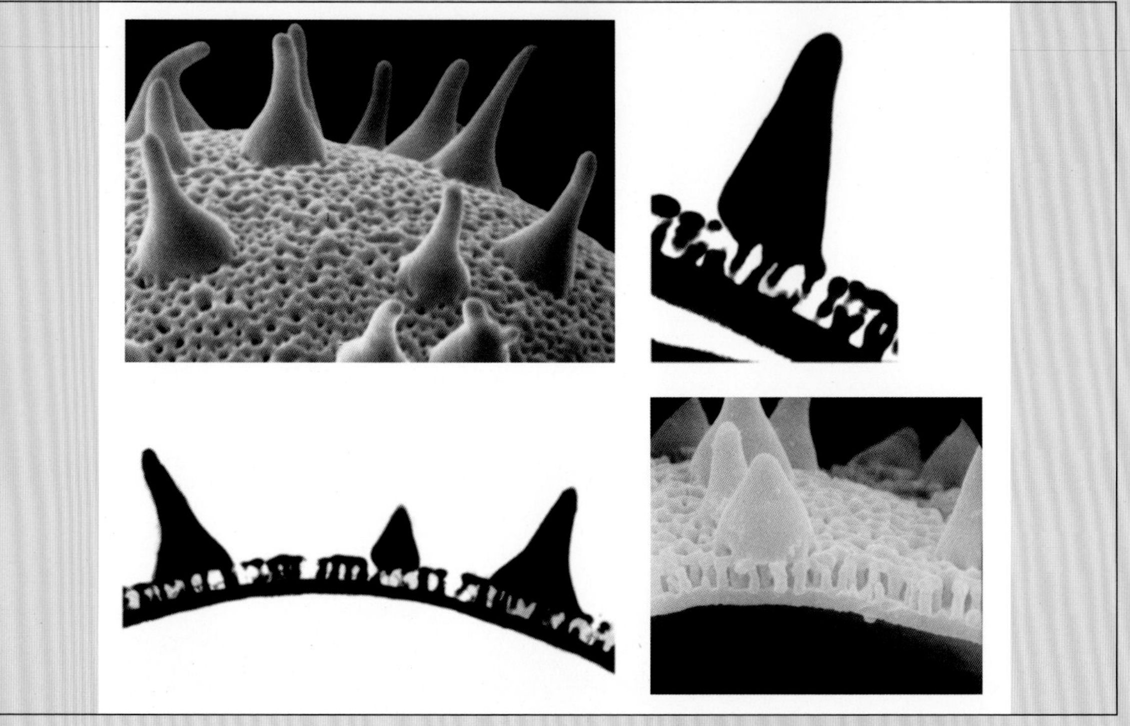

맹그로브야자(야자나무과) *Nypa fruticans* (Arecaceae) – Mangrove Palm

위: 여러 각도에서 본 화분립. 화분은 초산 분해되거나 화석화될 때 보통 아래쪽의 중앙에 있는 사진과 같이 이등분으로 갈라진다.

왼쪽과 오른쪽: 왼쪽의 화분립은 4개의 다른 초점에서 광학현미경으로 촬영되었으며, 각 이미지가 각각 다른 부분들을 자세히 강조하고 있다. 오른쪽의 니파야자(Nypa palm)의 화분립 화석 또한 광학현미경으로 4가지 초점에서 촬영되었다.

이것은 영국 와이트(Wight) 섬의 점토 매장층에서 발견된 니파(Nypa) 모양의 화분립 화석 중 하나이며, 약 5천5백만 년 전의 것이다(에오세). 발견된 니파야자의 화분립은 에오세 기간 동안 북서 유럽이 매우 따뜻한 열대 기후였음을 가리킨다. 현생 니파 화분의 돌기는 일정한 데 반해, 화석 표본 간에는 돌기 길이의 차이가 있다. 이 화분 돌기 자료는 이전의 니파가 아마도 현재 나타난 단일 종보다 더 많은 종으로 구성되었음을 시사하고 있다. 니파야자는 또한 고대 적도 지방에 매우 넓게 분포했었으나 오늘날의 자연적 분포지는 말레이시아로 제한되어 있다.

[오른쪽과 왼쪽: LM × 700, 중앙 왼쪽: TEM × 1500, 중앙 오른쪽 위: SEM × 1700, 중앙 오른쪽 아래: SEM × 1000]

아래: 세부적인 화분의 돌기와 외벽 [위 왼쪽과 아래 오른쪽: SEM × 10,000, 아래 왼쪽과 위 오른쪽: TEM × 10,000, 초산 분해 처리]

66쪽: 맹그로브야자(야자나무과) *Nypa fruticans* (Arecaceae) – Mangrove Palm. 확대된 화분립. 발아구가 돌기가 있는 회전 타원체의 화분을 환상(環狀)으로 둘러싸고 있다. [SEM × 1700 – 초산 분해 처리]

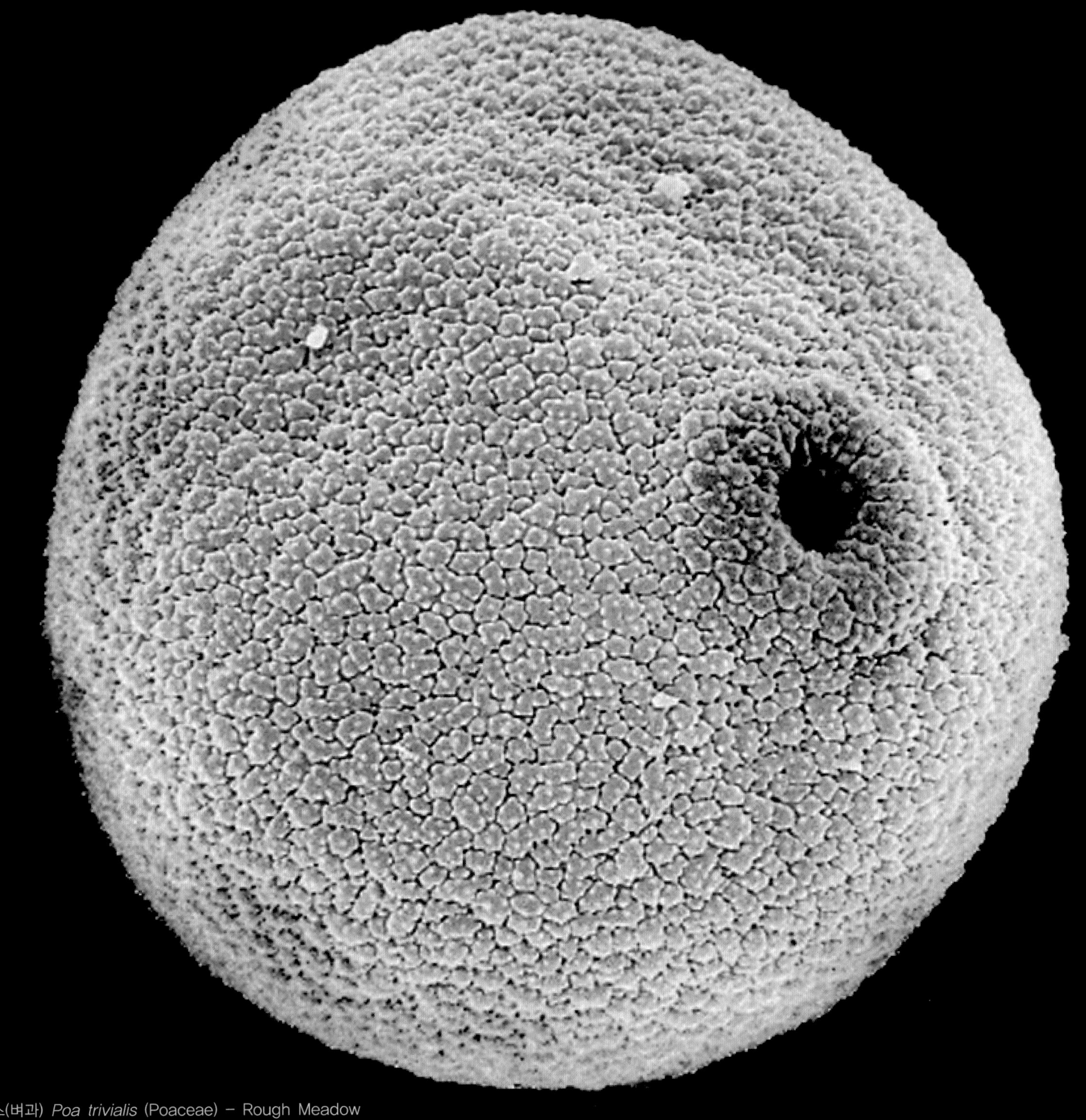

포아 트리비알리스(벼과) *Poa trivialis* (Poaceae) – Rough Meadow Grass. 확대된 화분립 [SEM × 2600]

69쪽: 큰조아재비(벼과) *Phleum pratense* (Poaceae) – Timothy Grass. 바람에 잘 날리도록 밖으로 뻗어 나온 꽃밥을 주목

이 일반적이고, 이외 다른 색의 화분은 보통 충매화와 관련이 있다.

인공적인 화분의 색

화분립이 실험실에서 무수 아세트산과 황산의 혼합물에 의해 (초산 분해) 전처리 – 특히 건조 식물 표본에서 얻어진 화분에 쓰이는 과정 – 되거나 암석 속에 보존되어 있었다면, 화분립은 외부의 지방층을 잃게 된다. 또한, 화분립 안에 들어 있는 세포 소기관을 포함한 세포질 또한 소실될 것이며, 비스포로폴레닌성 내부 벽층인 내벽 또한 볼 수 없게 된다. 그러나 외부의 스포로폴레닌성 외벽은 남게 되는데, 이 외벽이 바로 화분을 식별하는 데 사용된다. 화석화 또는 아세틸화된 화분립은 광학현미경 하에서 밝은 황금색 내지 짙은 황금색으로 보인다. 고도로 장식된 화분벽을 보기 위해서는 실험실에서 초산 분해 과정을 거치게 되는데, 이것이 화분 비교 연구를 위해 필요한 대부분의 특징들을 나타내기 때문이다.

실험실에서는 화분립의 다른 특징을 알아보기 위해서 화분립을 다양하게 염색할 수 있다. 예를 들면, 화분립이 생존 가능한 것인지를 검사하기 위해 스포로폴레닌 외벽과 내부의 세포성 물질을 대비시킬 수 있다. 화분의 발달, 화분의 성숙 또는 화분 발아에 관한 생물학적인 연구들은 생체 화분을 가지고 시작하며, 연구 과정 중 원하는 단계 또는 특성을 확보하거나 강조하기 위해 고정과 염색 절차를 밟는다.

더불어 현대 컴퓨터 기술의 발달로 화분에 색을 입히고 전자적으로 인공물을 만드는 것이 가능하게 되었으며, 이러한 예를 이 책에서 많이 찾아볼 수 있다. 이러한 일들은 화분립의 발아구나 외벽 표면의 독특한 특징들과 같은 화분립 구조를 강조하는 데 매우 유용하다.

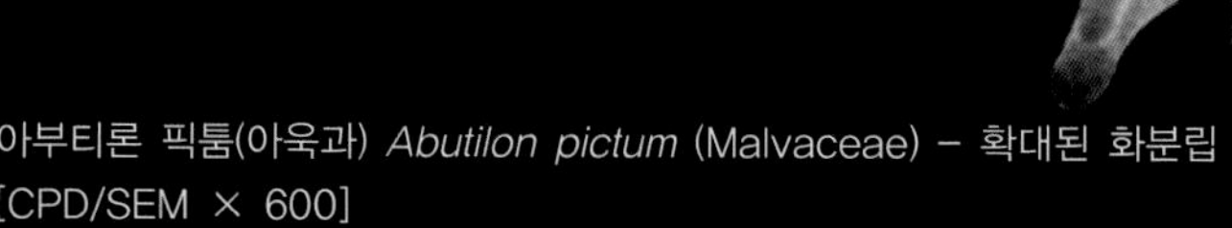

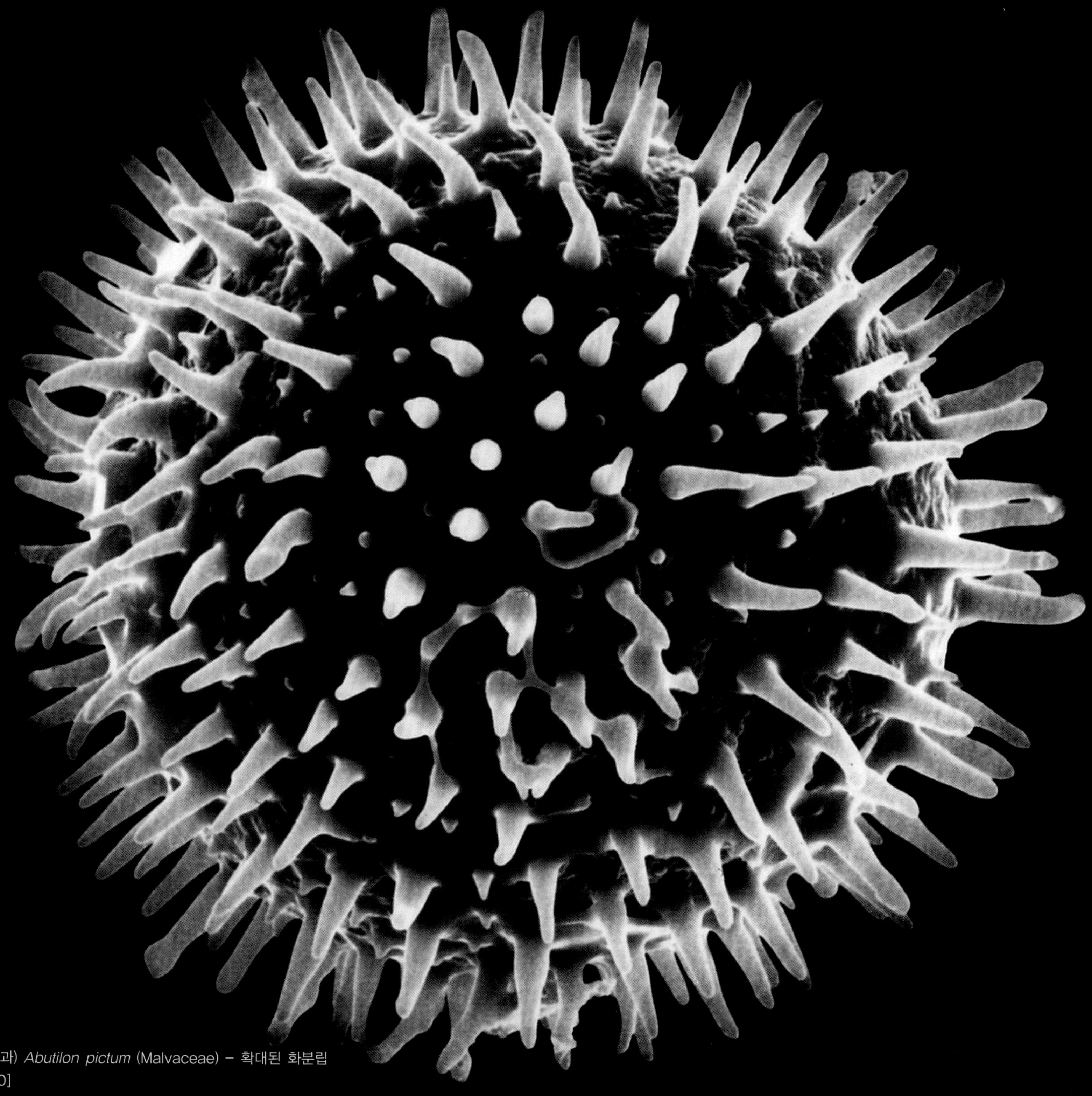

아부티론 픽툼(아욱과) *Abutilon pictum* (Malvaceae) – 확대된 화분립 [CPD/SEM × 600]

71쪽: 아부티론 픽툼(아욱과) *Abutilon pictum* (Malvaceae) – 돌기 사이의 기름진 지방(폴른키트)을 보여 주는 화분 외벽의 확대 사진 [CPD/SEM × 2000]

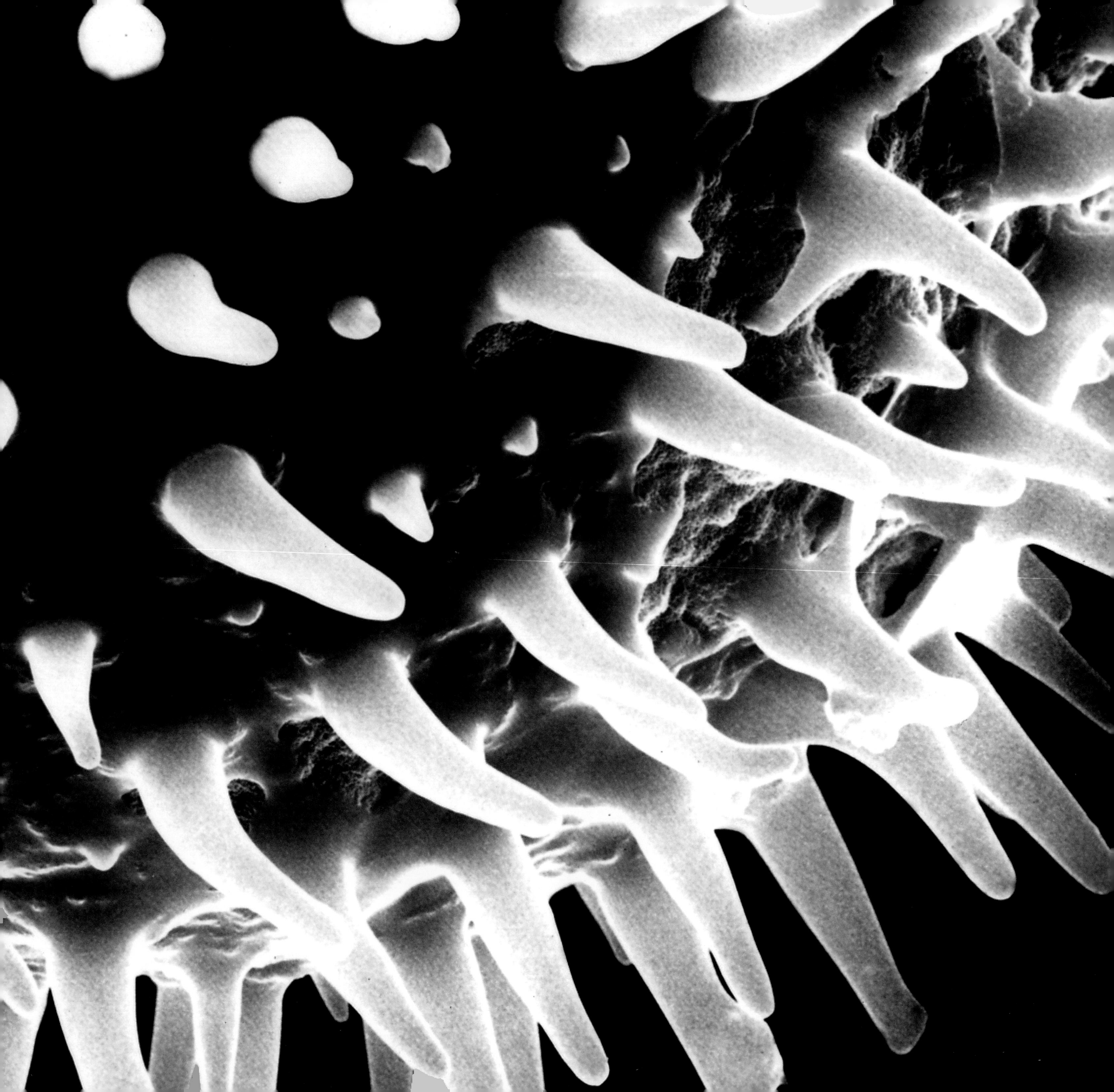

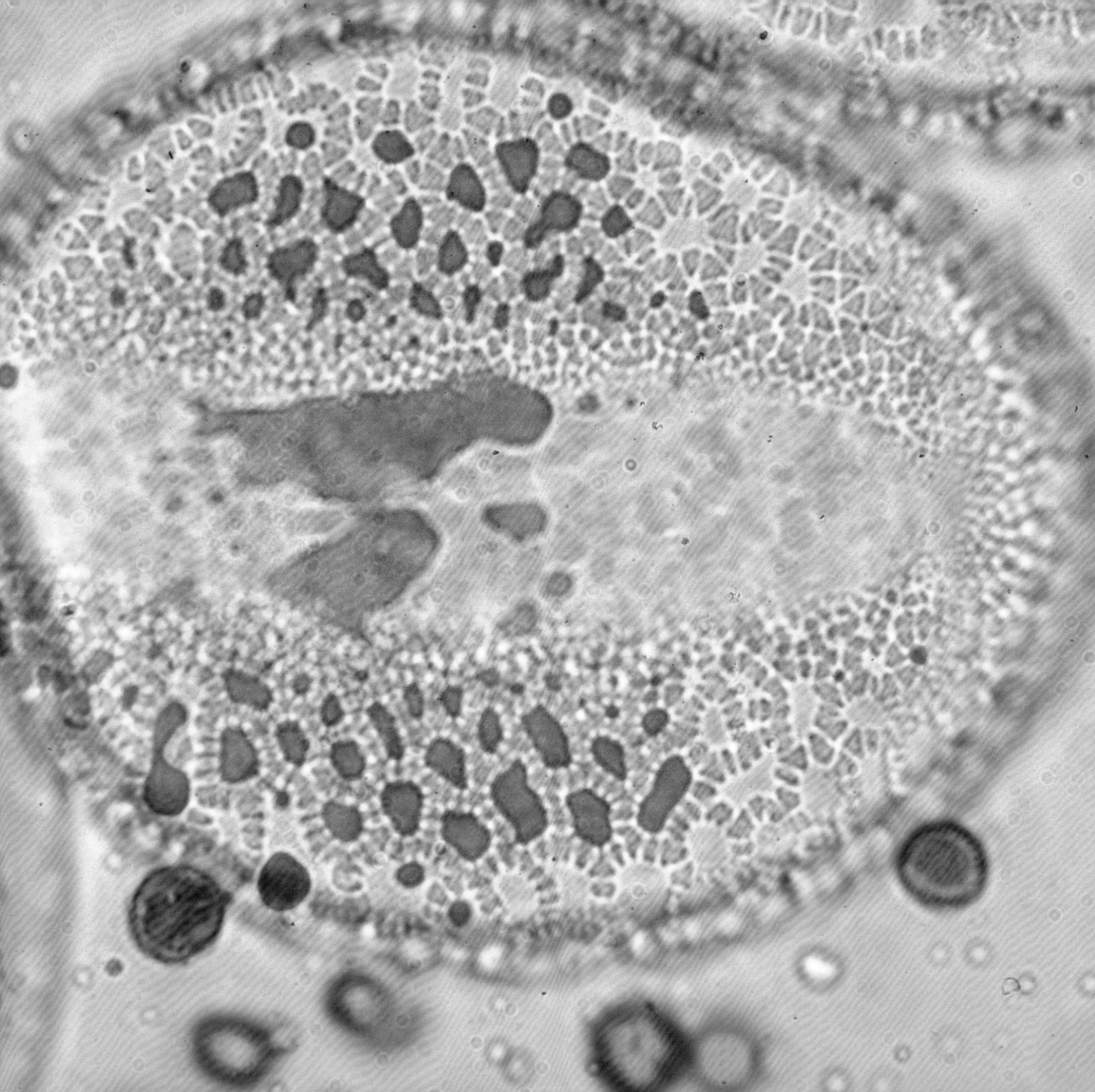

72쪽: 원추리속 재배종(원추리과) *Hemerocallis* cv. (Hemerocallidaceae) – Day Lily. 화분의 외벽망 안에 분포하는 기름진 지방(백합속과 원추리속의 화분은 매우 유사하다.) [LM × 40]

아래: 참나리(백합과) *Lilium tigrinum* (Liliaceae) – Tiger Lily. 망 모양의 외벽으로부터 다량의 지방(폴른키트)이 흘러나오고 있는 화분립의 그림 [프랜시스 바우어(Francis Bauer, 1790~1840)]

화분의 비교 연구

화분은 여러 가지 특징을 가지고 있으며, 이 특징들은 조합되어 비교 연구의 영역에서 매우 유용하게 쓰인다. 화분은 매우 작고, 특정한 종과 그룹에 있어서 상당히 독특한 외벽을 가지는데, 이 외벽은 부패하지 않는 매우 강한 성질이 있다. 이들을 만들어 낸 식물로부터 분리된 화분은 주로 과 수준에서 식별되고, 때로는 속 수준, 그리고 가끔은 심지어 종 수준에서도 식별이 가능하다. 화분과 그 밖에 공기로 운반되는 미세한 입자들은 대기 오염 수준을 측정하기 위해 매일 수집되며 토양, 암석, 꿀, 의류와 얼굴 등에 있는 화분은 다양한 조사에 대한 해답을 제공하기도 한다. 벌꿀의 원산지를 조사하기 위해서는 화분 내용물을 분석한다. 오스트레일리아산 아카시아꿀을 '스코틀랜드헤더' 꿀로 속이는 것은 발각될 위험의 소지가 매우 높은데, 이는 아카시아와 헤더의 화분 종류가 상당히 다르기 때문이다. 법의학에서는 범죄와 관련된 토양, 옷 또는 다른 물품들로부터 수집된 화분을 이용해 강간, 살인의 시기나 장소를 밝혀낼 수 있다. 이것은 수집된 화분으로부터 범죄 현장에 피어 있던 꽃이 어떤 종인지 알아낼 수 있기 때문이다. 불법적인 농약 살포의 경우, 벌의 사체에서 발견된 화분은 그 벌이 어디에서 먹이를 먹었는지를 알 수 있다. 과거의 식물상과 기후의 재형성은 화분 자료에 크게 의존한다. 예를 들면, 화분 자료를 통해 우리는 55만 년 전 맹그로브야자가 와이트 열대 섬에 풍부했던 것을 알아냈다. 또 화석화된 잎, 열매 같은 보다 큰 식물 기관과 화분 화석의 기록을 함께 연구함으로써 피자식물과 민꽃식물의 진화에 대해 많은 것을 알아낼 수 있다. 그 예로, 고대의 로라시아 대륙과 곤드와나 대륙에서 나무고사리와 침엽수, 그리고 초기 피자식물인 목련이 최초로 출현하여 분포했음을 알아낼 수 있었다. 요즘 많은 사람들은 라디오, 텔레비전과 영화 등을 통해 항아리, 두엄더미, 배설물 및 주거지 주위의 토양 등에서 발견된 화분의 연구가 고대의 식습관과 농작물 재현에 기여한다는 사실을 잘 알고 있다.

식물계통학과 진화학에서의 화분형태학

앞에서 언급한 화분 비교 연구의 많은 예는 수집된 샘플과 참고 수집물인 현미경 슬라이드 표본을 비교하여 간단히 얻을 수 있다. 이때 수집된 샘플이 화석화된 것이든 살인 사건의 수사, 벌꿀, 유적지, 대기 측정 샘플이든 또는 벌의 독에서 얻어진 것이든 상관이 없다. 참고 수집물은 수천 종의 식물이나 특정 자연 조사를 통해 얻어진 화분을 포함하는 방대한 현미경 슬라이드 수집품이다. 그러나 한 연구 분야, 식물의 계통 및 진화와 관련된 화분 '형태학'은 비교의 측면에서 볼 때 더욱 복잡하다. 화분형태학은 단지 연구하는 식물 종에 대한 화분의 변이를 기재하는 것뿐만 아니라, 연구하는 식물과 다른 식물군 간의 유연관계를 보다 잘 이해하기 위한 자료로 이용된다. 또한, 화분 화석과의 비교로 유사한 화분 유형의 초기 출현과 고지리학적 분포를 조사하여, 시간이 지남에 따라 화분을 생산하는 식물이 어떻게 진화하고 다양화되었는지를 이해하려고 하는 학문이다. 화분립 화석이 식물 진화를 재구성하는 데 매우 유용한 이유는 수만 년을 지나는 동안에도 그 모양이 변하지 않고 보존되어 있기 때문이다. 전체 식물체와는 달리 화분립은 일생 동안 변화 요인에 노출되지 않고, 지역적인 조건에 적응할 필요가 없으며, 생존을 위해 기후와 고도에 따라 변할 필요가 없다. 화분립은 성숙되어 공기 중으로 방출될 때까지 식물 안에서 보호를 받는다.

식물계통학과 진화학에서의 화분 연구는 개별적으로 하지 않고 같은 식물군에 대해 연구하는 다른 식물학자들과 협력하여 진행되어야 한다. 해부학, 발생학, 꽃분화학, 세포유전학, DNA, 생화학, 생리학, 생물지리학, 고식물학 등의 다른 분야를 연구하는 식물학자들과의 연구에서 얻어진 결과는 다른 군의 현화식물이 언제 어떻게 진화되었는지, 또 그들 간의 관계(계통 진화적 유연관계)는 어떠한지에 대한 이론이나 가설을 점점 더 발전시킬 것이다.

매우 복잡한 식물의 계통수를 이해하기 위해서 오히려 단순한 유추를 시도해 볼 수 있을 것

파보니아 우렌스(아욱과) *Pavonia urens* (Malvaceae) – 화분립 [LM × 400, 자연색]

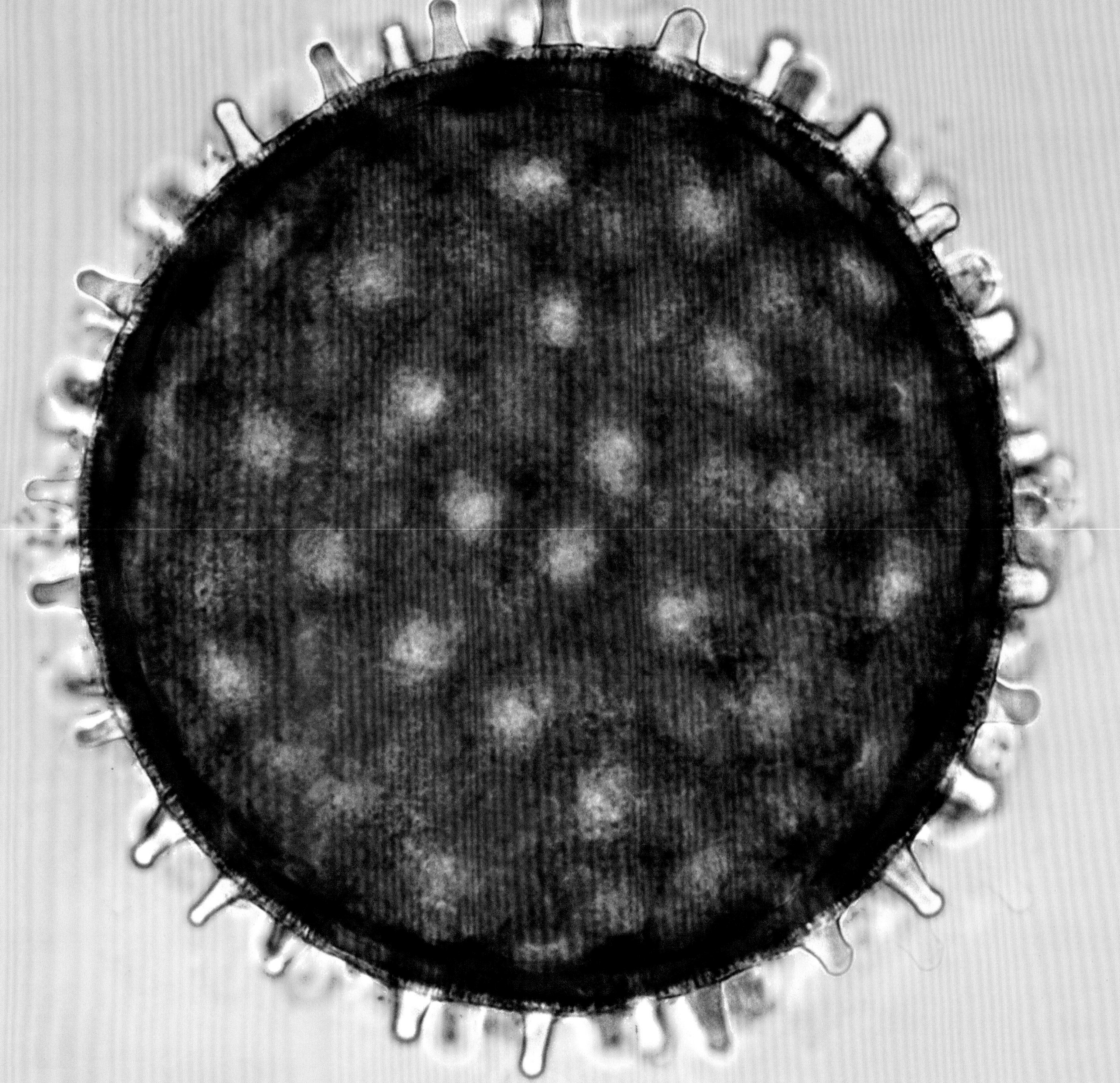

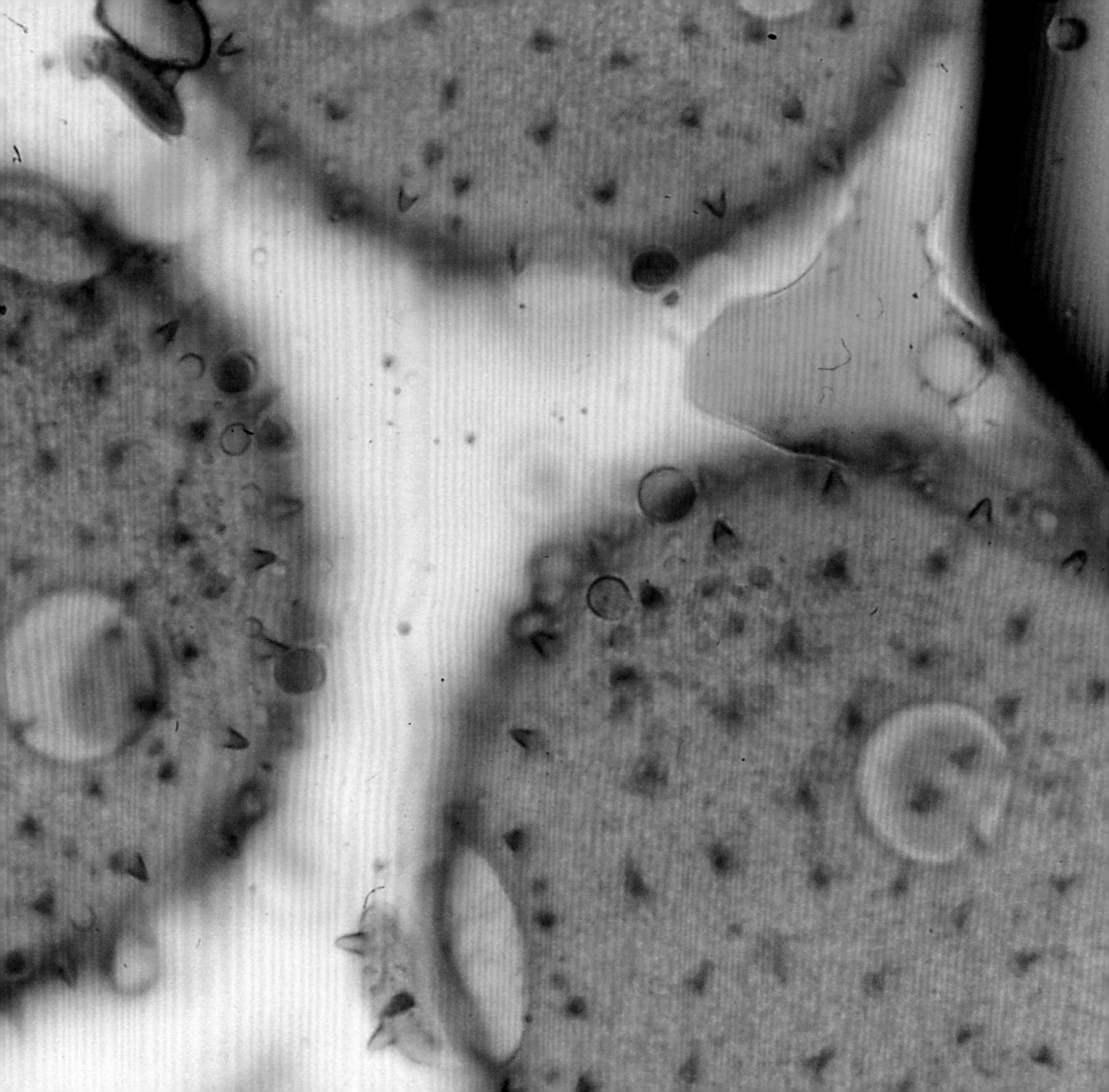

이다. 이 복잡한 계통수에 포함된 과들은 이미 이전에 속했던 종들과 이들의 유연관계에 관한 많은 양의 정보를 포함하고 있다. 그러나 그 계통수는 맞는 것일 수도 있고 틀린 것일 수도 있으며, 어떤 것은 단순한 논란거리 정도의 정보이거나, 조상이 정확하지 않아 인정받지 못하는 식물들을 포함하여 많은 정보가 부족한 것일 수도 있다. 아마도 열정적인 사학자들은 나이 든 친척들이나 다른 관심사를 갖는 단체들과의 대화는 물론 지역 기록 보관소, 교회 기록물, 책, 사진, 편지, 우편엽서, 일기를 포함한 다양한 출처로부터 이 복잡한 계통수를 이해하기에 유익한 정보를 찾아낼 것이다. 예를 들어, 현화식물의 과(family) 계통수와 계통발생학적 계통수의 주된 차이는 이 두 계통수를 연구하는 접근 방법이 다르다거나, 사람들이 과(family) 계통수를 만들기를 좋아하고 이에 대해 지대한 관심이 있어서가 아니다. 그 주된 차이는 시간의 척도와 포함되어 있는 종의 수이다. 사람은 침팬지를 많이 닮은 조상으로부터 3~4백만 년에 걸쳐 진화해 온 오직 한 종, 호모 사피엔스(*Homo sapiens* L.)인 반면, 25만 종이 넘는 현화식물은 적어도 1억2천만 년 동안 진화해 왔다. 그래서 식물학자들은 종 수뿐만 아니라 시간의 척도라고 하는 매우 다른 수준에서 연구를 하고 있다.

오늘날 DNA는 생물의 계통 연구에서 중심 역할을 하고 있다. DNA 부호화는 한 생물 안에서 변하지 않고 남아 있는 '청사진'이다. DNA는 적응하는 것이 아니며, 환경이나 기후와 같은 외적 압력의 영향을 받지 않는다. DNA는 호모 사피엔스의 계통 진화를 추적하는 데 이미 사용되어 왔으며, 앞으로 DNA가 계통 연구를 하는 데 더 중요하게 될 것이다. DNA 유전자 부호화는 식물의 유연관계 연구에서도 핵심 자료로 사용되어 왔으며, 보다 정확한 계통 분석을 위해 주로 형태 및 다른 자료들과 함께 결부되어 사용되고 있다. 흥미로운 것은 화분립은 분자와 비교할 때 매우 크지만, 화분의 형태적 자료는 분자적 자료에서 나온 결과를 자주 반영한다는 것이다. 이것은 아마도 매우 오랜 기간 동안 유지되는 화분의 형태적 보존성 때문일 것이다.

주키니호박/돼지호박(박과) *Cucurbita pepo* (Cucurbitaceae) – Summer Squash. 화분립의 외벽 표면에서 흘러나오는 기름진 황색의 폴른키트와 말라카이트 그린으로 염색한 외벽 [LM × 40]

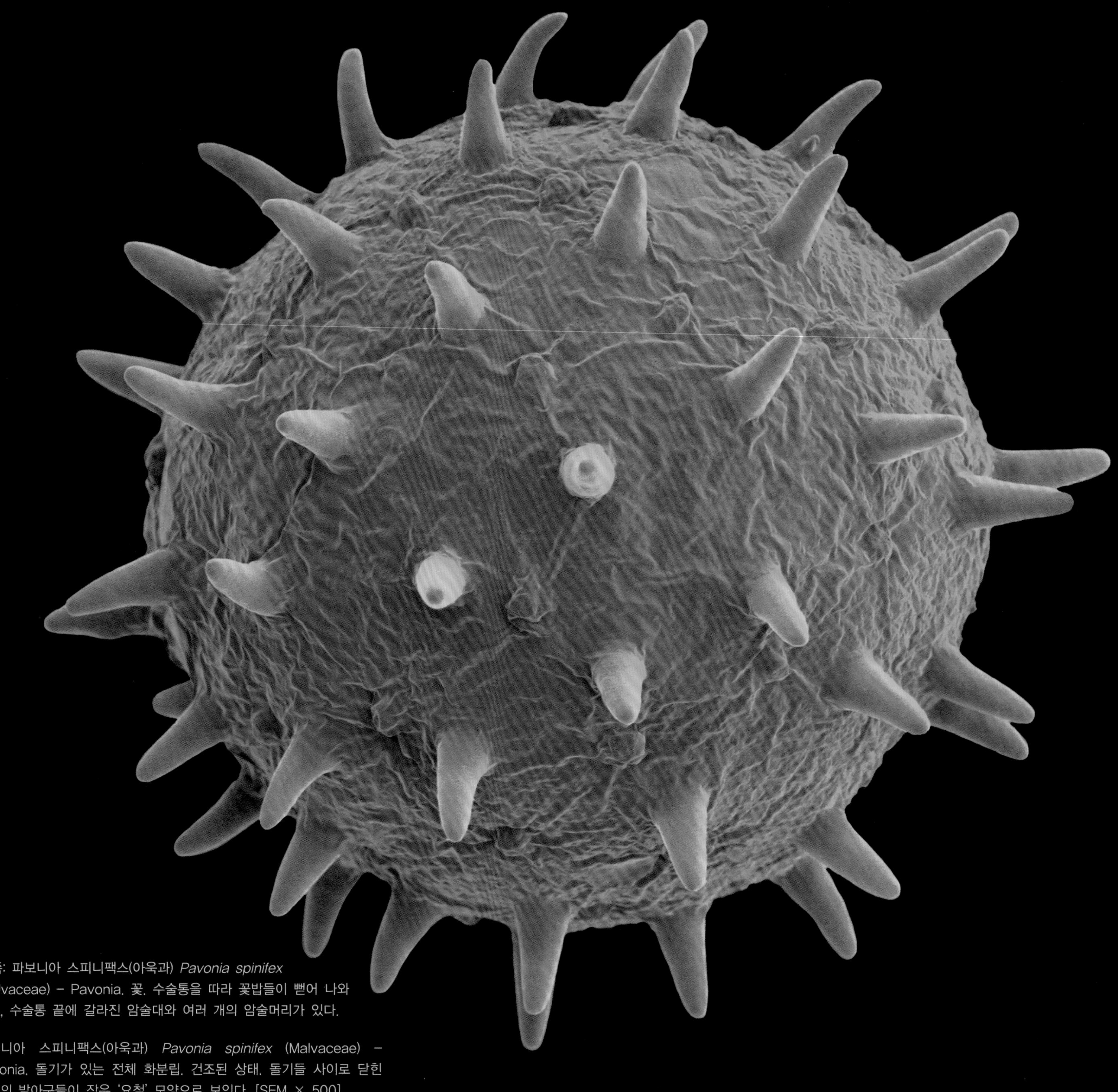

78쪽: 파보니아 스피니팩스(아욱과) *Pavonia spinifex* (Malvaceae) – Pavonia. 꽃. 수술통을 따라 꽃밥들이 뻗어 나와 있고, 수술통 끝에 갈라진 암술대와 여러 개의 암술머리가 있다.

파보니아 스피니팩스(아욱과) *Pavonia spinifex* (Malvaceae) – Pavonia. 돌기가 있는 전체 화분립. 건조된 상태. 돌기들 사이로 닫힌 상태의 발아구들이 작은 '요철' 모양으로 보인다. [SEM × 500]

80쪽: 오시뭄 킬리만드차리쿰(꿀풀과) *Ocimum kilimandscharicum* (Lamiaceae) - 바질의 종류. 화분립 외벽의 문양 [LM × 400 - 초산 분해 처리]

아래: 오시뭄 아프리카눔(꿀풀과) *Ocimum africanum* (Lamiaceae) - 바질의 종류. 양성화가 달린 화서의 일부분

화분의 형태 비교를 위한 화분 전처리

화분의 특징에 대한 자세한 자료는 화분 형태의 비교 연구를 위하여 필수적이다. 자연 상태의 화분 시료는 화분립의 변형을 방지하고 폴른키트와 같은 자연 상태의 다른 특징들을 그대로 보존하기 위해 주로 임계점 건조법(critical point dry, CPD)을 이용한다. 임계점 건조법은 액체 이산화탄소가 건조한 기체 상태로 바뀌는 과정을 통해서 화분을 건조시키는 것이다. 계통학적 연구를 하기 위해서는 수많은 수집 표본이 필요한데, 대개의 경우 화분은 식물 표본 - 연구를 위해 눌러서 말린 채집품 - 에서 얻는다. 생체 화분을 현미경으로 관찰하기 위해 화분을 건조시키고 고정시키는 기술은 다양한 반면, 식물 표본에서 떼어 낸 화분은 초산 분해 처리되는 것이 보통이다. 준비된 화분 시료를 이용한 다음 단계의 실험은 광학현미경, 주사전자현미경과 투과전자현미경을 이용하여 수행된다. 세 가지 현미경에 의한 방법에 있어서, 각각의 방법은 다른 두 현미경에서 볼 수 있는 것보다 더욱 뚜렷하게 화분립의 특정한 특징을 보여 준다. 광학현미경의 생물 시료에 대한 최고 해상도는 5만~6만 배인 주사전자현미경과 투과전자현미경의 해상도보다 현저하게 낮지만, 광학현미경은 두 현미경을 능가하는 특별한 장점을 가지고 있다. 광학현미경은 화분립의 전체 크기와 형태, 발아구의 크기와 형태 및 화분벽의 두께와 같은 다양한 치수를 가장 정확하게 측정하기 위한 도구이다. 또한 암석, 토양 또는 꿀벌 샘플에서 발견되는 산포된 화분립의 조사와 일상적인 연구를 위해 반드시 필요한 도구이기도 하다. 광학현미경은 비교적 낮은 해상도를 가지고 있음에도 불구하고 주사전자현미경이나 투과전자현미경이 나타낼 수 없는 정보를 제공한다. 이것은 광학현미경 내의 광선들이 물체를 투과하면서 상위에서 하위 표면까지 다른 초점의 정도를 보여 줄 수 있기 때문이다. 물체에 초점을 맞추면 위 표면에서는 밝게 나타나는 상이 아래 표면에서는 검게 나타난다. 분석적 현미경의 이러한 유형을 라틴어 *lux-obscuritas*(명-암)에서 유래

당종려나무(야자나무과) *Trachycarpus fortunei* (Arecaceae) – Chusan palm. 많은 가지가 갈라져 피고 있는 화서. 아직 꽃눈 상태인 작은 꽃들이 달려 있다.

83쪽: 당종려나무(야자나무과) *Trachycarpus fortunei* (Arecaceae) – Chusan palm. 수술이 꽃 밖으로 나온 작은 크기의 수꽃이 많이 달린 화서

구주호랑가시(감탕나무과) *Ilex aquifolium* (Aquifoliaceae) – Holly. 전체 화분립의 극면도 [SEM × 3000, 초산 분해 처리]
아래: 최외층 구조를 보여 주는 전체 화분립의 극면도 [SEM × 2000, 초산 분해 처리]
맨 아래: 화분벽 구조를 보여 주는 화분립 단편

85쪽: 구주호랑가시(감탕나무과) *Ilex aquifolium* (Aquifoliaceae) – Holly. 최외층 구조를 보여 주는 전체 화분립의 적도면도 [SEM × 2000, 초산 분해 처리]

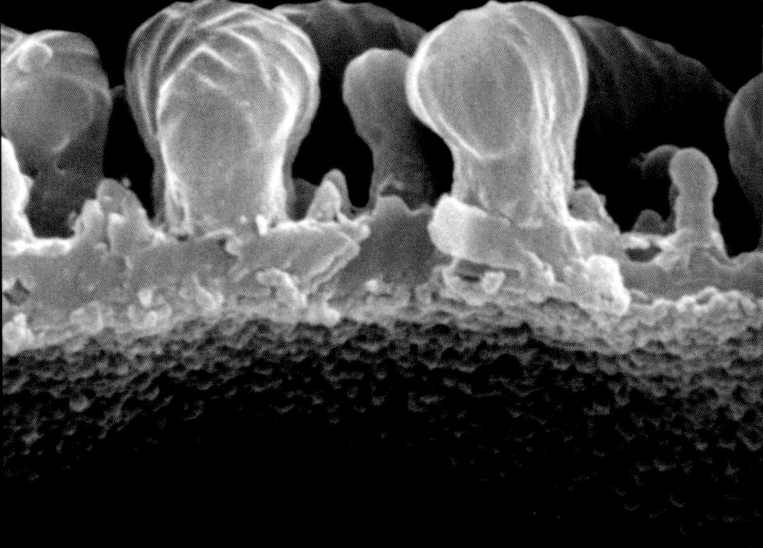

한 용어로 'LO 분석'이라 한다. 주사전자현미경과 투과전자현미경에서 사용되는 전자빔은 관찰하고자 하는 물체의 표면에만 효과적으로 초점을 맞춘다. 주사전자현미경은 실험하고자 하는 대상의 3차원 상을 잡아 흥미로운 이미지를 만들어 낸다. 더 나아가 외벽의 표면, 발아구, 초피복층의 구조와 같이 광학현미경으로는 만족할 만한 상을 얻을 수 없는 매우 세밀한 해상도를 얻는 데 유용하게 쓰인다. 또한, 화분립이 파열된 경우 내부의 벽과 발아구의 구조를 세밀하게 관찰할 수 있다. 투과전자현미경을 이용하여 화분벽과 발아구의 미세한 구조('초미세 구조')를 관찰하기 위해서는 화분립을 에폭시 수지에 넣어 굳힌 후 초박편으로 절단하는 과정을 거쳐야 한다. 기본적인 화분벽의 미세 구조에는 수많은 변형이 있으며, 이러한 정보가 화분 비교 형태의 모든 계열, 특히 식물 계통과 화분 화석 연구에 매우 귀중한 자료가 될 수 있다. 수지 블록을 초박편으로 자르기 위해서는 매우 작고 정교하게 만들어진 유리날이나 공업용 다이아몬드날이 사용되는데, 이 날은 특수 절단기인 '울트라마이크로톰(ultramicrotome)'에 장착된다. 이렇게 하여 화분 시료를 두께가 약 60~100㎚(미크론의 1000분의 1) 되는 초박편으로 자른 후 수지에 파묻힌 생물 소재에 맞게 특별히 개발된 염료로 염색하여 투과전자현미경으로 관찰한다.

식물의 유성생식

동물의 정자세포가 보호 장치 없이 성공적으로 번식하는 반면, 식물은 왜 정자세포를 갖기 위해 화분벽같이 정교한 구조를 가져야만 할까? 이유는 간단하다. 즉, 동물의 정자세포는 수분이 많은 환경에서 수컷에서 암컷으로 옮겨지기 때문이다. 동물의 정자세포는 그들의 짧은 여정 동안 험난한 바깥 세상에 절대 노출되지 않으면서도 여전히 종이 건강하고 활력 있게끔 타가수정이 가능하다. 그러나 식물은 이동할 수 없기 때문에 그러한 일이 불가능하다. 식물

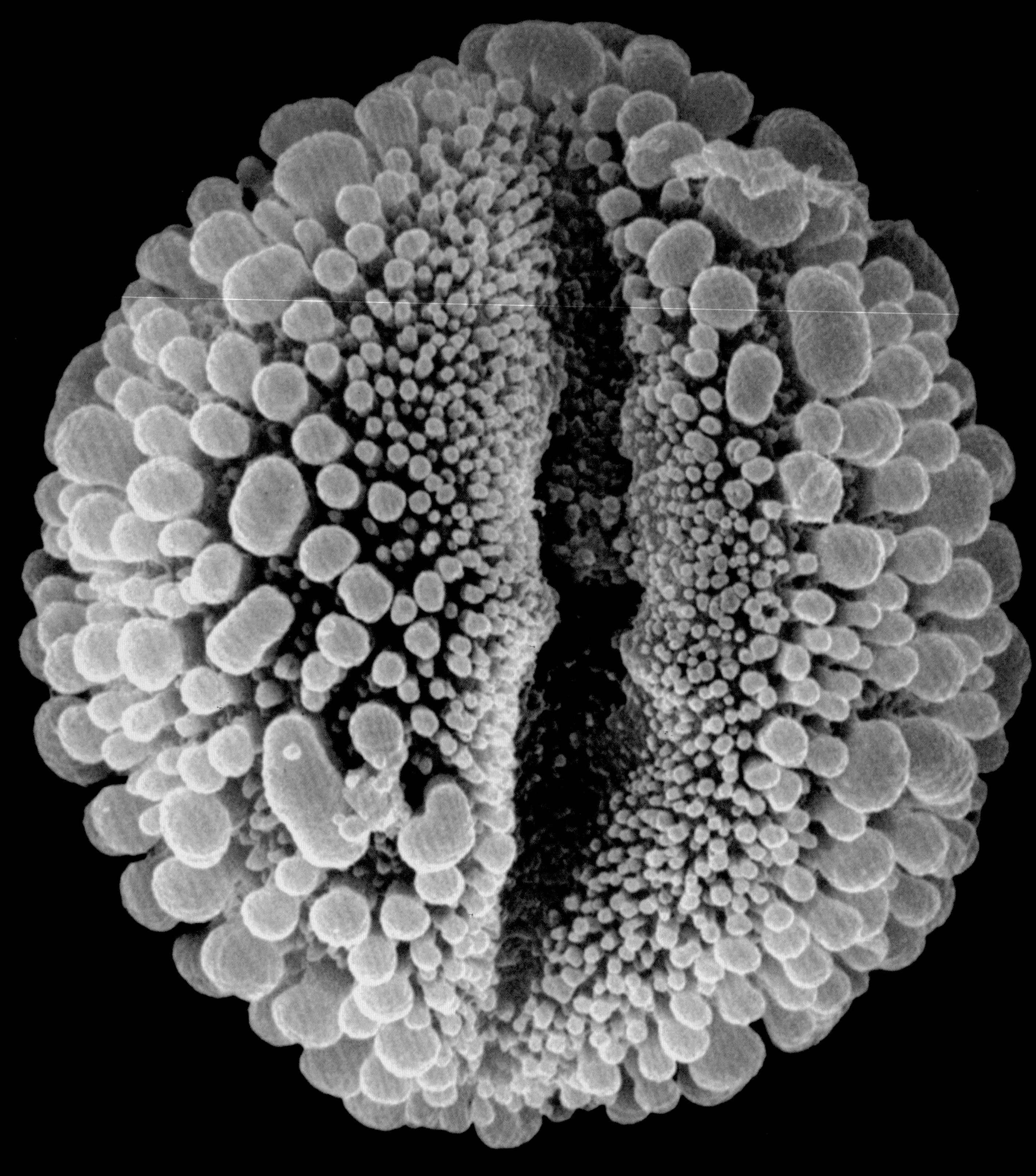

86쪽: 주키니호박/돼지호박(박과) *Cucurbita pepo* (Cucurbitaceae) – 'Patty Pan' squash. 수꽃. 열개한 꽃밥

87쪽: 주키니호박/돼지호박(박과) *Cucurbita pepo* (Cucurbitaceae) – 'Patty Pan' squash. 암꽃. 암술대의 기부를 둘러싸고 있는 미미하고 발달되지 않은 수술의 열에 주목

88쪽: 바다수선화(수선화과) *Pancratium maritimum* (Amaryllidaceae) – Sea Daffodil. 꽃

위: 바다수선화(수선화과) *Pancratium maritimum* (Amaryllidaceae) –

에는 나리와 날개가 없다. 식물은 딱 그대로 한 장소에 뿌리를 내리기 때문에 기술적인 문제가 발생한다. 즉, 수정을 기다리는 암꽃에게 갈 때까지 어떻게 정핵을 마르지 않게 유지하여 타가수정을 성공시킬 것인가 하는 것이다. 명확한 해답은 밀폐된 운반체에 넣는 것이다. 그러나 운반체가 암컷에게 도달했을 때 정자가 운반체 밖으로 나와야 하고, 생존해 있는 동안 재빠르게 성공적으로 수정을 시켜야만 한다. 운반체는 정자세포가 옮겨지는 동안 분해되지 않도록 보호하기 위해 밀폐되어 있어야 할 뿐만 아니라, 정자를 운반하는 화분관이 나오도록 적어도 한 개의 구멍이 있어야 한다. 성공적인 화분의 발아를 위해서 운반체는 내벽이 팽창하여 파열될 수 있도록 수분을 흡수할 수 있어야 한다. 화분 외벽은 상당히 기능적인데, 벽과 (대부분의 경우) 폴른키트는 정자가 옮겨지는 동안 건조와 해체되는 것을 막고 자외선으로부터 이들을 보호하는 역할을 한다. 화분벽보다 훨씬 얇은 발아구막은 화분관이 발아할 수 있도록 내벽이 팽창될 때 터지도록 고안되어 있다.

정자세포를 보호하기 위해 강한 스포로폴레닌성 벽으로 정자세포를 감싸 보호하는 것은 유성생식을 성공시키기 위한 전략의 한 부분이다. 자가수정을 피하기 위한 또 다른 요구 조건은 정자를 운반하는 화분립을 같은 종인 다른 식물의 암술 표면에 옮기는 것이다. 이의 주요 운반자(수분 매개체)는 바람, 물, 곤충, 새 그리고 박쥐를 포함하는 소형의 포유동물들이다.

고대 아시리아(BC 800년) 인들은 꽃이 수분이 되기 위해서는 수꽃에서 암꽃 기관으로 옮겨 주는 화분이 필요하고, 수분이 되어야 열매가 발달한다고 이해하고 있었다. 식물이 유성생식으로 번식할 수 있다는 것을 매우 오래전에 알고 있었던 셈이다. 대추야자나무의 화분이 수꽃에서 암꽃의 화서로 옮겨지는 것을 묘사한 많은 수의 화상석 조각들이 있으며, 몇몇은 현재 대영박물관을 포함한 여러 박물관에 보관되어 있다. 때로 식물의 성은 아직도 일부 사람들에게 놀라운 것으로 느껴지지만, 오늘날과 같은 현대 사회에서 그것을 놀랍다고 여기는

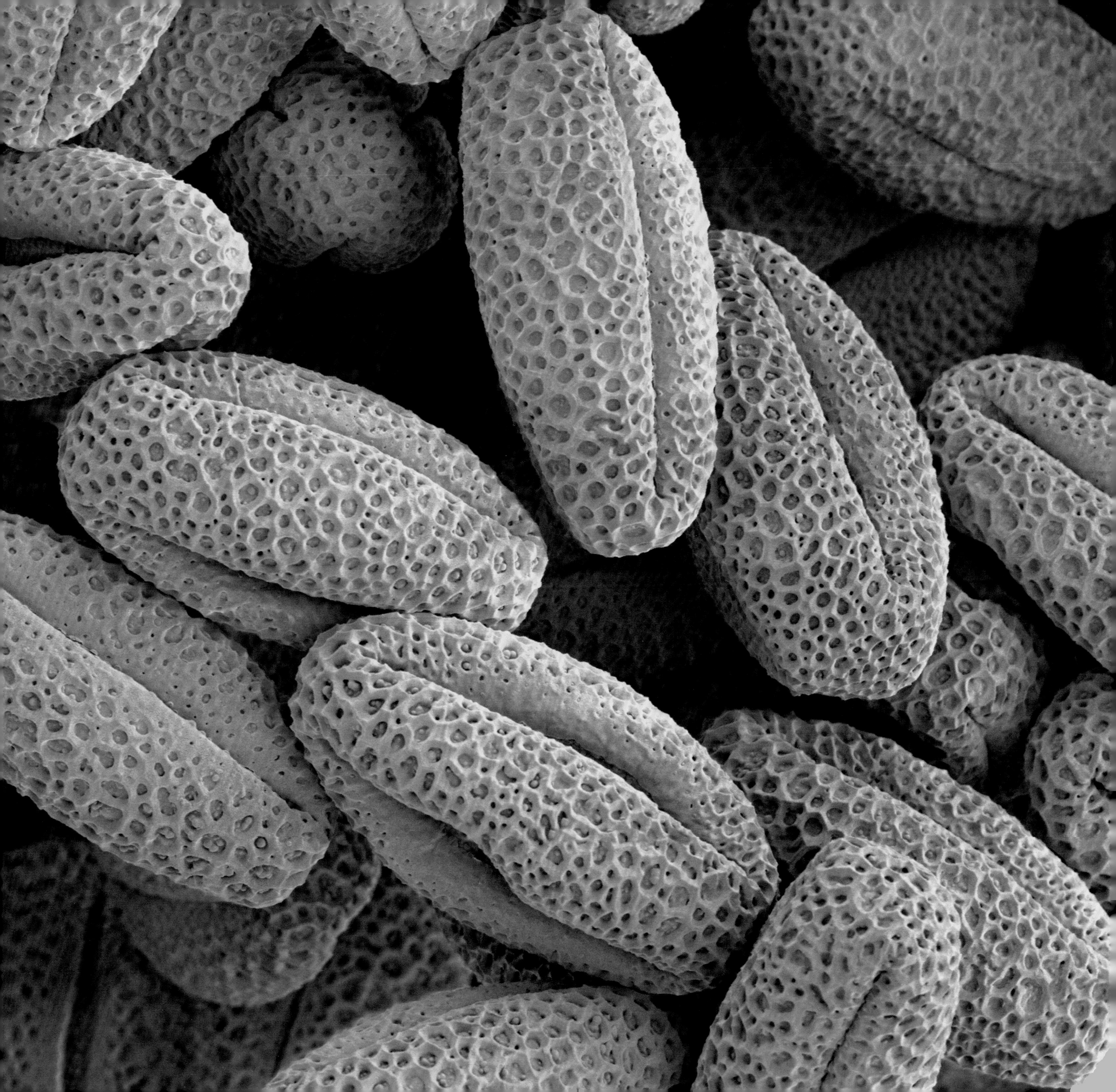

사람은 거의 없을 것이다. 그러나 시인이자 식물학자인 요한 괴테(Johann Goethe)가 18세기 말에 다음과 같은 글을 쓸 때는 지금하고는 조금 달랐다.

"이 새로운 수분 이론을 젊은이들과 여성들에게 교육하는 것은 적절하며, 지극히 환영받을 일일 것이다. 과거에 식물학 교사들은 가장 난처한 상황에 처하곤 했었는데, 순진한 젊은이가 개인적으로 공부를 하려고 교과서를 들었을 때 격분된 감정을 숨기지 못하는 것이었다. 식물은 우리의 도덕, 법 및 종교의 기본이 되는 일부일처제를 붕괴시키고 영원한 결혼식이 끊임없이 계속되는 자유로운 성욕을 보이고 있기 때문이다. 이는 순수한 정신을 가진 자에게 영원히 견딜 수 없는 것이다."

피자식물이란?

피자식물은 우리의 삶 어디에나 있고, 일상에서 필요한 것을 제공하며, 우리가 걷는 공원과 정원을 아름답게 꾸며 준다. 상징적으로는 신부의 부케에 사용되어 기쁨을 나타내고 장례식 화환 또는 화관 등에 사용되어 슬픔을 표현한다. 우리는 이 식물을 먹기도 하고, 주택의 틀과 문, 그리고 가구를 만들기도 한다.

피자식물들은 개쑥갓, 쐐기풀, 민들레와 같이 잡초로 빠르게 번식하거나, 또는 수선화, 튤립, 양파처럼 인경으로부터 발달하기도 한다. 우리는 배추, 셀러리, 양배추 등의 피자식물이 꽃을 피우기도 전에 그 식물을 먹기 때문에, 그 식물들은 꽃이 피는 식물이 아니라고 생각할 수도 있다. 또한, 꽃은 다소 무시될 수도 있는데, 우리는 이 식물들로부터 열매(애호박과 토마토), 종자(콩), 덩이줄기(감자) 또는 뿌리(당근과 무)를 기대하기 때문이다. 우리는 장식적인 잎을 보기 위해 식물을 기르기도 하고, 작거나 대수롭지 않은 꽃을 가진 경우 주의를 기울이지 않기도 한다(콜레우스속 *Coleus*과 점박이 마란타 *Maranta*). 야자나무, 벼과 식물, 좀개구리

살릭스 카프레아(버드나무과) *Salix caprea* (Salicaceae) – Pussy Willow.
탈수 처리된 화분립 [SEM × 1500]

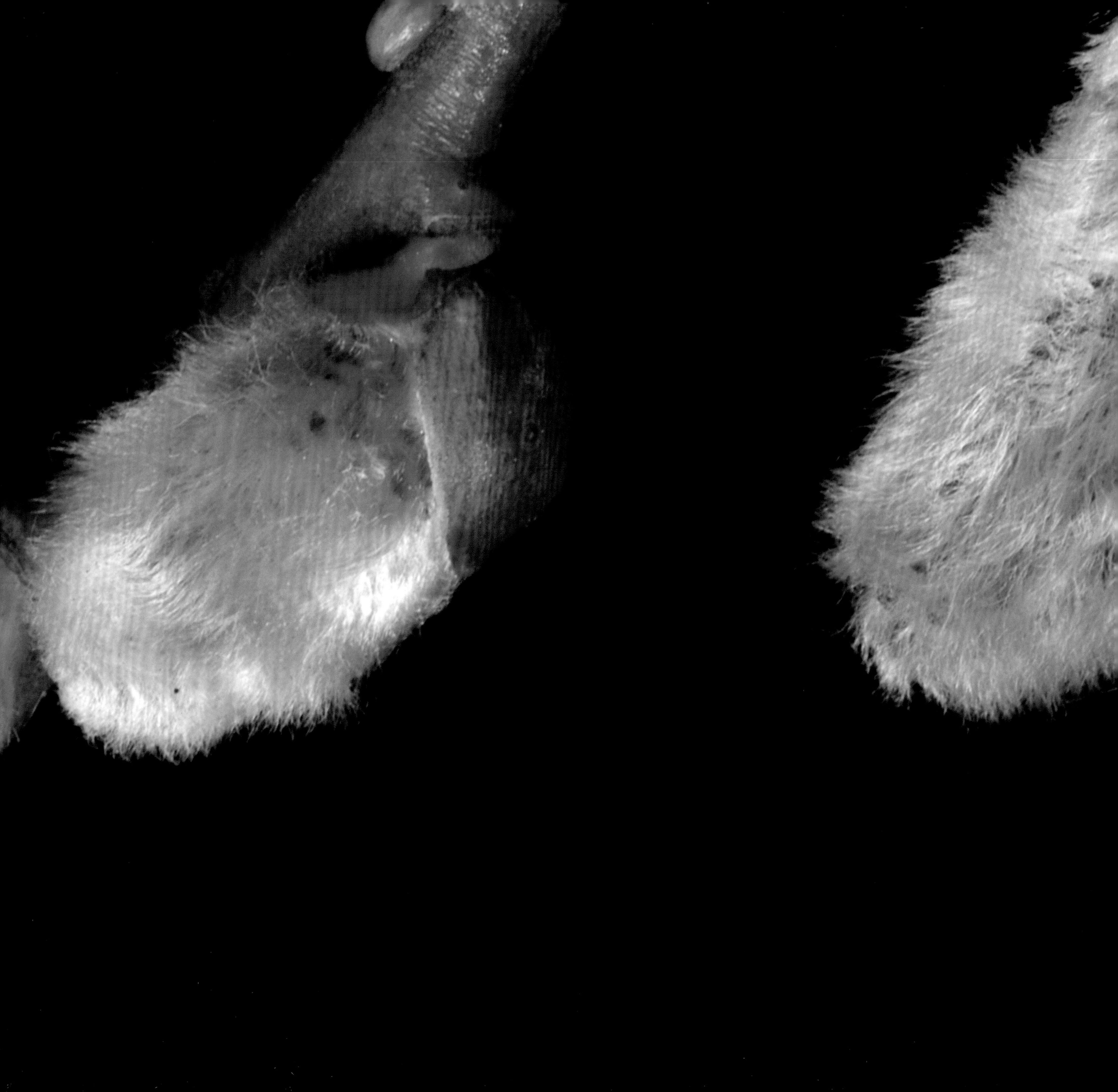

살릭스 카프레아(버드나무과) *Salix caprea* (Salicaceae) – Pussy Willow. 뻗어 나온 수꽃의 꽃밥과 털이 많은 유이화서

알누스 글루티노사(자작나무과) *Alnus glutinosa* (Betulaceae) – Alder. 확대된 암꽃

94쪽: 알누스 글루티노사(자작나무과) *Alnus glutinosa* (Betulaceae) – Alder. 확대된 수꽃 유이화서. 위쪽에 암꽃이 있다.

알누스 글루티노사(자작나무과) *Alnus glutinosa* (Betulaceae) – Alder. 화분을 퍼뜨리고 있는 유이화서. 위쪽에는 오래된(작년의) 자성 구과가 있다.

97쪽: 코리루스 아벨라나(개암나무과) *Corylus avellana* (Corylaceae) – Hazel. 완전히 확대되지 않은 화분립 [CPD/SEM × 2000]

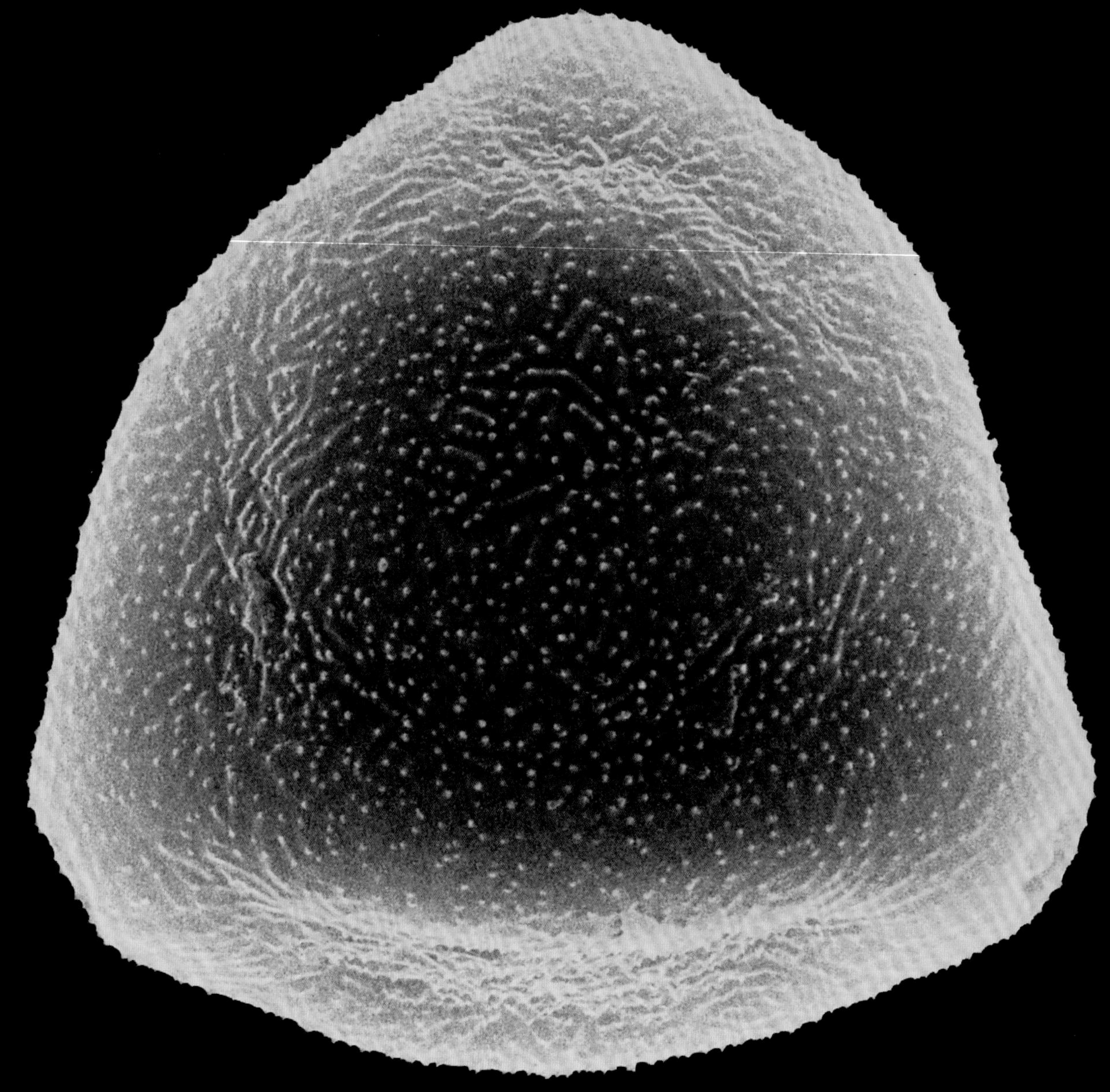

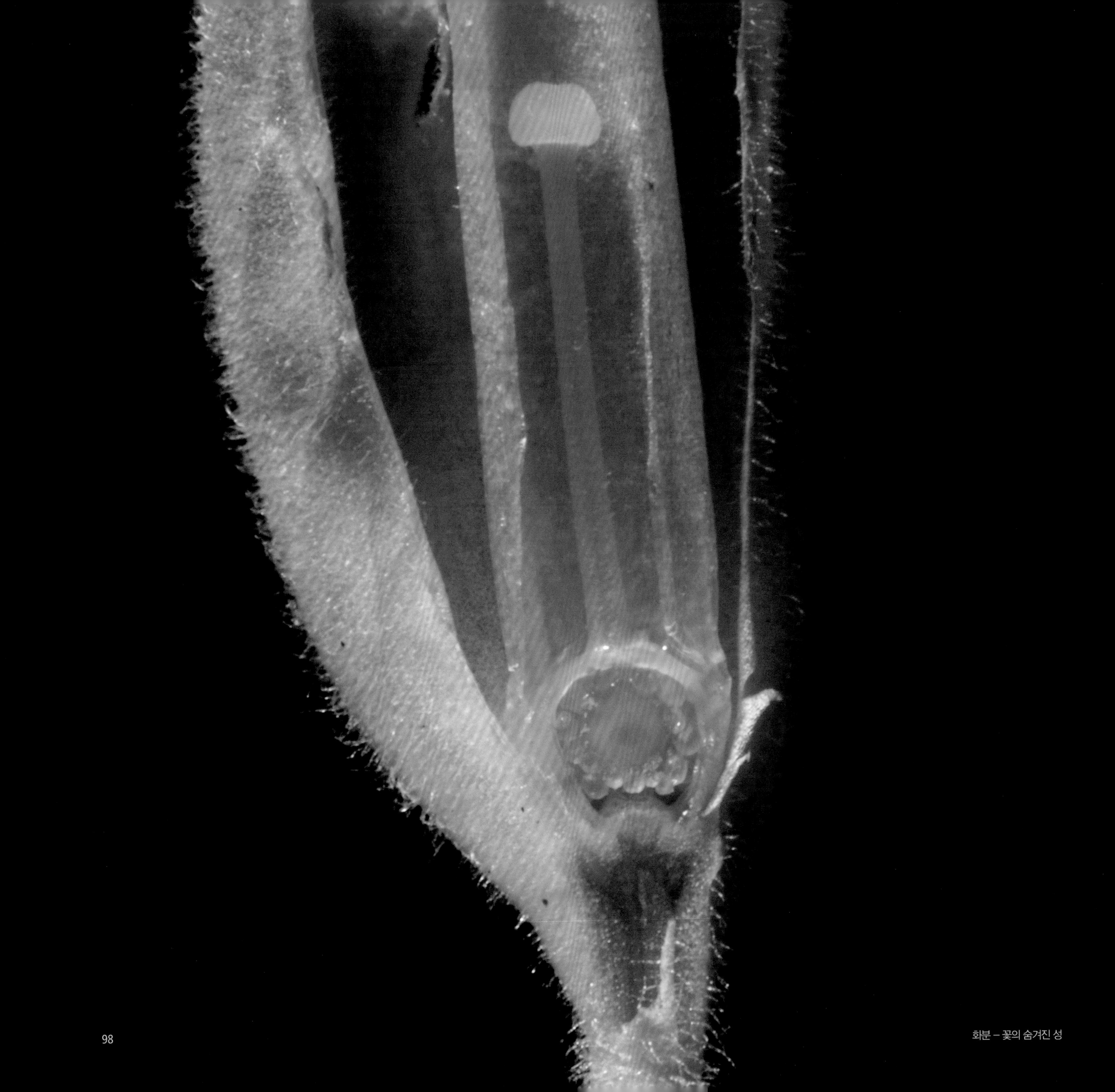

밥, 선인장류와 다육식물은 모두 피자식물이다. 우리가 소중하게 여기는 활엽수인 마호가니(Mahogany), 자단(Rosewood)과 백단향(Sandalwood)은 우리가 좋아하는 참나무(Oak), 너도밤나무와 마찬가지로 꽃을 피운다. 그러나 모든 피자식물이 화분을 생산하는 반면, 화분이 모든 식물의 생식에 필수적인 것은 아니다.

무성생식(無性生殖)

대부분의 식물과 동물은 건강한 자손을 생산하기 위해 타가수정을 필요로 한다. 그러나 이를 달성하기 위한 전략은 동식물에서 각각 다르게 나타난다. 동물은 수컷 아니면 암컷이며, 암수가 한 몸에 함께 존재하지 않는다. 그러므로 각각의 성은 필연적으로 교배를 위하여 적극적으로 다른 성을 찾아 나서야 한다. 식물에게 성은 더욱 수동적이다. 암수가 흔히 같은 식물체 또는 같은 꽃에 존재하지만, 성공적인 교배는 주로 중개자인 수분 매개체를 통해서 이루어진다.

대부분의 동물과 식물의 확실한 차이는 동물은 유성생식을 해야만 하지만, 식물은 대부분 선택권을 갖는다는 것이다. 그 확실한 예로서, 딸기는 포복경을 뻗어 전면적으로 새로운 개체를 만들어 내고, 접란(접란속 *Chlorophytum*)은 어린 개체를 꽃줄기 위에서 발달시킨다. 물론 우리는 잎이나 줄기를 잘라서 새로운 개체를 성공적으로 만들거나 또는 가을에 식물의 뿌리에서 포기를 간단히 나눔으로써 더 많은 개체를 만들 수 있다. 고등동물에게 있어 이와 같은 일은 공상과학 소설에서나 가능한 일이다.

왜 식물은 선택권을 가지고 동물은 그렇지 못한 것일까? 언뜻 보기에는 공평하지 않은 듯이 보인다. 그러나 다른 관점에서 보면, '동물은 포식자로부터 도망가기 위한 다리와 때로는 날개까지 가지고 있는 반면, 식물은 왜 그렇지 않을까?' 하는 의문이 생긴다. 이것 역시 공평

앵초속 재배종(앵초과) *Primula* cv. (Primulaceae) – Polyanthus. '장주화'의 단면도. 넓은 중앙태좌에 배열된 배주가 보인다.

앵초 재배종(앵초과) *Primula* cv. (Primulaceae) – Polyanthus. '장주화'의 단면도. 거의 꽃통 위쪽까지 뻗은 긴 암술머리와 아래쪽의 짧은 꽃밥이 보이고, 절개된 씨방에 어린 배주가 보인다.

100쪽: 앵초 재배종(앵초과) *Primula* cv. (Primulaceae) – Polyanthus. '장주화'. 길게 나온 암술머리가 보인다.

앵초 재배종(앵초과) *Primula* cv. (Primulaceae) – Polyanthus. '단주화'의 단면도. 꽃통의 거의 위쪽까지 뻗은 긴 수술과 훨씬 아래쪽에 암술머리가 보인다.

102쪽: 앵초 재배종(앵초과) *Primula* cv. (Primulaceae) – Polyanthus. '단주화'. 암술은 짧은 데 반해 수술이 길게 나와 있다.

하지 않아 보인다.

이러한 것들은 모두 종의 생존을 위한 것이다. 식물에게 무성생식은 유성생식이 실패했을 때 뒷받침 전략이 될 수 있는 것이다. 그러나 무성생식은 복제이다. 다시 말해, 식물이 식물 자체의 복사본을 만드는 것이다. 식물 육종가는 육종했던 변종의 특성을 유지하기 위해 복제를 하고, 그 변종이 타가수분에 의해 원래대로 돌아가지 않기를 바란다. 일년생 잡초는 흔히 무성생식이 발달되지 않았으나 딸기와 그 근연식물의 경우, 무성생식이 매우 성공적인 대안이 되었다. 그럼에도 불구하고, 매우 적은 식물만이 성 없이 생식력이 있는 종자를 생산한다.

유성생식은 무성생식보다 훨씬 더 성공적인 전략이다. 타가수정은 동물, 식물에 관계없이 종의 활력을 유지하기 위해 필수적이다. 예를 들어, 모든 사람들이 서로 인척 관계로 구성된 외딴 곳의 집단 또는 마을을 생각해 보자. 각 개인의 낮은 지능 지수(IQ) 수준으로 인해 힘들 수 있을 뿐 아니라, 유전되어 온 신체적 결함이 외부의 '새로운 혈통'으로 인해 제거되기보다는 집단의 주변으로 옮겨질 기회가 더욱 많아질 것이다. 마침내 서로의 취약점을 공유한 이러한 집단의 건강성은 약해질 뿐만 아니라, 타가수정으로 더욱 건강하고 빠르게 증가하는 외부 세력의 공격에 굴복당할 수도 있다.

식물은 무성생식을 할 수 있고 또한 이곳저곳으로 이동할 수 없음에도 불구하고, 진화는 이미 설명한 바대로 강력하게 유성생식을 선호해 왔다. 대부분의 식물이 거의 유성생식을 하고 있으며, 식물은 타가수정의 효율을 높이기 위해 매우 많은 전략을 가지고 있다. 그러나 주요 피자식물들이 자가불임('자가불화합성')을 발달시켜 왔음에도 불구하고, 많은 종들이 같은 종인 다른 개체의 암술머리로 자신의 화분을 옮겨 줄 수분 매개체가 없는 경우 자가수정이 가능하다. 소수의 식물들은 습관적으로 늘 자가수정을 한다.

중국적송(소나무과) *Pinus tabuliformis* (Pinaceae) – Chinese Red Pine.
바람을 타고 퍼지는 웅성 구과의 화분

자가수정(自家受精)을 피하는 방법

식물이 자가수정을 피하는 한 가지 방법은 암꽃과 수꽃이 다른 개체에 있는 암수딴그루(그리스 어로 '다른 집에 살다'의 의미)이다. 한때 대부분의 정원사들은 호랑가시나무나 인우(skimmias) 같은 화려한 베리류의 암꽃과 수꽃을 확보하려고 노력해 왔다. 이를 위해서는 꽃이 필 때 자세히 들여다보는 일이 중요하다. 원예 용품점이나 꽃집을 찾아 꽃밥이 잘 발달되어 있고 암술은 없는 개체(또는 제대로 발달하지 못한 암술)인지, 또는 암술이 잘 성숙되어 있고 꽃밥은 없는 개체(또는 제대로 발달하지 못한 꽃밥)인지 렌즈나 확대경으로 들여다보라. 그리고 각각 한 송이씩 사라.

반대의 경우는 암꽃과 수꽃이 같은 식물체에 있는 암수한그루(그리스 어로 '같은 집에 함께 살다'의 의미)이다. 개암나무(*Corylus avellana*)는 그 좋은 예로, 화려한 수꽃(유이화서 catkins)과 작고 붉은색을 띠는 별 모양의 암꽃이 이른 봄에 함께 핀다.

성의 활력을 촉진하고 자가수정을 피한다는 관점에서 볼 때, 식물의 약 80%가 암수한그루 즉 수술과 암술이 한 식물 안에 있다는 것은 흥미로운 일이다.

분명히 타가수정을 달성하기 위한 신중한 전략적 계획은 필수적이며, 양성화는 이를 위한 많은 전략들을 발달시켜 왔다.

자가불화합성(自家不和合性)

자가불화합성에는 두 가지가 있다. 배우체 식물의 자가불화합성에서, 암꽃 기관은 정자(수배우체)를 암술대 관으로 이동시키는 화분관의 발아를 인식하지 못하고 화분관의 통로를 막는다. 이것이 일반적 현상이며, 피자식물의 진화 사상 아주 초기에 발달한 것으로 보인다.

자가불화합성 중 다소 일반적이지 않은 포자체형의 경우에는 암술머리 표면이 화분립의 외

닥틸로리자 푸크시(난과) *Dactylorhiza fuchsii* (Orchidaceae) – Common Spotted Orchid. 꽃을 찾아온 하늘소류(풍뎅이아목, 하늘소과)

부 표면에서 나오는 화학적 신호를 인식하지 않는다. 이것은 화분관을 성장하게 하는 자극을 억제하거나, 화분관이 암술머리를 통해 암술관 안으로 뚫고 들어가려고 할 때 재빨리 이를 거부하는 것이다.

에퀴움 불가레(지치과) *Echium vulgare* (Boraginaceae) – Viper's Bugloss. 꽃을 찾아온 호박벌(*Bombus terrestris* L., 암컷)

이형화주(異形花株)

꽃의 웅성 부분과 자성 부분의 길이 또는 위치를 변화시키는 것은 효과적이지만 흔하지 않은 전략이다. 영국에서 가장 잘 알려진 예는 프라임로즈(*Primula vulgaris*)이며, 폴리앤서스(Polyanthus, 프라임로즈와 노란구륜앵초를 교배한 원예종) 꽃에서도 매우 확실하게 볼 수 있다. 프라임로즈는 두 가지 배열 형태를 보이는데, 하나는 암술은 길고 수술은 꽃통의 중간 부분까지 내려온 '장주화' 형태이며, 다른 하나는 수술은 꽃통의 맨 윗부분까지 뻗어 있고 암술은 꽃통의 중간 부분까지만 닿는 '단주화' 형태이다.

이형화(異形花)

털부처꽃(*Lythrum salicaria*)에서 발견되는 이형화주의 변이는 단순히 암술의 길이 변화에 따른 것이다. 짧은 길이나 중간 또는 긴 길이 등 다양한 길이의 암술들이 있으며, 드물게 나선형의 수술들과는 같은 길이를 가진다.

자웅이숙(雌雄異熟)

이것은 매우 흔한 전략이다. 한 꽃 내에서 수술과 암술 간의 성숙 시기를 다르게 하여 성적으로 활력 있는 화분이 다른 꽃의 활력 있는 암술머리로 옮겨 가게 하는 것이다. 어떤 꽃에서는 수술이 먼저('웅예선숙') 성숙하지만 다른 꽃에서는 암술이 먼저 성숙한다('자예선숙').

곤충

앞에서 논의되었던 제3자(운반자)가 필요하지 않은 유일한 수분 메커니즘인 자가수분을 제외하면, 꽃의 수분 매개체 종류는 다양하다. 곤충은 가장 오래된 생물이며, 또한 수분 매개체 중의 가장 큰 그룹이다. 이들 중 사회성 곤충, 특히 벌, 나비, 나방과 딱정벌레들은 가장 중요하며, 진화론적으로 식물과 특별한 관계를 가져왔다. 벌들은 매우 효율적인 수분 매개체로, 많은 식물과 벌들이 상호 간의 이익을 위해 서로 적응해 왔으나, 여기에 오로지 꿀벌만 해당되는 것은 아니다(아래에서 논의함). 꿀벌은 수백 종의 벌뿐 아니라 말벌과 개미를 포함하는 매우 거대한 곤충 그룹 중 단지 한 종일 뿐이다. 그러나 벌들이 자신들의 군집을 유지하기 위해 적극적으로 '꽃꿀'과 화분을 모으는 반면, 개미는 먹이인 설탕(꽃꿀) 또는 화분을 찾기 위해 꽃의 안과 밖을 기어다닌다. 이로 인해 의도적이기보다는 우연하게 식물의 수분을 돕게 되는 것이다. 상호 간에 이익이 되는 개미와 꽃의 적응도 흔하지 않지만, 매우 특별한 '공생'인 말벌과 꽃의 관계는 앞으로 좀 더 설명할 것이다. 사회성 벌과 독립적인 벌들의 화석 기록은 약 8천5백만 년 전보다 더 거슬러 올라가지는 않는 듯하다. 그러나 벌들(벌목 Hymenoptera)과 특히 잎벌(Symphyta)을 포함하는 그룹의 다른 계열은 아마도 딱정벌레(2억3천만 년 이전)만큼이나 또는 그보다 더 오래되었다.

다른 중요한 곤충 수분 매개체인 나비와 나방은 모두 긴 혀, 정확하게는 '주둥이(proboscis)'를 가지고 있다. 이것은 특히 먹이를 섭취(흡입)하는 관으로 적응하였고, 쓰지 않을 때는 스프링 코일같이 위로 돌돌 말린 상태로 머리 아래에 놓인다. 이것은 관 모양의 꽃 안에 있는 주요 식량인 꽃꿀을 빨기 위해 고도로 적응한 것이다. 나방의 적응은 보다 심화되었는데, 밤에 꽃을 피우는 많은 종들은 나방을 유인하기 위해 강한 향기를 풍긴다. 이 향기는 때로는 우연히 사람을 유혹하기도 한다. 나비보다 앞선 나방의 초기 화석 기록이 피자식물의 가장 초기

에린지움 크레티쿰(미나리과) *Eryngium creticum* (Apiaceae) 꽃에 앉은 나비(*Limenitis reducta* Staudinger 1901)

"이제 벌집 그 자체는 말일세, 오목한 나무껍질에 수를 놓아 만들든 거친 버드나무를 엮어서 만들든 입구는 좁게 만들게. 겨울엔 꿀이 얼어서 굳어 버리고 여름엔 흘러넘쳐 버리기 때문이지.
벌들은 이 두 가지 경우를 모두 두려워하지. 재미를 위해서가 아니라네.
그들이 괜히 그렇게 서로 앞다투어 벌집의 얇은 벽을 밀랍으로 공들여 덧바르는 게 아니라네.
그들은 작은 틈들을 꽃가루로 만든 접착제로 메우고, 또 이 접착제를 벌집에 저장해 놓는다네.
새 잡는 끈끈이 덫이나 아나톨리아(Anatolia)의 송진보다 더 끈적이는 접착제 '프로폴리스(propolis)'를 말이지."

– 버질(Virgil) '농경시(The Georgics)' 제 Ⅳ권. 세실 데이 루이스(Cecil Day Lewis) 번역

양봉꿀벌 *Apis mellifera* – Honey Bee. 화분주머니를 가득 채운 일벌

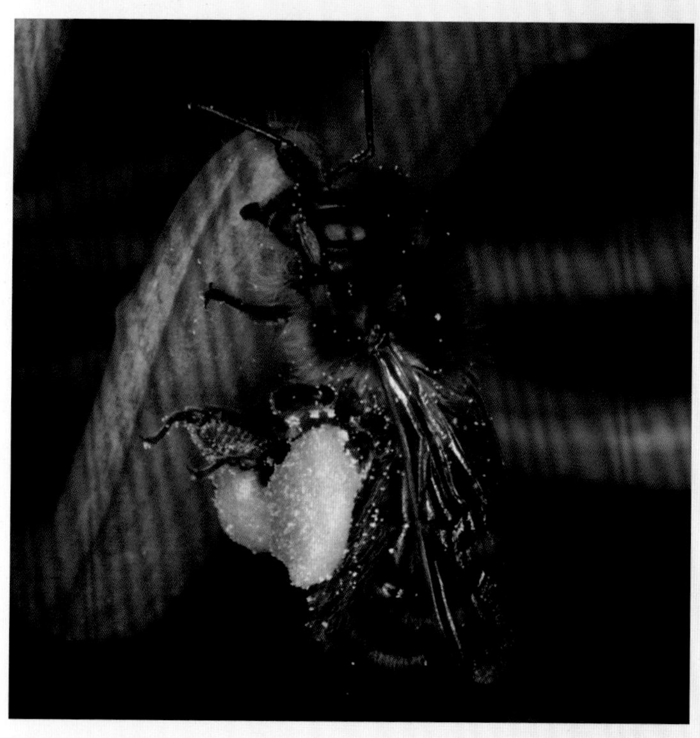

증거와 거의 같은 시기에 존재했다는 것은 흥미로운 일이다.

파리와 딱정벌레가 꽃을 찾는 방식은 다소 일반적으로, 개미의 경우처럼 먹이를 찾기 위해 꽃을 찾으면서 우연히 수분을 돕게 되는 경향이 있다. 일부 딱정벌레들은 실제로 꽃을 찾을 때 매우 파괴적이기도 하다. 딱정벌레는 꽃을 찾는 수분 매개체 중 매우 오래된 종류로 여겨지는데, 딱정벌레의 화석 기록은 초기 피자식물보다 더 이른 시기인 약 1억 년 전으로 거슬러 올라간다. 적어도 1억9천만 년 전인 원시 초기부터 파리의 일부 계열은 점점 더 고도로 진화된 꽃의 수분 매개체가 되어 왔다. 일부 종에서는 많은 파리 종의 전형인 짧은 주둥이가 더 길게 진화해 왔는데, 이것은 변화된 꽃의 형태에 적응한 것이다. 천남성과(Araceae), 박주가리과(Asclepiadaceae)와 난과(Orchidaceae)의 일부 종들은 캐리온파리(carrion fly)와 똥파리를 유혹하기 위한 냄새를 진화시켜 왔다. 나방에 의해 수분되는 꽃들의 냄새와 달리, 캐리온파리와 똥파리를 유인하기 위한 냄새는 보통 사람들에게는 매우 불쾌하게 느껴진다.

꿀벌

양봉꿀벌(*Apis mellifera* L.)은 사회성 곤충으로, 수천 년간 이어진 인간의 문명화 과정 동안 축산업에서 중요하게 여겨져 왔다. 기원전 약 3000년 무렵의 초기 이집트 시대의 것으로 보이는 벌과 벌집 그리고 양봉업을 암석에 묘사한 초기 양각화의 기록들이 발견되었다. 기원전 약 30년, 버질(Virgil)은 '농경시(The Georgics)'에서 "다음으로 나는 꿀벌이 만든 천상의 선물인 만나(이스라엘 민족이 40일 동안 광야를 방랑하고 있을 때 여호와가 내려 주었다고 하는 양식)를 얻었다"라고 적고 양봉에 대한 자세한 묘사를 이어 갔다.

꿀벌은 오직 사회성 집단을 이룰 때 생존이 가능하다. 여름철 꿀벌의 군집은 50~7만 사이의 개체로 이루어진다. 군집 내에서 꿀벌은 밀랍으로 만든 '벌집'에서 생활하는데, 이곳은 유

아래: 당아욱(아욱과) *Malva sylvestris* (Malvaceae) – Common Mallow. 화분이 호박벌(*Bombus terrestris* L.)의 뒷다리 위에 붙어 있다. [SEM × 100]

110쪽: 양봉꿀벌 *Apis mellifera* – Honey Bee

bee bread')을 보관하기 위한 곳이다. 양봉꿀벌의 집단에는 오직 한 마리의 여왕벌, 여왕벌보다 다소 작으며 대부분을 차지하는 발달되지 않은 암벌(일벌), 그리고 약 2000마리에 달하는 가장 큰 벌인 수벌의 3가지 유형이 있다. 여왕벌과 일벌은 수정란으로부터 생기는 반면, 수벌은 미수정란으로부터 발달한다('단위생식' 또는 '처녀생식'). 단위생식은 복제된 개체들을 만들어 내기 때문에 흔하지 않은 방법이지만, 이는 식물 또는 동물에서 일어날 수 있다. 단위생식에는 이배체와 반수체의 두 유형이 있다. 꿀벌의 수벌은 정상적인 감수분열에 의해 만들어진 반수체의 난자로부터 발달하며, 미수정란에서 발생한 수벌 또한 반수체 세포를 가진다. 반면, 수정된 난자는 정상적인 이배체 세포를 가진 성체로 발달한다. 여왕벌은 완전히 성숙된 난소를 갖는 유일한 암컷으로, 활동기인 3~10월 동안 하루에 약 1~2천 개의 알을 낳는다. 수벌의 유일한 기능은 젊은 '처녀' 여왕벌과 교미를 하는 것이다. 여왕벌은 5~6주의 생식기 동안 약 5~8마리의 수벌과 교미를 한다. 교미는 비행 중에 이루어지고, 교미를 하는 동안 수벌은 탈진한다. 여왕벌이 교미를 마치고 알을 낳기 시작하면, 나머지 수벌은 대부분 더 이상 다른 기능을 할 수 없게 된다. 이때 일벌들은 이들을 벌통에서 쫓아내거나 죽인다.

일벌은 많은 일들을 하지만 확실한 업무의 구별이 있다. 일벌의 평균 수명은 약 40일로 초기 20일 동안은 벌통 내에서 유충에게 먹이 주기('육아봉'), '채밀봉'으로부터 꿀 받기, 청소하기, 유충과 꿀을 위한 집짓기와 벌집 방어하기 및 벌통 주변에서 예비 행위로 '방향 비행(orientation flights)'을 한다. 여왕벌은 육아봉에 의해 생산되는 '로열젤리'를 먹고 자란다. 집을 만들기 위한 밀랍은 일벌로부터 얻어지는데, 몸통 아래의 배마디 사이에 위치한 특별한 납샘으로부터 분비된다. 밀랍으로 만들어진 방은 일반 크기의 육각형뿐만 아니라 여왕벌이 수벌란을 낳기 위한 큰 방과 커다란 비대칭형의 왕대(queen cell) 부분이 있다. 벌통 내부에

서 지내는 기간이 끝난 후 일벌은 꽃꿀, 단물 및 화분을 수집하는 채밀봉이 된다.

설탕 성분인 꽃꿀(nectar)은 충매화의 특별한 분비샘(꿀샘)에서 가장 흔히 생산되는 유인 물질이다. 일벌은 꿀샘이 숨겨져 있는 꽃 안쪽으로 주둥이를 깊게 찔러서 꿀을 흡입한다. 이런 과정을 통해 일벌의 몸은 화분으로 덮이게 된다. 일벌은 오직 생존을 위해 필요한 양만큼의 꽃꿀만 섭취하고 나머지는 '꿀주머니'(배) 안에 모은다. 벌통으로 돌아가는 동안 꿀주머니 안에서 꽃꿀은 수분이 제거되고 장으로 옮겨진다. 벌통으로 돌아온 후 꿀주머니의 내용물은 주둥이를 통해 벌집 안의 빈방으로 옮겨지거나 꿀벌에게 전해져 빈방에 저장되고 가공된다. 꽃꿀에서 수분을 제거하고 일벌이 생산하는 단백질을 첨가하는 일은 꽃꿀을 벌꿀로 바꾸는 필수적인 과정으로, 꿀벌에 의해 지속적으로 진행된다. 벌들 중 일부는 벌통과 벌집 입구 사이에서 날개를 빨리 움직여 꿀에서 증발되는 수분을 벌집 밖으로 내보낸다. 수분 함량이 20% 이하로 감소되었을 때 꿀이 되고, 꿀로 가득 찬 꿀벌 방은 얇은 밀랍 층으로 봉해진다.

단물(honeydew)은 특정한 진딧물 종이 만드는데, 이 종은 영양물을 흡수하기 위해 여러 종의 나무로부터 수액을 빤다. 이들이 섭취하고 버리는 수액은 단물로 배설되고 다른 나무의 잎 또는 침엽수의 잎 위에 반짝이는 방울로 남게 되는데, 이것이 골칫거리가 될 수도 있다. 예를 들면, 여름철 영국에서 흔히 가로수로 심는 피나무 종류(*Tilia* × *vulgaris*)로부터 나온 단물이 나무 아래에 주차되어 있는 자동차를 덮는다. 벌 군집은 특히 소나무, 분비나무 및 가문비나무 같은 침엽수 농장 주위에 자리를 잡는데, 이들은 여름 중반부터 단물을 수확한다. 침엽수의 단물은 흔히 '숲꿀'이라고 불리는 반면, '낙엽성' 나무의 단물은 '잎꿀'이라고 불린다. 단물은 꿀벌이 벌통에서 꿀을 처리하는 것과 같은 과정을 거치게 되지만, 이것은 꽃의 꿀보다 맛이 떨어지는 것으로 여겨지며 상업적으로도 구별되어 판매된다.

꽃꿀과 단물이 탄수화물 섭취를 위해 수집되는 반면, 화분(pollen)은 단백질의 원료로 수집

양봉꿀벌(*Apis mellifera* – Honey Bee)의 화분주머니에서 얻은 화분경단들. 서로 다른 색의 화분경단들이 각각 다른 종에서 얻어진 화분임을 나타내고 있다.

양봉벌꿀 *Apis mellifera* – Honey Bee. 갈매나무속의 재배종(갈매나무과) *Ceanothus* cv. (Rhamnaceae) 위에서 화분과 꿀을 모으고 있는 일벌. 화분으로 가득 찬 화분주머니가 보인다.

주머니(corbiculae)로 모여진다. 벌들은 자주 꿀주머니에 있는 꽃꿀을 이용하여 화분립을 촉촉하고 끈적이게 만들어 '화분경단'을 만든다. 벌통으로 가져온 화분경단은 몸에서 제거된 후 빈방에 저장되고, 어린 꿀벌은 머리와 앞발을 이용하여 빈방 안으로 화분을 압축함으로써 벌밥(bee bread)을 만든다. 화분경단의 색깔을 조사하면 벌이 어떤 먹이를 찾아다녔는지에 대한 정보를 얻을 수 있다. 이것은 충분한 보상을 주는 만개한 식물을 찾아 벌들이 체계적으로 수집하기 때문에 가능한 것이다. 화분경단은 주로 한 종으로 나타나지만, 화분이 부족해서 다른 종의 식물을 방문했을 경우 화분이 섞일 수도 있다. 벌들은 기본적으로 꿀을 찾아 떠나고 화분 수집은 부수적인 활동이다. 꽃꿀이 없는 꽃도 목표가 될 수 있는데, 이때는 화분 자체가 중요한 목표가 된다.

8월부터 부화한 벌과 여왕벌을 포함하는 건강한 벌 군집은 '월동'에 들어간다. 벌들은 4~8개의 벌집에 흩어져서 빽빽한 무리를 형성한다. 이 무리는 벌집을 따라 매우 천천히 움직이며, 벌집 안에 저장된 벌꿀과 화분을 이용하여 무리의 중심에서 20~25℃ 정도의 열이 발생하도록 하는데, 이때 무리의 외부 온도는 7~10℃ 이하로 떨어져서는 안 된다. 외부 온도가 10℃ 이상 조금 상승하면 벌들은 '청소 비행'을 한다. 이것은 벌집이나 군집 내에서의 배변을 피하기 위해서이다. 여름에는 문제가 되지 않지만, 겨울에는 날씨가 따뜻해질 때까지 배설물을 배출하기 위해 무리를 떠날 수 없기 때문에 장 내에 축적하게 된다.

꿀벌만이 식량용 꿀을 만드는 유일한 곤충인가?

꿀벌 외에도 소량의 꿀을 만들어 저장하는 몇 종류의 열대 말벌류(브라키가스트라속

아래: 오프리스 페룸-에퀴눔(난과) *Ophrys ferrum-equinum* (Orchidaceae) – Horseshoe Orchid. 뚜렷하게 보이는 두 개의 화분괴에 주목

114쪽: 오프리스 스페고드스(난과) *Ophrys sphegodes* (Orchidaceae) – Early Spider Orchid. 화분괴 [SEM × 45]

fera) 및 아피스속(*Apis*)의 다른 몇 종 – 이 해당된다. 우리에게 잘 알려진 1만2천~1만6천 종의 벌들은 꿀을 만들지 않는다. 오직 군집을 이루며 생활하는 곤충만이 꿀 생산과 관련이 있다. 이것은 벌꿀이 오랜 기간 저장할 수 있는 재료로서, 개별 곤충의 일생보다는 오래 지속되지만 군집보다는 오래가지 않기 때문이다. 호박벌의 약 150종 또는 그 이상의 종이 기상 조건이 좋지 않은 잠시 동안 그들 자신을 지탱하기 위해 벌꿀 종류를 만든다. 중앙아메리카에는 멜리포나 모우렐라(*Melipona Mourella*), 플레베이아속(*Plebeia*)과 트리고나속(*Trigona*)처럼 꿀을 만들면서 침이 없는 벌 종류가 많다. 이들은 양봉꿀벌보다 꿀을 훨씬 적게 생산하지만 전통적으로 중앙아메리카와 남아메리카 국가의 많은 현지인들이 이 벌꿀을 수확하여 먹는다. 유럽 식품 규격은 양봉꿀벌(*Apis mellifera*)에 의해 생산되는 꿀만을 벌꿀이라고 정의했다. 그러나 양봉꿀벌이 아닌 다른 벌들이 생산하는 '벌꿀'이 달고 맛있으며, 양봉꿀벌이 생산하는 벌꿀과 상당히 흡사하다고 보고되었다.

동물

다른 동물 수분 매개체로는 박쥐와 다른 소형 포유동물 또는 유대류, 조류 그리고 달팽이까지도 포함된다. 박쥐는 나방과 같이 야행성이며 매우 진화된 종이다. 박쥐는 대부분 식충성이고 음파 시스템이 매우 잘 발달되어 있다. 그러나 열대 신세계의 그로소파기네(Glossophaginae)아과의 종[곤충을 먹는 박쥐를 포함한 마이크로카이롭테라(Microchiroptera)아목]은 열매를 먹는 종으로 진화하였고, 구세계의 다른 아목인 메가카이롭테라(Megachirop-

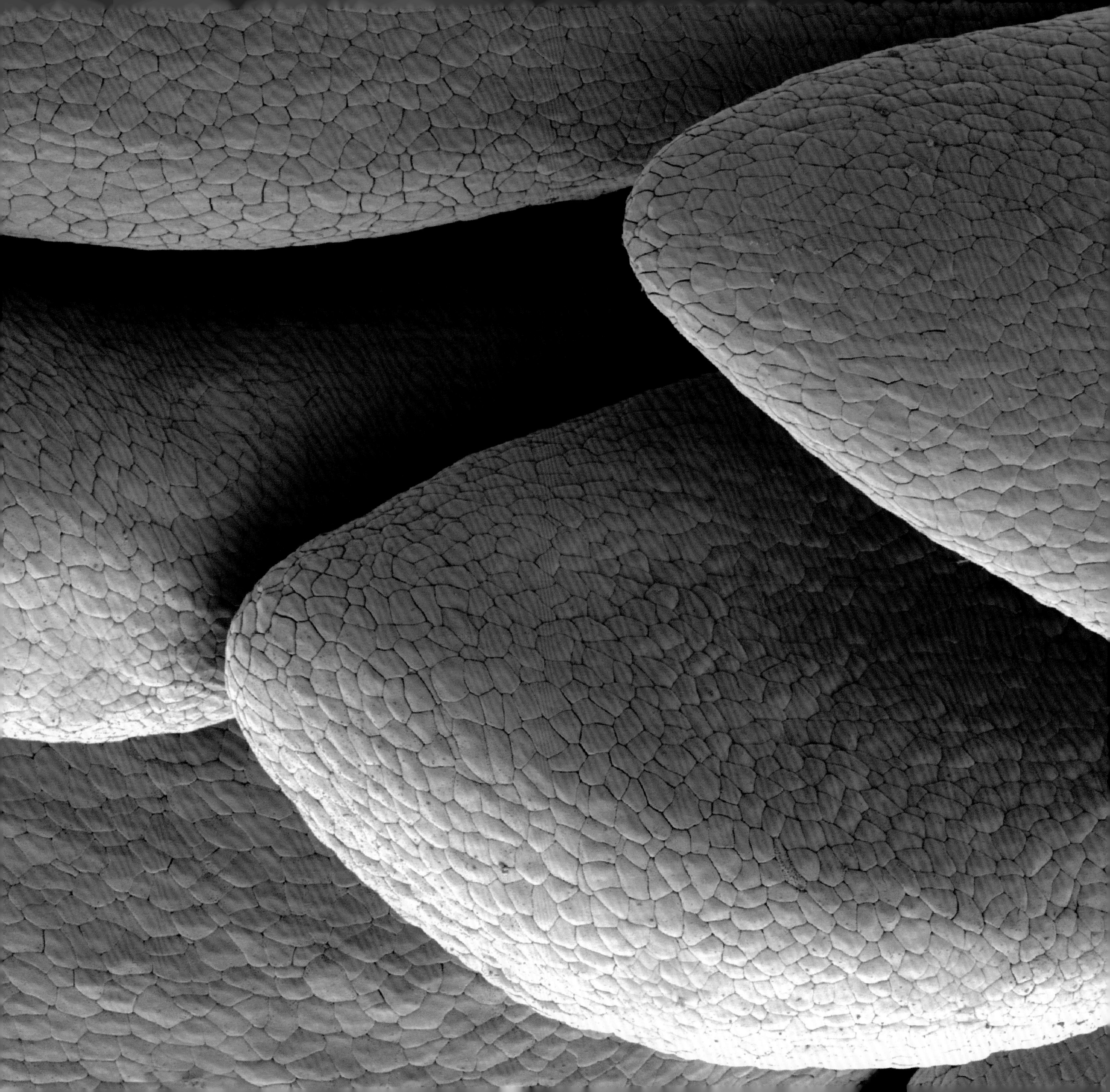

신안새우난초(난과) *Calanthe aristulifera* (Orchidaceae) – 화분괴

116쪽: 화분괴 확대 사진

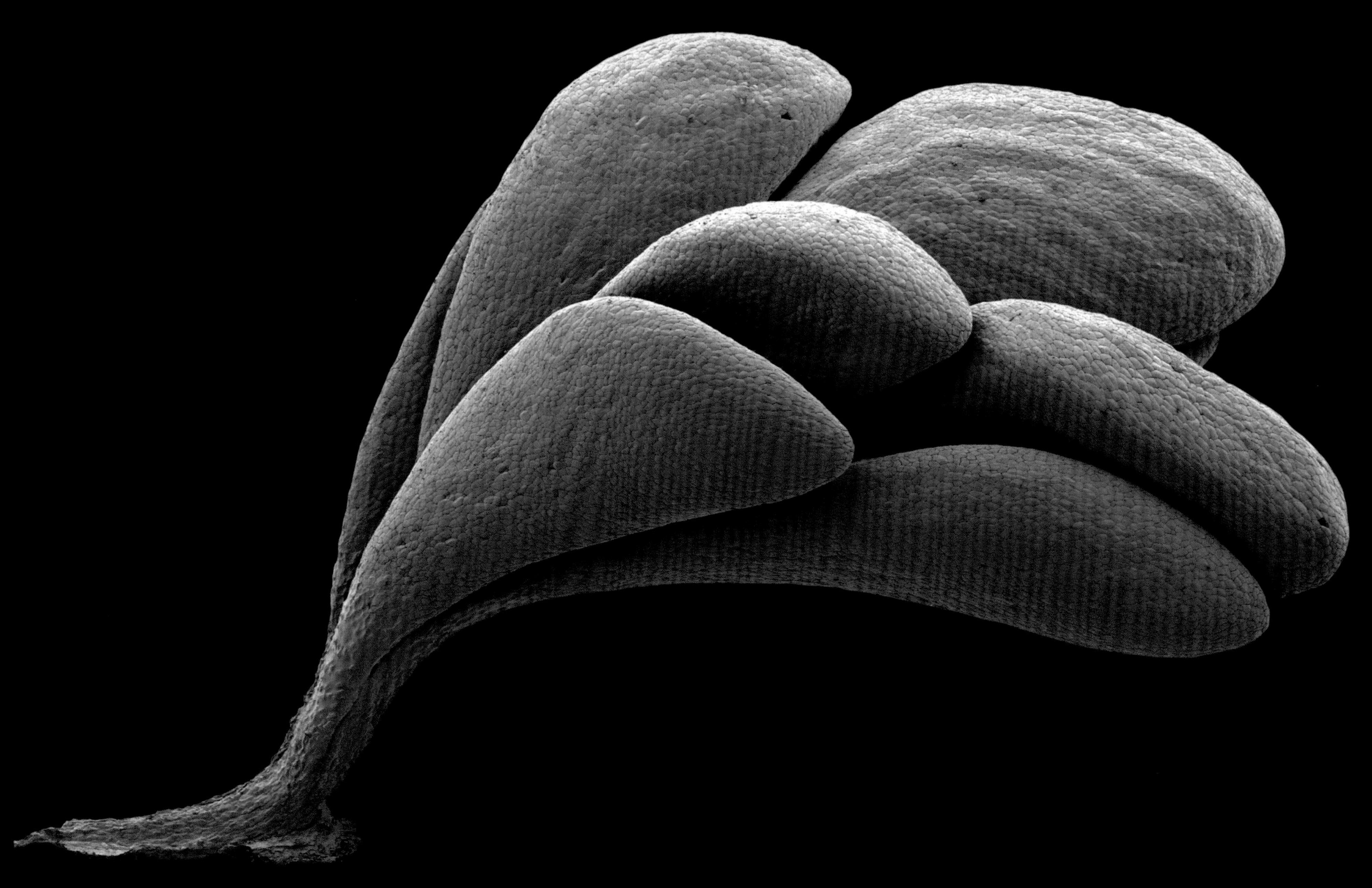

신안새우난초(난과) *Calanthe aristulifera* (Orchidaceae) – 완전한 화분괴. 화분괴의 아랫부분은 화분괴병과 연결되어 있고, 그 화분괴병의 끝은 다시 점착체와 연결되어 있다. 이 점착체는 화분괴가 곤충의 몸에 붙게 하여 다른 꽃과 수정할 수 있게 한다. [자연 건조, SEM × 25]

119쪽: 덴드로비움 스페시오숨(난과) *Dendrobium speciosum* (Orchidaceae) – Rock Lily. 덴드로비움속의 화분괴는 보통 '단단한' 한 쌍으로 구성되어 있다. [자연 건조, SEM × 60]

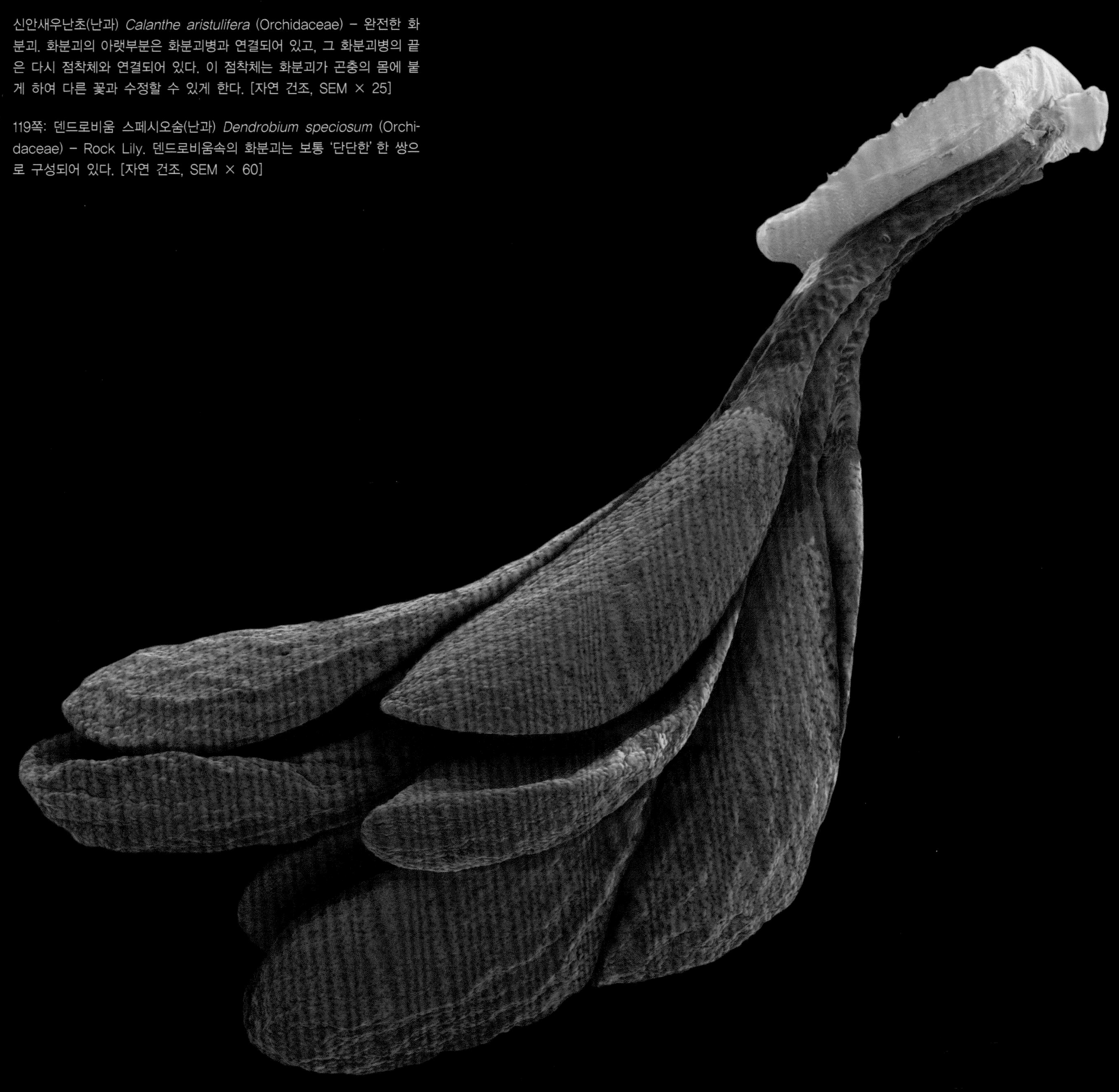

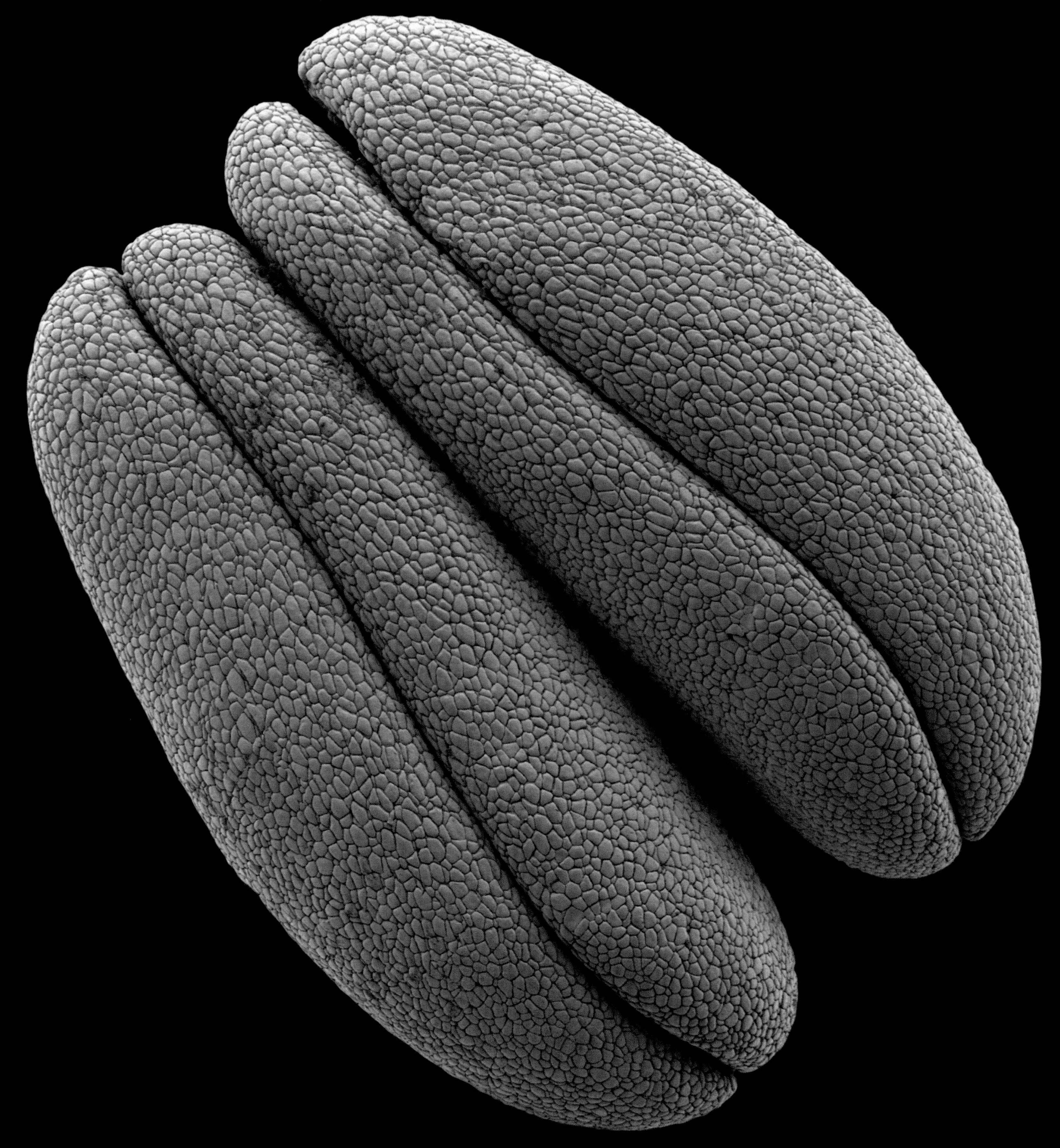

라미움 오발라(꿀풀과) *Lamium orvala* (Lamiaceae) – 꽃의 옆면. 좌우대칭화의 예

121쪽: 라미움 오발라(꿀풀과) *Lamium orvala* (Lamiaceae) – 꽃의 정면. 좌우대칭화의 예

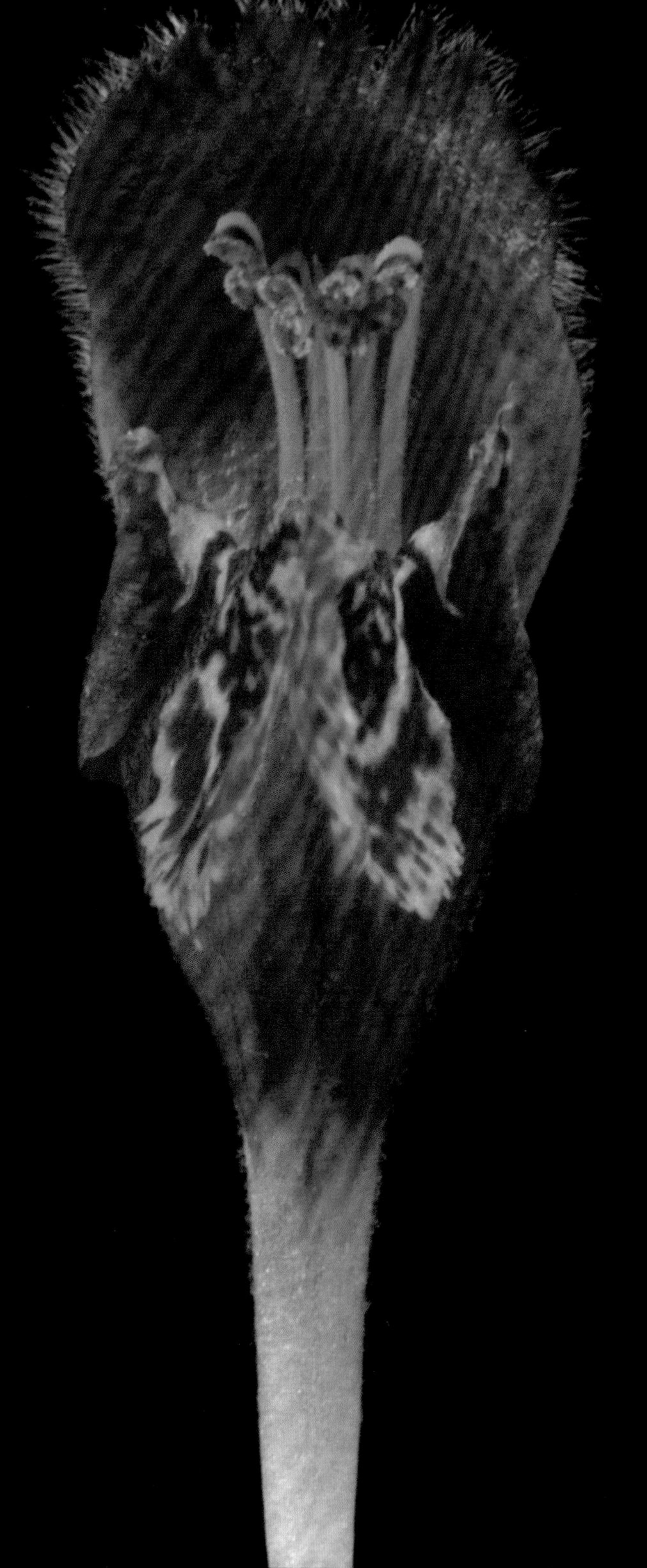

tera)아목은 거의 꿀과 화분만을 섭취한다. 이런 박쥐들은 후각이 매우 발달한 반면, 음파 시스템은 곤충을 잡아먹는 박쥐보다 다소 덜 발달되었다. 조류 수분 매개체의 예로는 짧은부리 연작류새(short-billed Passerines), 아주 잘 적응한 아메리카의 긴부리벌새(long-billed Humming Birds)와 오스트레일리아의 꿀빨이새(Honey-eaters) 등이 있다. 소형 초식동물, 특히 열대와 아열대의 종들은 먹이활동의 결과로 자주 화분을 옮긴다. 그 예로, 하와이의 소형 야행성 설치류(White Eyes)는 즙이 많은 포엽(bract)을 핥으려고 프레이키네티아 아보리아(*Freycinetia arborea*) 나무를 오르는 것으로 보고되었다. 또한 박쥐도 프레이키네티아 아보리아의 싱싱한 포엽을 즐기는 한편, 오스트레일리아에서는 화분을 찾아다니고 옮기는 소형 유대목이 여러 차례 보고되었다. 소형 초식동물 중 일부는 수분 매개체로서 적응한 표시를 나타내지 않지만, 꿀먹이주머니쥐와 같은 일부는 현재 수분 매개체로서 완전히 적응하였다. 꿀먹이주머니쥐는 프로테아(Protea)과의 길고 좁은 형태를 가진 꽃의 꿀을 먹기 위해 강하게 튀어나온 코와 거의 축소되거나 없어진 이빨, 그리고 끝이 빗처럼 생긴 매우 길고 좁은 혀를 가지고 있다. 달팽이는 엽란 – 북반구 종인 은방울꽃(*Convallaria majalis*)의 동아시아 연관종 – 의 수분 매개체로 보고되었다. 엽란의 경우는 흥미롭다. 엽란은 빅토리아 시대의 응접실 장식용 식물로 유명했는데, 무리지어 자라나는 크고 짙은 녹색의 가죽끈처럼 생긴 잎과, 소량의 수분, 먼지 그리고 불빛이 어둑한 응접실에서도 잘 자라는 특별한 저항력이 있어서 사랑받았다. 그러나 절대 꽃 때문에 사랑받았던 것은 아닌데, 이는 엽란의 꽃이 자주 눈에 띄지 않게 피고 지기 때문에 당연한 일이다. 엽란의 꽃은 작고, 통통하고, 뚜렷하지 않으며, 색은 옅은 자갈색으로 줄기가 없이 지면에서 핀다. 자연 상태에서 달팽이는 땅 위에 핀 꽃 위를 기어가야 하기 때문에 꽃에서 꽃으로 화분을 옮기게 된다. 이 밖에 달팽이로 인해 수분이 되는 또 다른 꽃에 대한 기록은 없다.

바람과 물

장식용 술 모양의 수꽃 화서를 가진 많은 식물들은 바람에 의한 수분에 적응해 왔으며, 침엽수와 관련 식물들, 벼과 식물과 쐐기풀, 오리나무, 참나무, 자작나무 및 개암나무 등이 이러한 풍매화에 포함된다. 이 식물들의 화분립은 작고 건조하며, 많은 양을 생산하고, 바람에 의해 쉽게 옮겨지는 경향이 있다. 벼과의 화서는 바람에 의한 수분에 적합하도록 잘 발달되었는데, 낱꽃으로 된 원추화서가 달린 줄기는 약한 바람에도 잘 움직일 수 있도록 보통 길고 가늘다. 낱개의 양성화 부분은 꽃잎이 없는 대신 보통 두 개의 작은 인편('인피')과 바람에 날리는 화분을 잡기 위해 둘로 갈라진 깃털 모양의 암술머리, 그리고 3개의 수술이 있다. 수술대는 마치 실처럼 가늘고, 꼭대기에 달린 꽃밥은 바람을 타기 위해 느슨하게 매달려 있다. 침엽수의 화분립은 한 쌍의 기낭(공기주머니)을 갖는데, 이 기낭은 진화적으로 공기역학, 유체역학과 관련이 있으며, 화분이 공기와 물에 의해 성공적으로 이동할 수 있게 한다. 물에 의한 수분은 거머리말(*Zostera* 거머리말속), 좀개구리밥과 같은 많은 담수 수생식물에서 잘 발달되었는데, 이들은 길이 약 2.5mm의 특이하게 적응된 실 모양의 화분립을 가지고 있다. 거머리말 화분립들은 덩어리 형태로 방출되며, 조수에 의해 떠밀려 다니다가 만나는 튀어나온 암술머리에 둥글게 모아져 수분을 하게 된다.

상호 적응

현재 널리 인식되고 있는 가장 초기의 수분 요인은 바람보다 곤충이라고 알려져 있다. 파리와 딱정벌레를 포함한 많은 곤충 그룹이 초기 피자식물보다 먼저 진화하였다. 그러나 지난 1억2천~1억3천만 년에 걸친 곤충과 식물의 특별한 적응 방산과 종 분화는 식물의 화분 운반과 관련된 형질이 이 두 그룹 상호 간에 매우 유익하게 진화되었다는 것을 제시하고 있다.

122쪽: 무화과(뽕나무과) *Ficus carica* (Moraceae) – Fig. 무화과는 화탁이 크게 부푼 것으로, 안쪽에 많은 암꽃과 수꽃(암수한그루)을 싸고 있다. 윗부분의 꽃자루(화탁의 줄기)에 주목

123쪽: 무화과(뽕나무과) *Ficus carica* (Moraceae) – Fig. 잘 발달된 씨방(종자)을 가진 성숙한 암꽃들의 확대 사진

아래: 벨리스 퍼레니스(국화과) *Bellis perennis* L. (Compositae) – Common Daisy

125쪽: 헤라클레움 스폰디리움(산형과) *Heracleum spondylium* (Umbelliferae) – Hogweed. 수백 개의 작은 꽃으로 구성된 '착륙대' 형태의 화서. 각 그룹의 바깥쪽 꽃의 꽃잎은 안쪽 꽃의 꽃잎보다 크다.

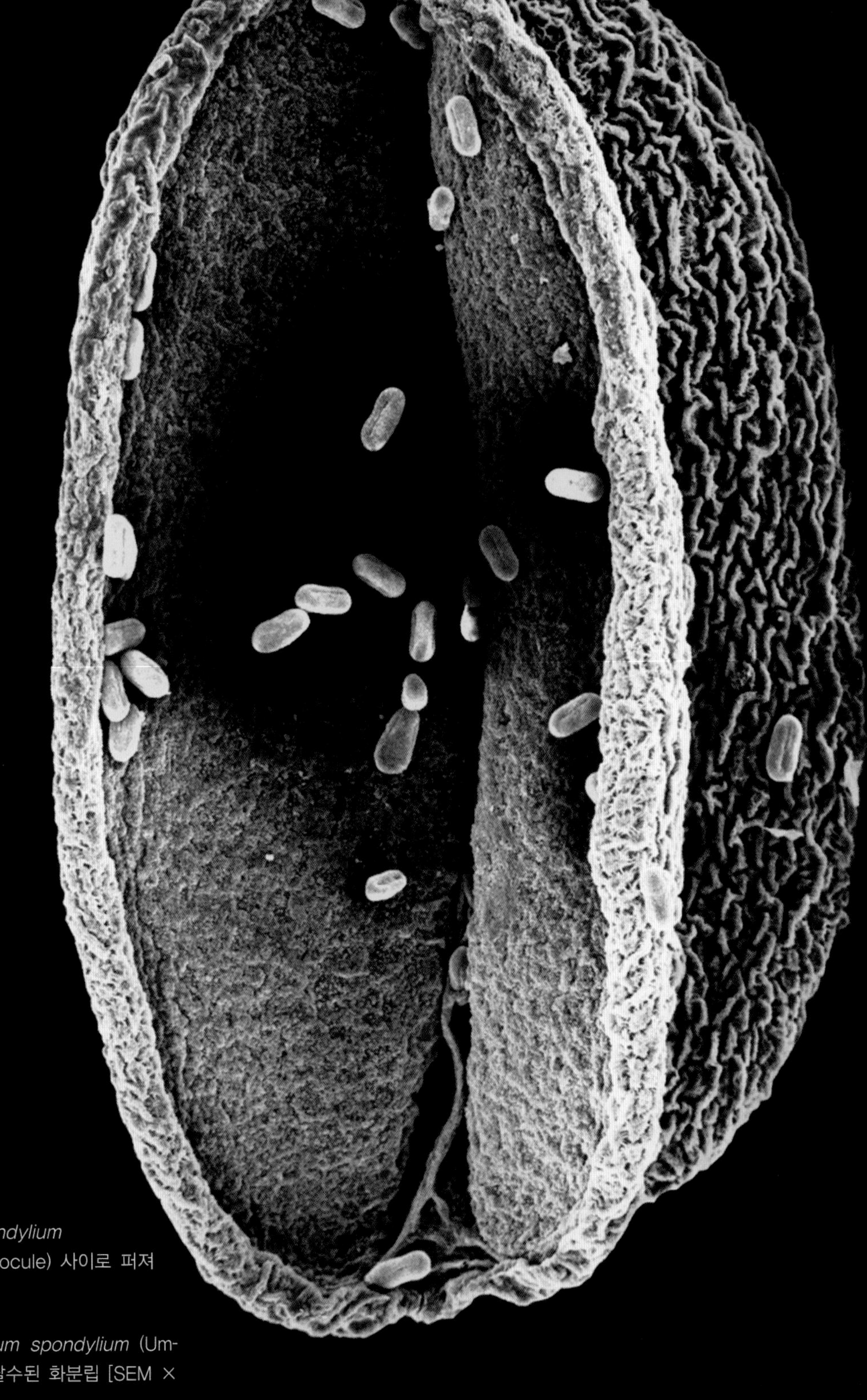

헤라클레움 스폰디리움(산형과) *Heracleum spondylium* (Umbelliferae) – Hogweed. 열린 꽃밥의 약실(locule) 사이로 퍼져 있는 화분들 [SEM, 자연 건조, × 100]

127쪽: 헤라클레움 스폰디리움(산형과) *Heracleum spondylium* (Umbelliferae) – Hogweed. 꽃밥 표면 위에 놓인 탈수된 화분립 [SEM × 2000]

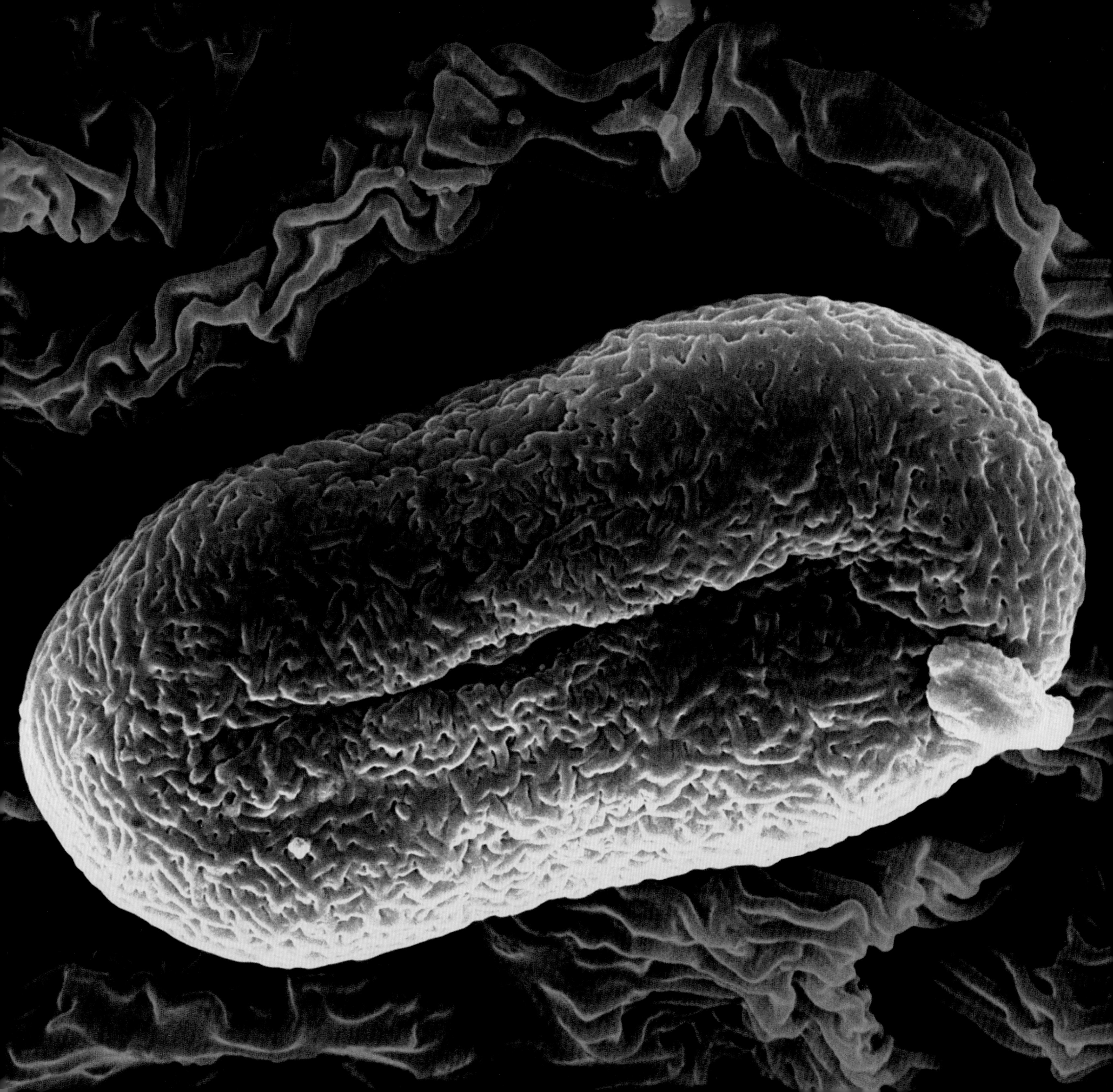

잔테데스키아 재배종(천남성과) *Zantedeschia* cv. (Araceae) – Arum lily. 수꽃과 암꽃 부위의 경계를 보여 주는 불염포의 확대 사진. 실가닥에 있는 꽃밥에서 나오는 화분을 주의 깊게 보면, 각 실가닥은 많은 화분립으로 구성되어 있으며 끈끈한 폴른키트로 인해 서로 붙어 있다.

129쪽: 검포카르푸스 피소카르푸스(박주가리과) *Gomphocarpus physocarpus* (Asclepiadaceae) – 꽃에서 꽃꿀(밀)이 떨어지고 있는 모습

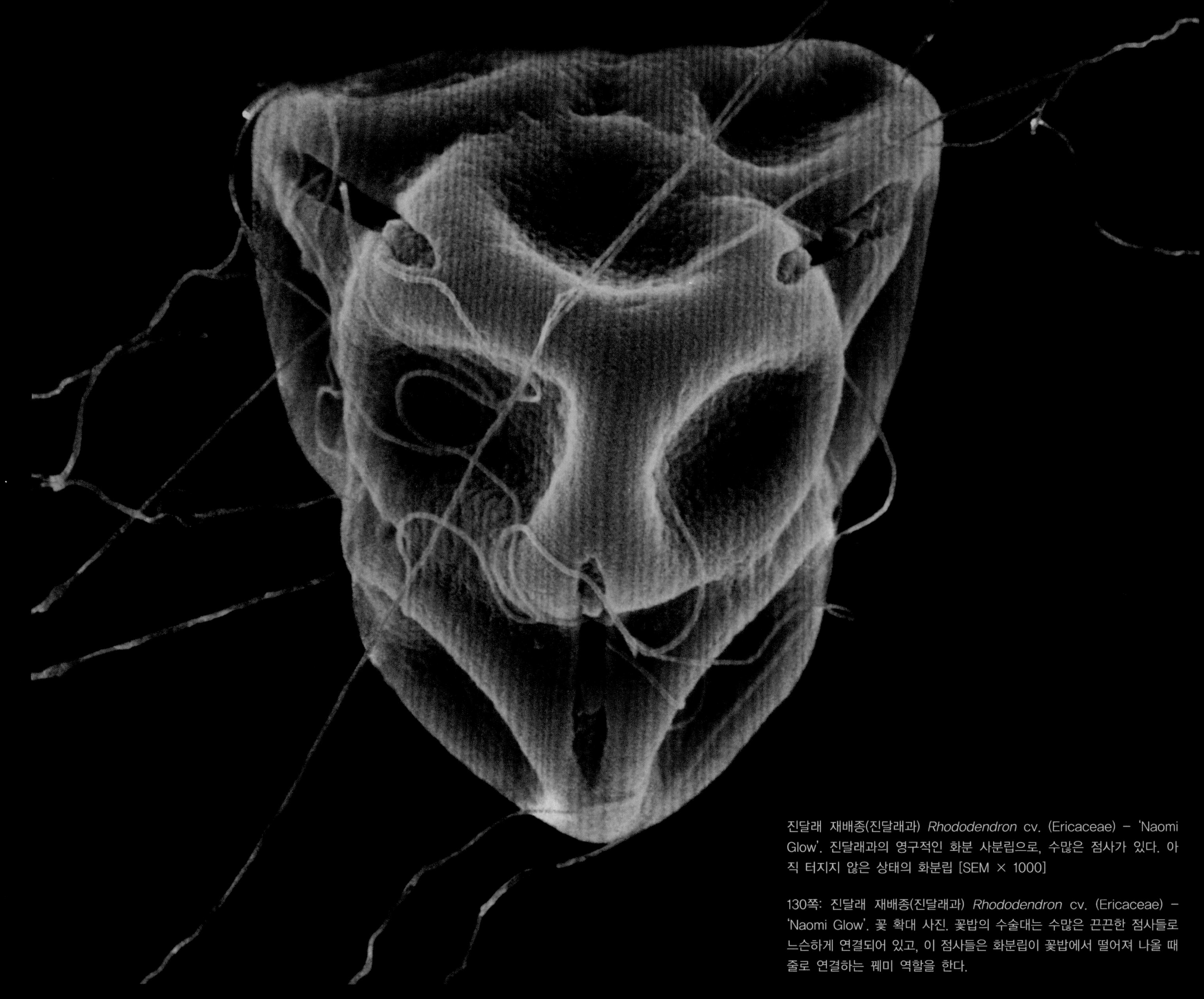

진달래 재배종(진달래과) *Rhododendron* cv. (Ericaceae) – 'Naomi Glow'. 진달래과의 영구적인 화분 사분립으로, 수많은 점사가 있다. 아직 터지지 않은 상태의 화분립 [SEM × 1000]

130쪽: 진달래 재배종(진달래과) *Rhododendron* cv. (Ericaceae) – 'Naomi Glow'. 꽃 확대 사진. 꽃밥의 수술대는 수많은 끈끈한 점사들로 느슨하게 연결되어 있고, 이 점사들은 화분립이 꽃밥에서 떨어져 나올 때 줄로 연결하는 꿰미 역할을 한다.

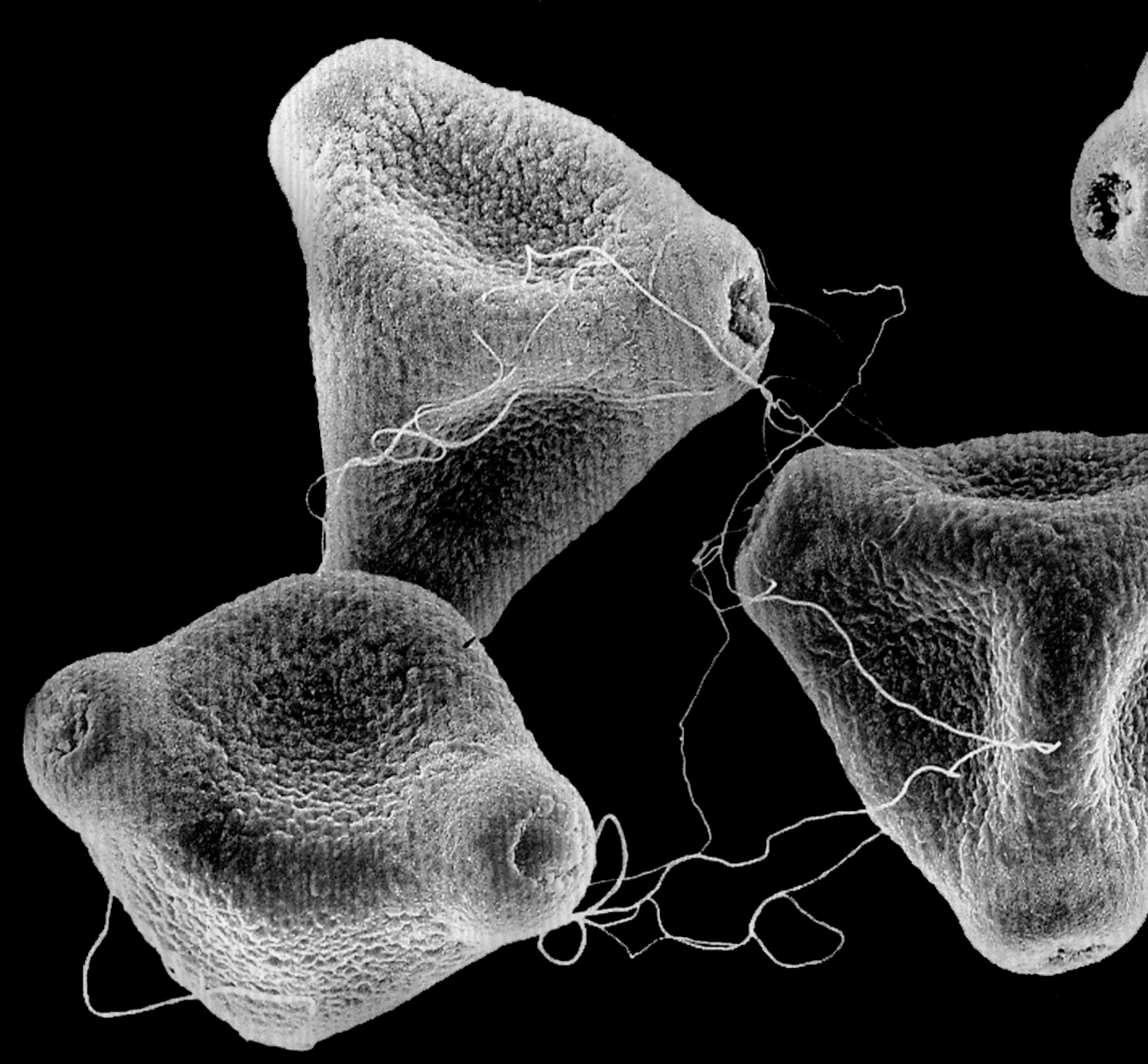

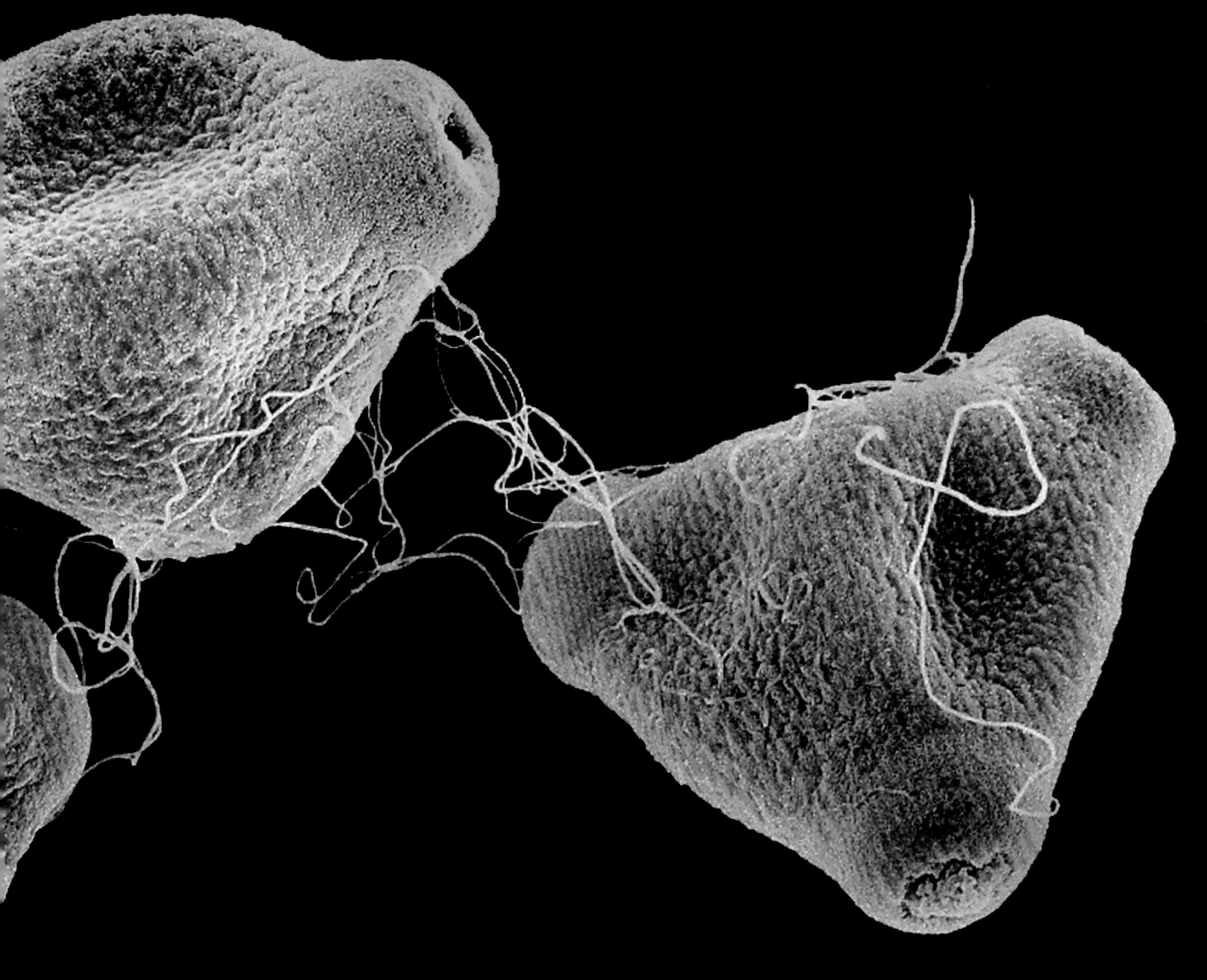

분홍바늘꽃(바늘꽃과) *Epilobium angustifolium* (Onagraceae) – Rosebay Willow-herb. 미성숙 화분립. 긴 점사에 의해 느슨하게 연결되어 있다. [SEM × 400]

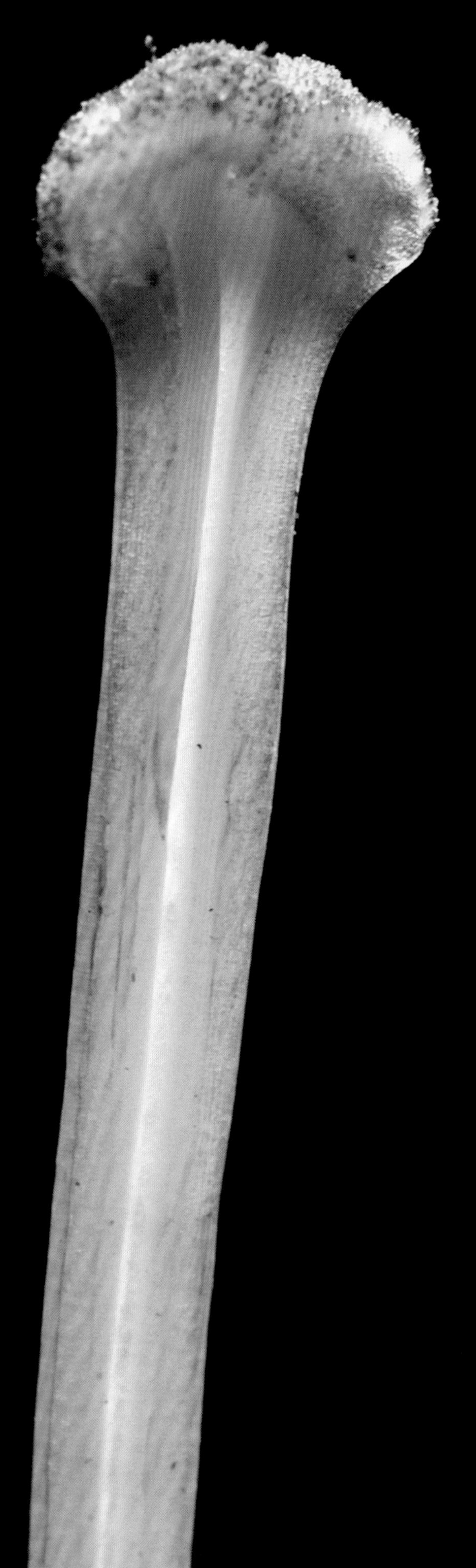

아래 오른쪽: 백합의 화분립. 막을 통과하여 암술관 아래로 자라며 발아 중인 화분관

134쪽: 백합 재배종(백합과) *Lilium* cv. (Liliaceae) – Florists' Lily. 암술의 단면. 암술대의 중앙을 따라서 암술관이 보이며, 암술머리 표면 위에는 화분립이 있다.

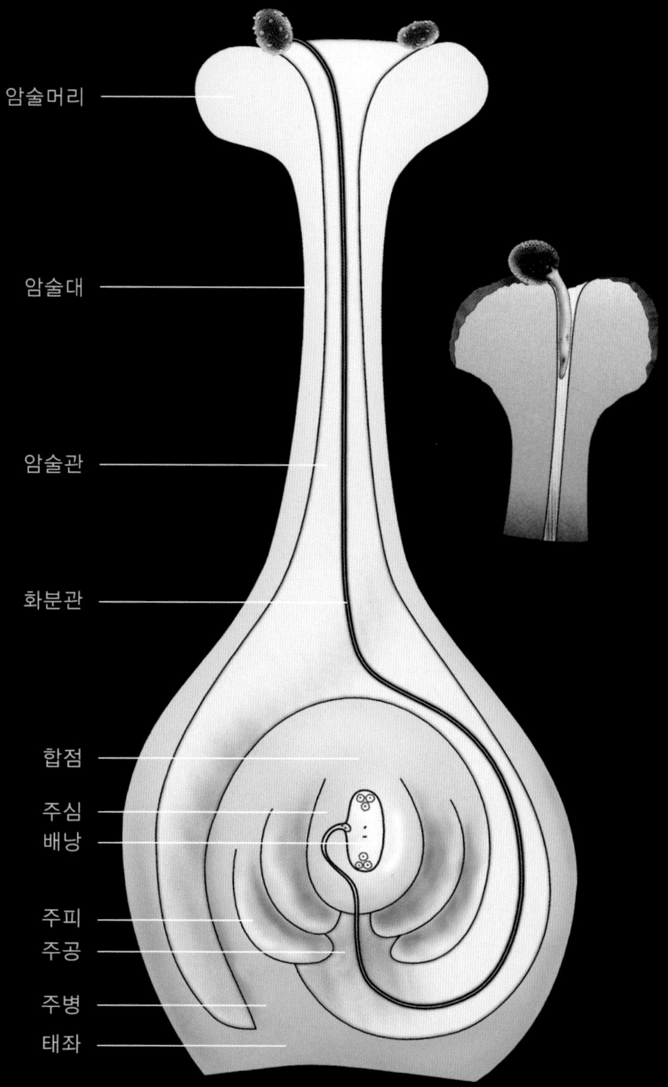

여기에는 몇 가지 곤충 유인 물질이 포함되는데, 예를 들면 꽃꿀을 만들어 내는 기관('꿀샘')의 위치를 알려 꿀을 찾는 곤충이 화분을 생산하는 기관(꽃밥)을 스쳐 지나가도록 하는 꿀, 꽃향기, 자외선 색 유도와 곤충 모양 흉내 내기 등이 속한다. 그리고 먹이를 찾는 곤충의 경우는 나방의 주둥이와 같은 주둥이 부위의 적응을 비롯하여 후각과 자외선을 볼 수 있는 시력이 포함된다.

꽃을 방문하는 동물들(수분 매개체)과 그들이 방문하는 꽃, 특히 좌우대칭화(좌우상칭화) 사이에는 확실한 형태적 상호 적응이 있는데, 이러한 꽃들이 일반적으로 진화 면에서 앞선 것으로 보인다. 잘 알려진 예는 난과 식물로서 파리, 거미 또는 벌의 모양을 흉내 내어 곤충이 교미를 하게끔 유도한다. 두 개의 큰 과 중 하나인 난은 꽃밥이 아니라 화분괴낭(pollinaria)에 화분을 담고 있다. 화분괴낭은 매우 끈적거리며 꽃의 윗부분에 위치하여 찾아오는 곤충들이 화분괴낭을 머리나 몸통에 묻혀 날아가 다른 꽃들에게 전달하게 한다. 매우 특별한 곤충 수분 매개체 형태를 가진 다른 좌우대칭화로는 금어초, 물꽈리아재비, 디기탈리스(Foxgloves)와 콩과(Leguminosae) 및 꿀풀과(Lamiaceae)의 많은 종들이 포함된다.

뽕나무과 종의 '뒤집어진' 꽃, 더 정확히 말하면 은두화서는 무화과말벌류의 종과 상호 편리한 관계를 즐긴다. 이 화서는 크게 부풀어 오른 화탁이 작은 꽃 – 화서를 구성하는 꽃 부분 – 들을 싸고 있는 특이한 형태인데, 이는 무화과를 잘라 보면 확인할 수 있다. 바깥쪽의 보라색 과육은 부풀어 오른 화탁으로, 중앙이 연하고 과즙이 있으며, 선명한 분홍색의 씨 있는 부분은 '결실기에 이른' 성숙한 꽃 부분이다. 개화기에 말벌은 어린 무화과의 윗부분(꽃자루 반대편의 작고 딱지 같은 부분)으로 들어가서 두 가지 종류의 일을 수행한다. 무화과 안의 장주화를 수분시키고, 단주화의 암술 안에는 알을 낳는 것이다. 뒤이어 수분이 된 장주화는 종자를 맺고, 단주화는 무화과말벌의 다음 세대가 자라나는 혹병으로 발달한다.

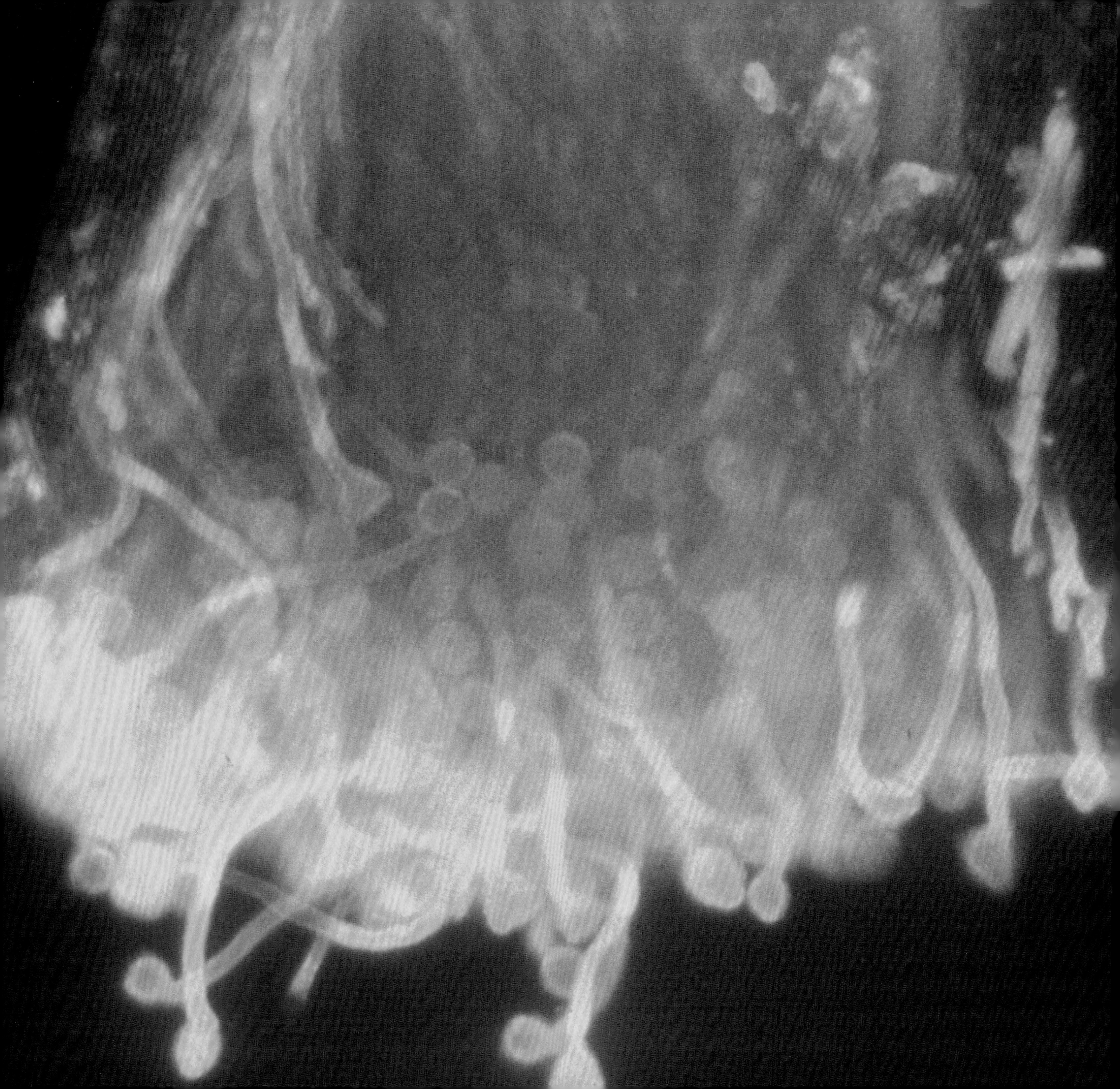

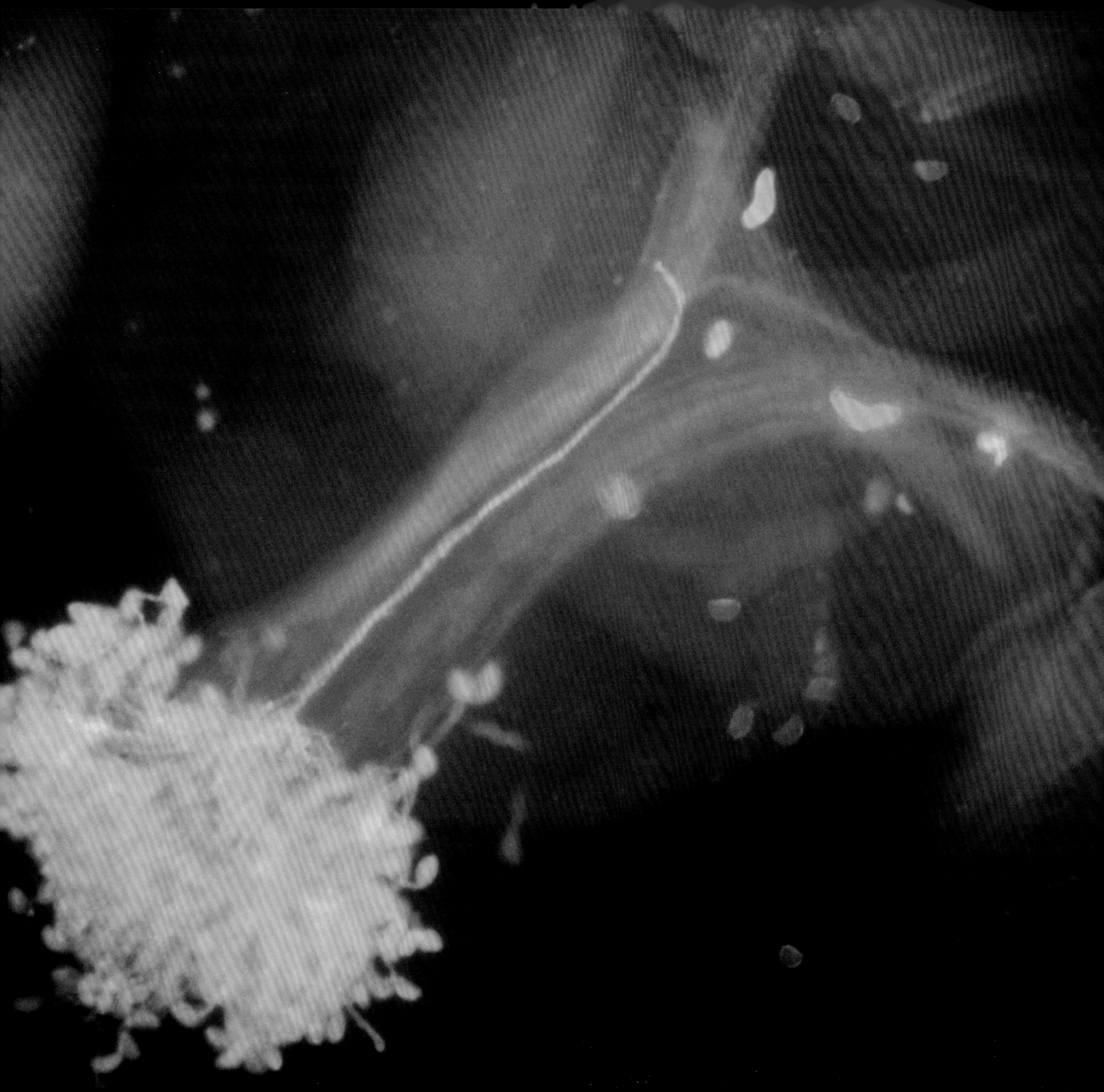

몇몇 종들에서, 특히 매우 작은 꽃을 피우는 종들의 꽃은 가까이 연결되어 무리로 핀다(화서). 어떤 화서는 접시 같은 형태로 배열되어 곤충이 내려앉기 좋은 착륙대로서 작용한다. 데이지(국화과 Compositae)는 이런 예로서, 꽃잎이 없는 작은 꽃들이 안쪽에 빽빽하게 모여 둥근 판의 형태를 이루고, 바깥쪽에 꽃잎이 잘 발달된 꽃들이 이를 둘러싸고 있다. 산형과(Umbelliferae)의 많은 종, 예를 들어 레이디스레이스(Lady's Lace), 돼지풀, 카우파슬리(Cow Parsley), 딱총나무(인동과 Caprifoliaceae)는 더욱 성글게 배열된 착륙대 형태의 화서를 가지는데, 초여름이 되면 세계적으로 곤충들이 이 꽃으로 모여드는 것을 볼 수 있다.

꽃꿀은 당연히 벌을 포함한 꽃을 찾는 방문자들에게 중요한 보상이다. 벌새, 꿀빨이새를 비롯한 많은 나방과 나비는 긴 화관통 바닥에 있는 꿀을 빨기 위해 긴 부리 또는 긴 혀를 가지도록 진화해 왔다. 대부분의 꽃들은 꽃잎 위에 꽃꿀이 있는 곳을 안내하는 표시를 가지고 있다. 이것 중 일부는 인간의 눈에도 보이지만, 더 많은 경우는 곤충의 시력이 적응된 자외선에서만 볼 수 있다. 곤충에게 꽃꿀을 안내하는 표시는 매우 선명하게 보인다.

꽃향기는 또 다른 유인책이다. 저녁 또는 밤에 강한 향기를 피우는 꽃은 나방과 꽃꿀 또는 열매를 먹는 박쥐를 유혹한다. 나쁜 냄새를 내는 꽃들, 예를 들어 칼라(Arum Lilies, 천남성과)의 일부 종은 캐리온파리와 똥파리를 유인하여 커다란 '불염포' 밑에 있는 함정에 빠지게 하는데, 이 불염포는 암꽃과 수꽃이 이룬 '육수화서'를 둘러싸고 있다.

수분 매개체 유인물로서의 화분

진달래속 식물과 헤더과 Heather Family(진달래과 Ericaceae), 달맞이꽃과 푸크시아(바늘꽃과 Onagraceae) 같은 일부 식물은 화분립이 작은 실 가닥('점사') 같은 구조를 가진다. 이 점사들은 화분립들을 꾸러미로 묶어 놓는 역할을 할 뿐만 아니라 알갱이들을 곤충의 몸에 붙

136쪽: 서양박태기나무(콩과) *Cercis siliquastrum* (Leguminosae) – Judas tree. 암술머리 위에서 발아하고 있는 화분립 [LM × 150, 아닐린블루 염색, 자외선 형광 관찰]
이미지: 사이먼 오언스(Simon Owens) 교수 제공

137쪽: 트리포갠드라 그랜디플로라(닭의장풀과) *Tripogandra grandiflora* (Commelinaceae) – 암술머리 위에서 발아하고 있는 화분립. 암술대 아래로 빠르게 자라고 있는 화분관이 보인다. [LM × 30, 아닐린블루 염색, 자외선 형광 관찰]
이미지: 사이먼 오언스(Simon Owens) 교수 제공

138쪽: 주키니호박/돼지호박(박과) *Cucurbita pepo* (Cucurbitaceae) – 'Patty Pan' squash. 내벽의 팽창으로 발아 중인 초기 단계의 화분립. 내벽의 팽창으로 인해 외층 발아구의 '뚜껑'이 밀려나고 있는데(수화 상태), 화분관의 성장이 주로 팽창된 곳에 집중하여 발생한다. [LM × 20 – 말라카이트그린, 사선 표시 및 오렌지G의 혼합액으로 염색]

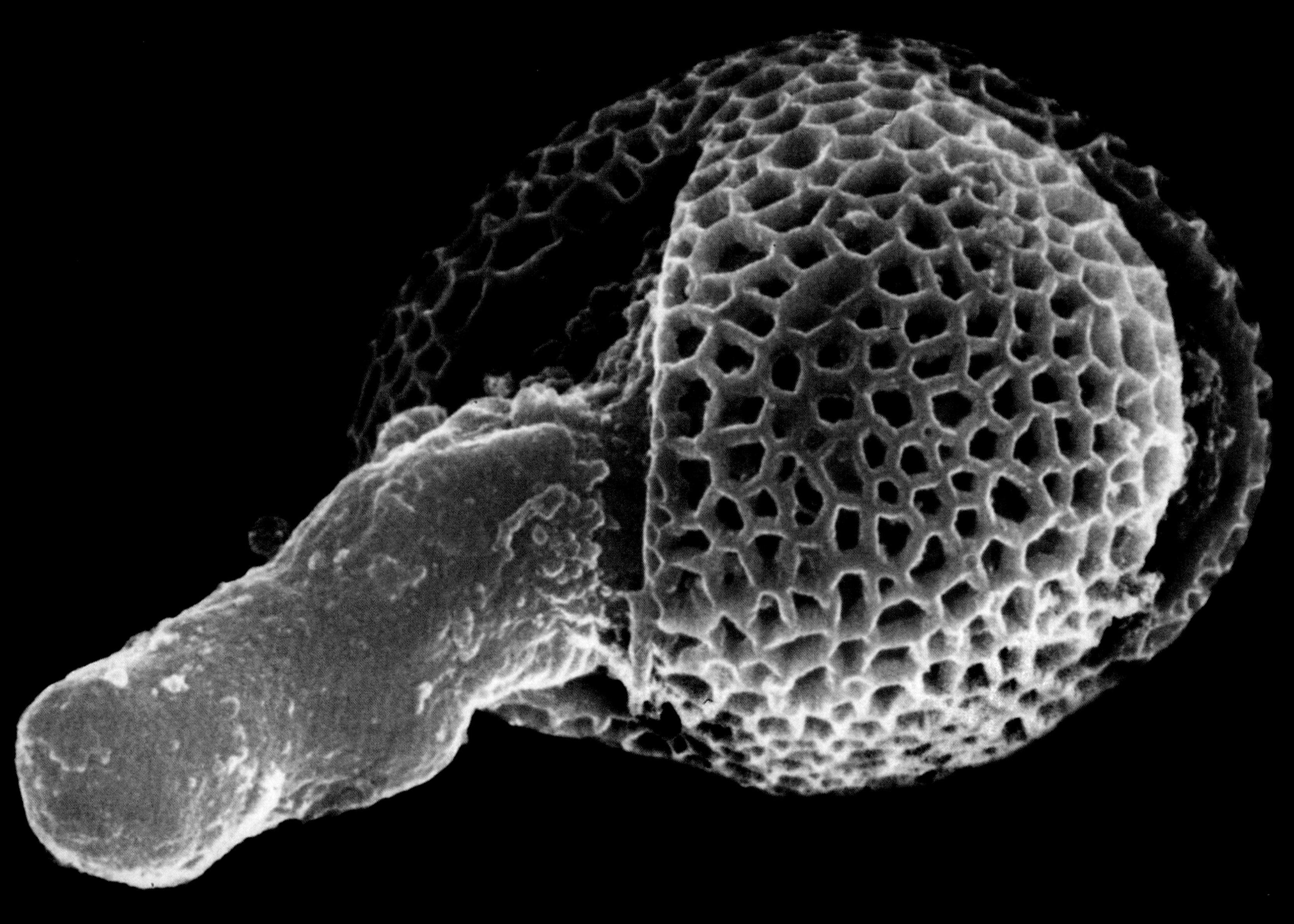

이는 장치로도 작용한다. 화분립 겉의 기름진 지방 성분은 꽃을 찾는 방문자의 몸에 잘 붙도록 한다. 더불어 이 지방은 꽃에 있는 방향성 화학 물질과 같은 종류에 속하는 독특한 향기가 있다.

그러나 이러한 점들은 화분에게 불리한 면도 있다. - 때때로 동물들에게 먹힌다는 것이다! 벌들은 화분을 소비하는 주된 그룹이며 가장 폭넓게 연구되어 왔다. 벌에게 있어서 화분립은 비지방성 식량의 주요 원천이고, 그들의 유충을 키우기 위한 식량으로 비축되어 사용된다. 화분립은 딱정벌레와 파리를 포함한 다른 많은 곤충을 위한 일상적인 식량의 원천이기도 하다. 일부 박쥐들(메가카이롭테라아목 Megachiroptera)과 벌새, 오스트레일리아의 꿀빨이새 또한 화분을 섭취한다.

생식 행위

성숙기에 화분의 생식세포는 두 개의 정핵을 제공하기 위해 체세포 분열을 한다. 이 분열은 화분립이 꽃밥을 떠나기 바로 전 또는 화분관이 배낭에 도달하기 전후 언제든지 일어난다.

화분립이 암술머리 표면에 닿게 되면, 화분립 위와 안에 포함되어 있는 화학 물질을 인식하는 부정적인 신호(포자체의 불화합성) 또는 긍정적인 신호가 발생하게 된다. 이 신호는 암술머리 표면 안에 포함되어 있는 화학 물질을 인식하여 나타나며, 긍정적인 신호는 암술머리에 닿은 화분립이 '결합할 수 있는' 것을 의미하는데, 예를 들면 같은 종의 식물로부터 온 화분립의 경우이다.

보통 수백 또는 수천 개의 다른 화분립들과의 경쟁을 제치고 암술머리로부터 받아들여지면, 그 즉시 각 화분립은 그들의 정핵을 맨 먼저 배주로 전달하기 위해 맹렬히 경쟁을 하게 된다. 그러나 먼저 정핵은 반드시 화분벽에 있는 발아구 중 하나를 통과해야만 한다. 이러한 과

중국풍년화(조록나무과) *Hamamelis mollis* (Hamamelidaceae) - Witch Hazel. 발아구에서 발달하고 있는 화분관 [CPD/SEM × 4000]

142~143쪽: 아몬드나무(장미과) *Prunus dulcis* (Rosaceae) - Almond. 자당이 함유된 한천 배지에서 발아 중인 화분립 [SEM × 1000]
이미지: 마리아 수아레스-세르베라(Maria Suárez-Cervera) 박사 제공

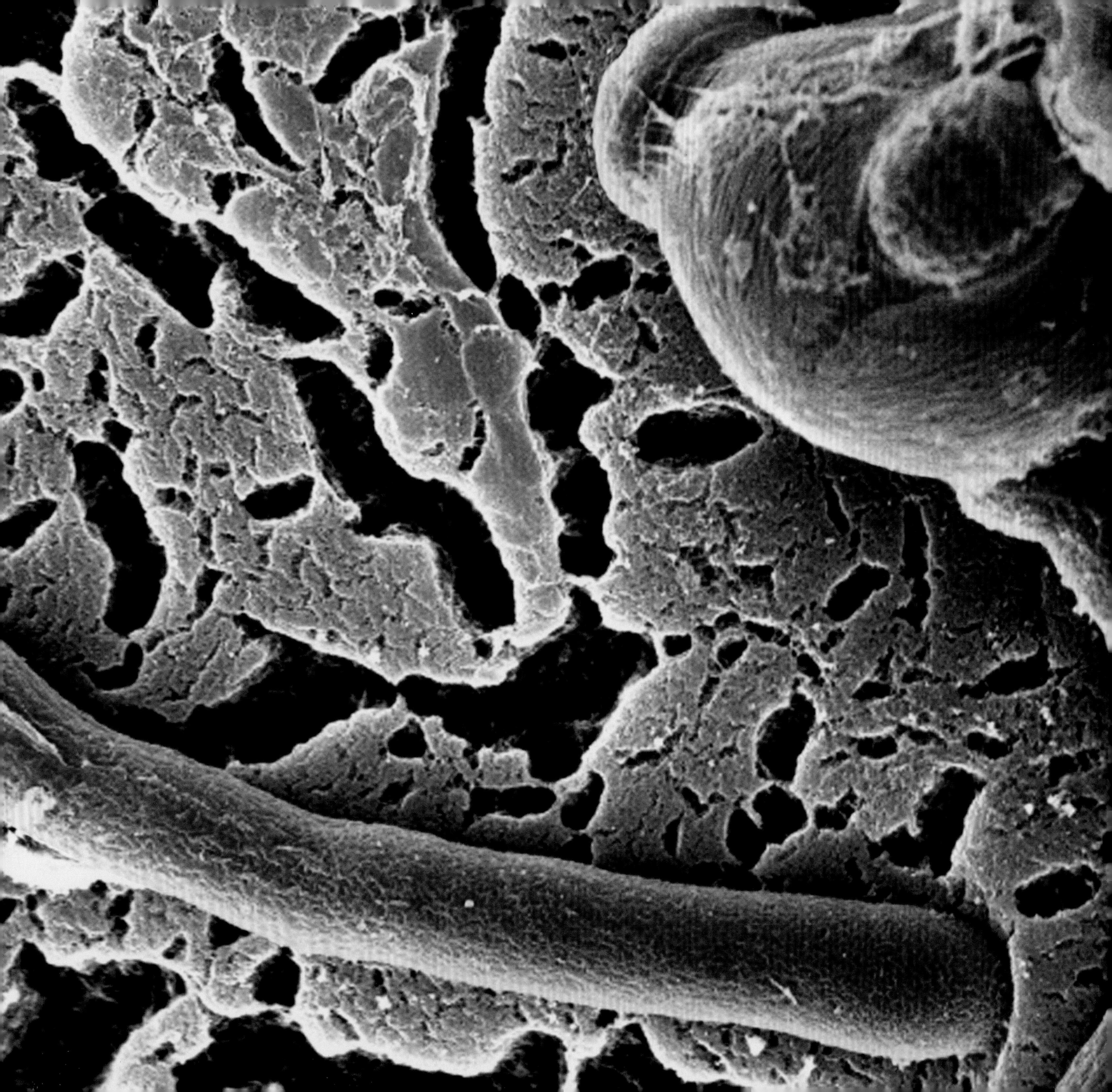

정은 다음과 같다. 즉, 화분립은 암술머리로부터 수분을 흡수하고, 화분벽 안쪽의 두꺼운 비스포로폴레닌성 막인 내벽이 더 두꺼운 발아구(내벽 플러그 'intine plug') 아래로 팽창하기 시작하는데, 이 발아구의 막은 갈라져서 열리고, 이렇게 뚫어진 곳을 따라 내벽이 길을 낸다(주사기에서 짜여 나오는 당의와 같다). 이 밀어내어진 내벽 – 화분관 – 이 화분립의 정핵과 화분관핵을 포함하는 세포질의 재료를 둘러싼다. 아직까지 화분관핵의 역할은 잘 이해되지 않고 있으나, 화분관의 성장과 발달에 관여하는 것으로 보인다. 화분관핵은 모든 식물 세포 중에서 가장 빨리 성장하는데, 이는 배주에 첫 번째로 도달하기 위해 서로 경쟁을 해야 하기 때문이다. 화분관은 빠르게 발달하면서 배주가 들어 있는 씨방에 도달하기 위해 암술관을 통해 내려옴에 따라 더 길고 더 가늘게 자라며, 두 개의 정핵은 신장되는 화분관의 거의 끝을 따라 바로 앞에 있는 화분관핵과 함께 이동한다. 또한 발아 중인 화분관은 암술관(stylar canal)을 통해 이동하면서 암술의 허락을 얻어야만 한다. 만약 같은 종으로부터 온 화분이 아니라면, 비록 암술머리 표면에서 포자체 부적합성 테스트를 통과했을지라도 배주에 도착하기 전에 화분관 신장이 멈추게 될 것이다(배우체 불화합성). 그리고 도착하는 즉시 화분관핵은 씨방 안에서 붕괴되고, 정핵은 배주의 배낭 안으로 들어가기 전에 세포질이 분해된다. 이제 두 번의 결합이 이루어지는데, 한 개의 정핵은 난세포와 결합해서 배가 되고, 다른 한 개의 정핵은 극핵과 결합해서 종자 저장 조직인 '배유'로부터 3배체인 내배유핵이 발달될 것이다. 이것이 피자식물의 전형적인 '중복 수정'이다.

화분립의 아름다운 외형은 마치 선물을 빼고 난 후의 포장지처럼 암술머리 표면에서 일그러지고 사라진다. 물론 이것으로 이야기가 끝나는 것은 아니다. 이제 화분립의 성공적인 수정에 이어, 배주는 새로운 이배체 식물로 성장하기 위한 완전한 염색체 조성을 전달하는 성숙한 종자로 발달할 수 있게 된다.

루나리아 아누아(십자화과) *Lunaria annua* (Cruciferae) – Honesty. 과피

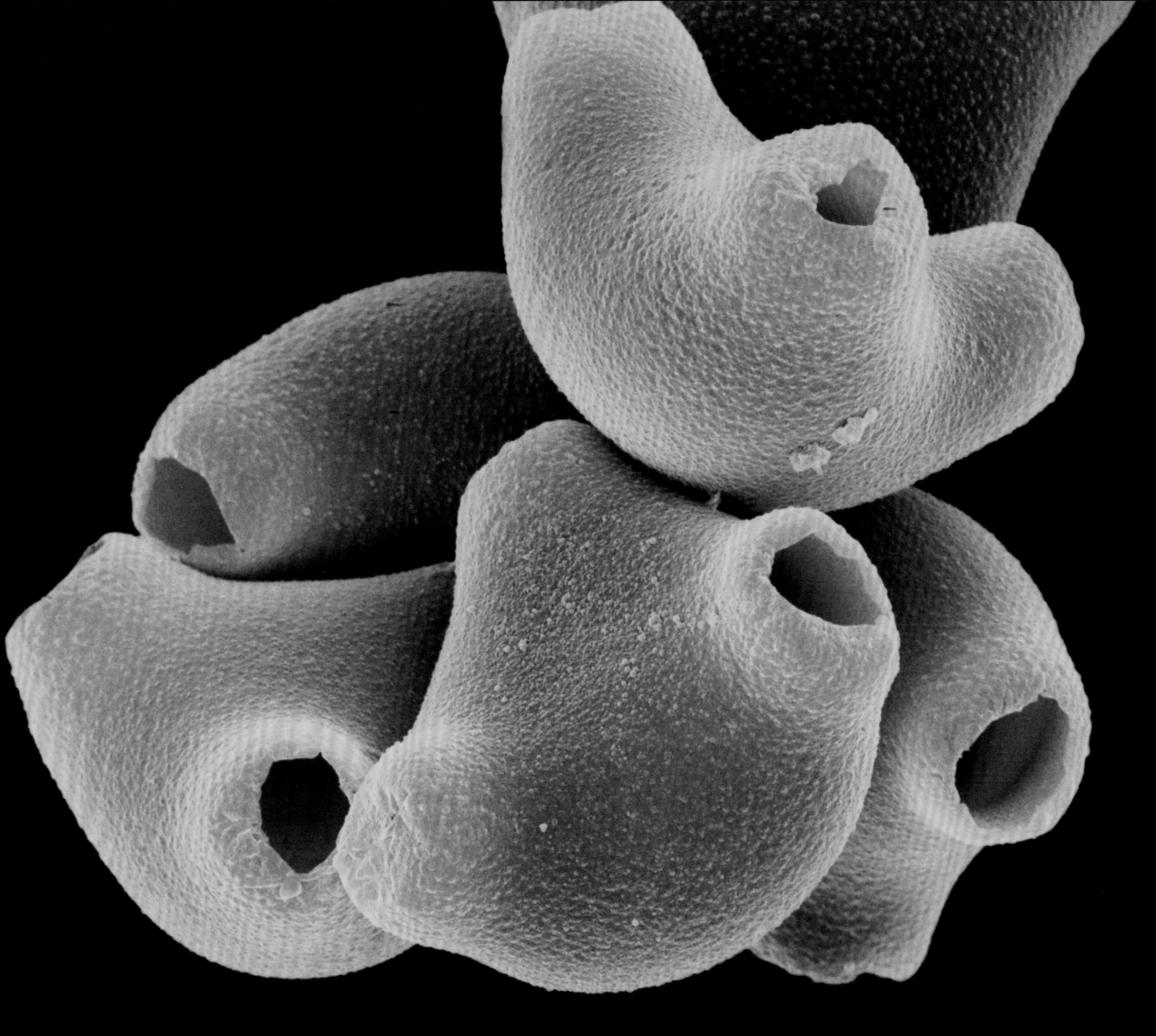

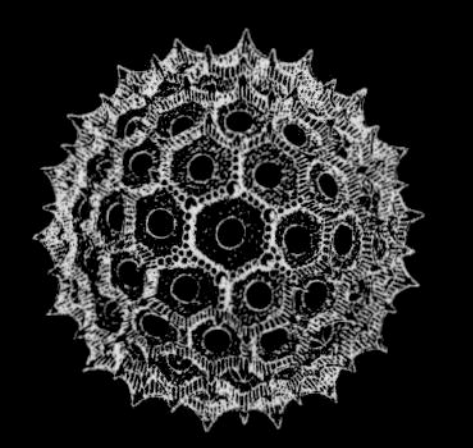

보이지 않는 것의 영상화

PICTURING THE INVISIBLE

롭 케슬러

ROB KESSELER

페르소니아 몰리스(프로테아과) *Persoonia mollis* (Proteaceae) – 3구
화분립들 [SEM × 1000, 초산 분해 처리]

Mallow
f.14.
The Spermatick Glo-
bulets in f.13.

화분 예술은 꽃과 예술의 결합이라는 광범위한 맥락에서 다루어져야 할 것이다. 우리 주위에 있는 꽃과 식물을 이해하고 그리려는 욕구는 길고 찬란한 역사를 가지고 있다. 꽃과 식물은 최초의 도자기에도 등장하며, 그리스 건축학의 형식과 구조를 위한 영감의 원천이기도 하였다. 또한, 네덜란드 미술에서는 식물 주제들이 화려하게 그려져 찬양되었으며, 식물을 더욱 자세하게 관찰하여 세밀하게 그리기 시작하였다. 그리고 창의적인 식물 장식들이 쏟아져 나와서 많은 사람들의 수요를 충족시키고, 우리 일상생활 구석구석에 존재하게 되었다. 우리는 식물 이미지가 있는 그릇에 음식을 담아 먹고, 식물 이미지가 새겨진 의자 위에 앉거나 식물 이미지가 있는 이불을 덮고 잠을 잔다. 식물은 우리가 입는 옷과 벽면을 장식하고, 또한 메시지를 전달하는 상징으로 표현되기도 하며, 우리가 자연 세계와 접촉하는 표시가 되어 왔다. 이제 식물이 없는 우리의 생활은 상상하기조차 힘들다.

역사적으로 보면, 식물 과학이 발달하고 정교해짐에 따라 관찰과 해석이 절묘하게 융합되어 이를 표현하는 방식 또한 발달하고 정교해졌다. 17세기부터 렌즈와 현미경이 발달하여 인간의 눈으로 관찰할 수 있는 범위를 넘어서 식물 해부학 연구를 할 수 있게 되었는데, 이는 과학자와 예술가 모두에게 새로운 주제를 제공하였다. 이미 1676년, 니어마이어 그루(Nehemiah Grew, 1641~1712)의 흥미 있는 저서 『육안과 현미경으로 관찰한 꽃의 해부학(*The Anatomy of Flowers, prosecuted with the bare eye, and with the microscope*)』에서 그는 다른 식물들 간의 화분 형태와 기능을 자세하고 정확하게 묘사하였다. 그는 화분의 성적 중요성을 인식하여 화분을 '정자가 들어 있는 작은 알갱이들'로 나타냈고, 선각 판화들을 통해 식물 생식기를 노골적으로 묘사하기 시작했다. 또한, 1735년경에는 칼 린네(Carl Linnaeus, 1707~1778)가 화관의 꽃잎을 '부부 침실의 커튼'으로 묘사하였으며, 식물화가인 게오르크 디오니시우스 에렛(Georg Dionysius Ehret)은 린네의 저서 『자연의 체계

148쪽: 니어마이어 그루(Nehemiah Grew)의 그림 '정자가 들어 있는 작은 알갱이들(spermatic globulets, 1682)' – 당아욱(아욱과) *Malva sylvestris* (Malvaceae)의 화분립
출처: 『육안과 현미경으로 관찰한 꽃의 해부학(*The Anatomy of Flowers, prosecuted with the bare eye, and with the microscope*)』 [큐 왕립식물원 도서관 제공]

150쪽: 나비/유럽측범나비(호랑나비과) *Iphiclides podalirius* Linnaeus 1758, (Papilionidae)
꽃/지니아 엘레강스(국화과) *Zinnia elegans* (Asteraceae)

151쪽: 게오르크 디오니시우스 에렛(Georg Dionysius Ehret)의 그림 – 7장의 장상엽을 가진 아욱과의 무궁화 꽃. 수채화 [큐 왕립식물원 도서관 제공]

152쪽: 월터 후드 피치(Walter Hood Fitch)의 그림 – 로도덴드론 알보레움 변종 림바툼(진달래과) *Rhododendron arboreum* var. *limbatum* (Ericaceae), 1862. 공개 꽃밥에 주목. 아서 처치(Arthur Church)의 식물화 컬렉션 중 [큐 왕립식물원 도서관 제공]

153쪽: 진달래 재배종(진달래과) *Rhododendron* cv. (Ericaceae) – 공개 꽃밥

제임스 스워비(James Sowerby)의 그림 – '기이한' 튤립. 『플로라 럭셔리안스(*Flora Luxurians*)』 1789 중 도판 IV [큐 왕립식물원 도서관 제공]

155쪽: 튤립의 전형적인 꽃밥과 3갈래의 암술머리를 가진 암술

(*Systema Naturae*)』에 24개의 유형으로 나뉜 식물의 도해를 수록하고 이를 수술과 암술의 수로 구분하였다. 암술과 수술은 축소된 꽃다발처럼 표현되었고, 분류 체계 내의 목과 함께 배열되었다.

18세기 초, 영국의 조지 3세의 통치 시대는 학문이 중심인 시대로, 예술과 과학이 서로의 지식을 교환하고 많은 학회들이 출현하여 생각을 발전시킨 시대였다. 이러한 학회들은 본래 서머싯하우스(Somerset House) 안에 있었는데, 1874년에 피커딜리(Piccadilly)에서 멀리 떨어진 벌링턴하우스(Burlington House)로 이전하였다. 고고학회, 화학학회, 지질학회, 천문학회, 왕립미술원과 린네학회는 성 안의 뜰 주변 건물에 함께 모여 있었는데, 개화된 이 집단에서 서로 간에 지적인 의견을 교환한 것이 표준 관례와 세계를 이해하는 모체가 되었다.

식물학적 도해는 예술과 거의 관련이 없다고 주장하는 관점이 있었다. 식물의 도해에서 심미적인 것을 고려하는 것은 부적절한 것으로 간주되었고, 예술적 표현을 드러내지 않는 것을 이상적으로 여겼다. 아름다움은 즐거움을 주지만 부수적인 것으로 생각되었다. 우리는 이러한 것이 논쟁의 오류이며 비현실적인 생각이라는 것을 인식하기 위해 도해의 역사를 되돌아보아야만 한다. 조지프 뱅크스 경(Sir Joseph Banks)은 1772년부터 그가 사망했던 1820년까지 큐 식물원의 비공식적인 원장을 지냈다. 뱅크스 경의 추천으로 식물 도해가인 페르디난트 바우어(Ferdinand Bauer)는 식물 전문가들과 함께 자주 전 세계로 채집을 다녔으며, 동등한 파트너로서 채집, 기록 및 전 세계의 식물 정보를 제공하는 일에 참여하였다. 페르디난트의 형인 프란츠 안드레아스 바우어(Franz Andreas Bauer, 1758~1840)는 예술가적 기량과 식물학적 통찰력을 모두 갖추고 있어 큐의 식물 생체 수집품으로 작업을 하면서 뱅크스 경으로부터 평생 연금을 많이 받을 수 있었다. 프란츠 바우어의 동시대 사람들은 그의 과학적 호기심에 관심을 두지 않았지만, 화분 형태학의 체계적 가치에 대한 선구적인 그의 작업

아래: 프란츠 바우어의 그림 – 패시플로라 캐룰레아(*Passiflora caerulea*)의 화분
출처: 프란츠 바우어의 도해집 『*Epidermis floris. pollen grains, Monstrosities*』 [런던 자연사박물관 제공]

157쪽: 패시플로라 캐룰레아(시계꽃과) *Passiflora caerulea* (Passifloraceae) – Passion Flower. 자연 상태의 화분 [SEM × 1000]

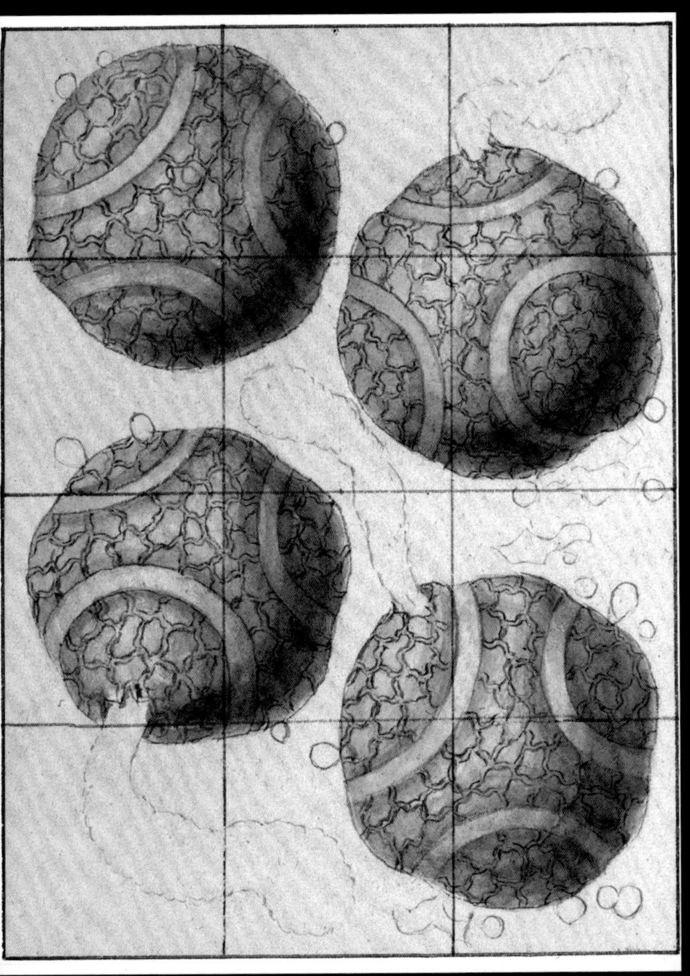

158쪽: 카를 율리우스 폰 프리췌(Carl Julius von Fritzsche)의 그림 – 알시아 로지아(아욱과) *Alcea rosea* (Malvaceae)의 화분. 수공 컬러 조각
출처: 『화분에 관하여(*Ueber den Pollen*)』 1837 [큐 왕립식물원 도서관 제공]

159쪽: 당아욱(아욱과) *Malva sylvestris* (Malvaceae)의 화분립 – Common Mallow [SEM × 4800 – 초산 분해 처리]

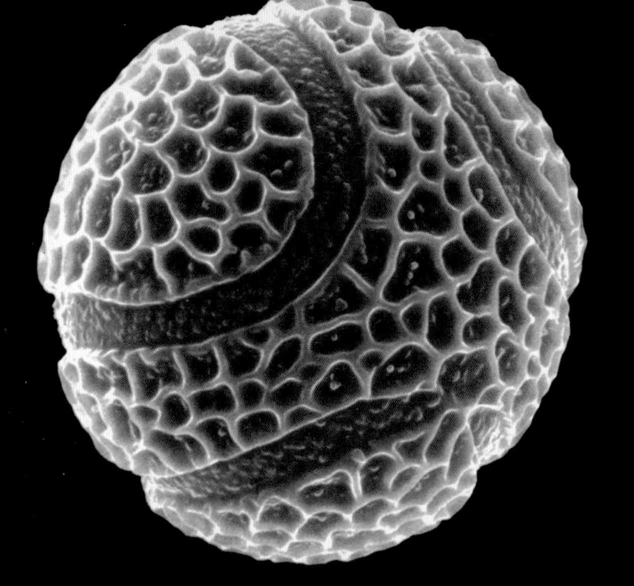

은 사람들이 이 분야에 관심을 가지게 하는 데 크게 기여하였다. 그가 죽기 전에 화분 형태학에 대한 관심이 갑자기 폭발적으로 생겨나서 거의 모든 식물학자들이 화분 형태학에 흥미를 가지게 되었다. 더불어 19세기 초 현미경의 기능이 빠르게 향상되면서 프란츠 바우어는 많은 화분 유형들에 대해 상당히 자세히 연구를 할 수 있었고, 그 결과물인 화분립의 세밀화와 수채화 컬렉션은 현재 런던 자연사박물관의 식물학 도서관에 보관되어 있다.

현미경 기술의 발달이 정보와 이미지를 빠르게 확대시키면서 새로운 연구들이 시작되었다. 1837년, 화학자이자 식물학자인 카를 율리우스 폰 프리췌(Carl Julius von Fritzsche, 1808~1871)가 『화분에 관하여(*Ueber den Pollen*)』를 발표하였다. 이 책은 화분 형태학에 관한 자세한 연구로, 화분립의 다양성과 복잡성 그리고 특별한 문양 구조를 밝혀냈다. 그의 연구들은 화분립의 독특함과 다양함을 수준 높게 자세히 관찰한 것이었다. 그러나 분류학적 차이를 만들고 싶지 않아서인지 기존 양식 체제의 질서 때문인지 그는 관찰된 화분들의 대칭성을 향상시키기 위해 화분들의 돌기와 발아구의 배열을 깔끔하게 정리하여 표현하였다.

카를 율리우스 폰 프리췌의 손으로 그린 도해 작업이 발간되었던 바로 그때는 식물 과학사에 있어 중요한 때였고, 그는 당시 새롭게 발명된 사진술의 과정을 이용하여 실험을 시작하고 있었다. 런던으로부터 공급된 재료들을 이용하여 그는 잎맥의 세부적인 구조를 보여 주는 간단한 밀착 인화인 잎 윤곽의 포토제닉 드로잉(photogenic drawing)을 만들 수 있었다. 재정적으로 독립적이었던 북유럽의 개인 과학자들은 40년간 이러한 실험을 시도했고, 이것은 새로운 예술 형태의 기반이 되었다. 영국의 도예가 조사이어 웨지우드(Josiah Wedgwood, 1730~1795)의 자손인 토머스 웨지우드(Thomas Wedgwood, 1771~1805)는 빛과 은 화합물을 이용하여 금속 이미지를 창조하는 방법에 관한 실험을 하고 있었다. 그가 요절하지 않았다면 아마도 사진술의 발달에 더욱 중요한 역할을 했을 것이다. 프랑스의 과학자이자 석판

6.

W. Pape in lap. de

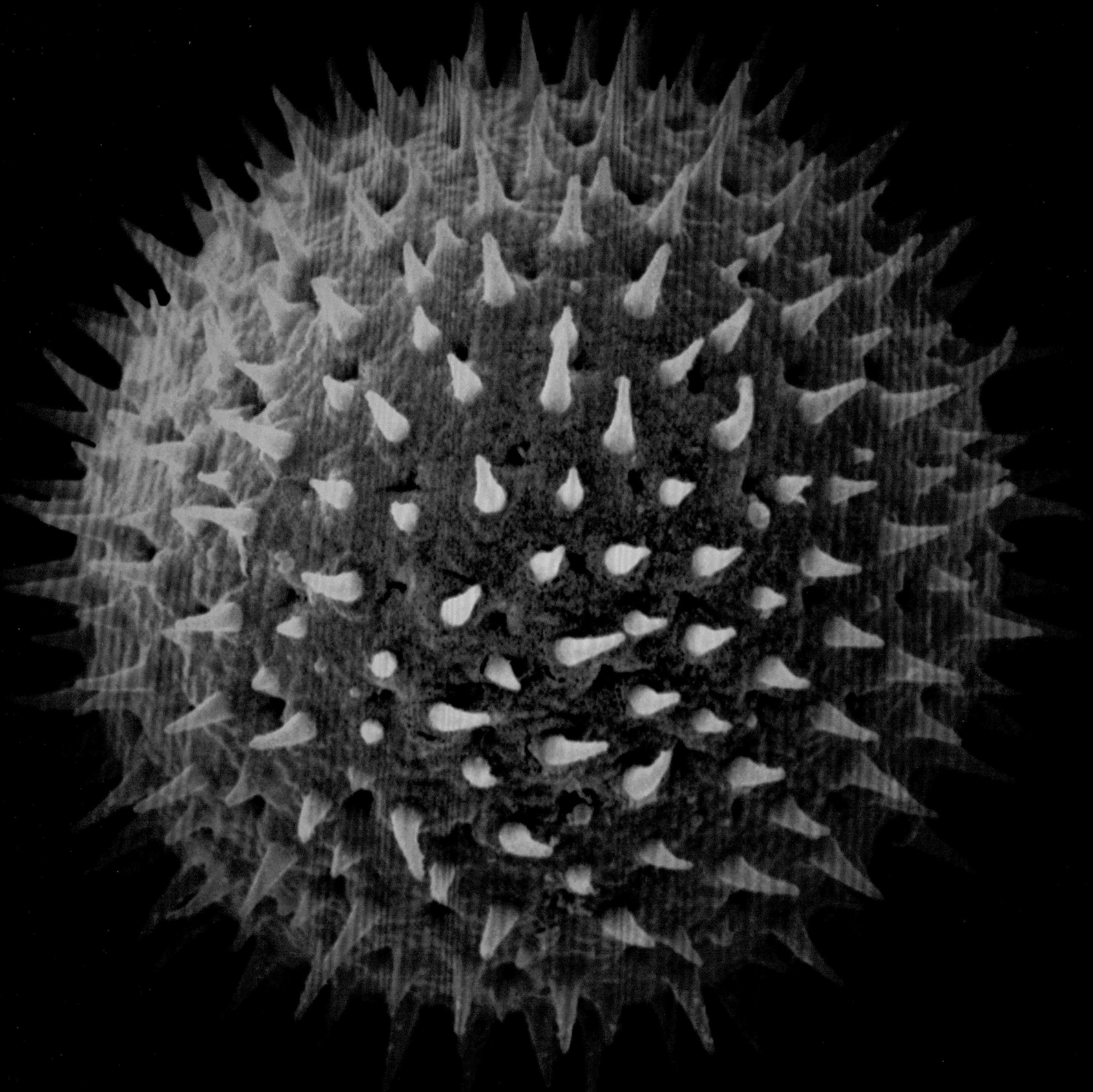

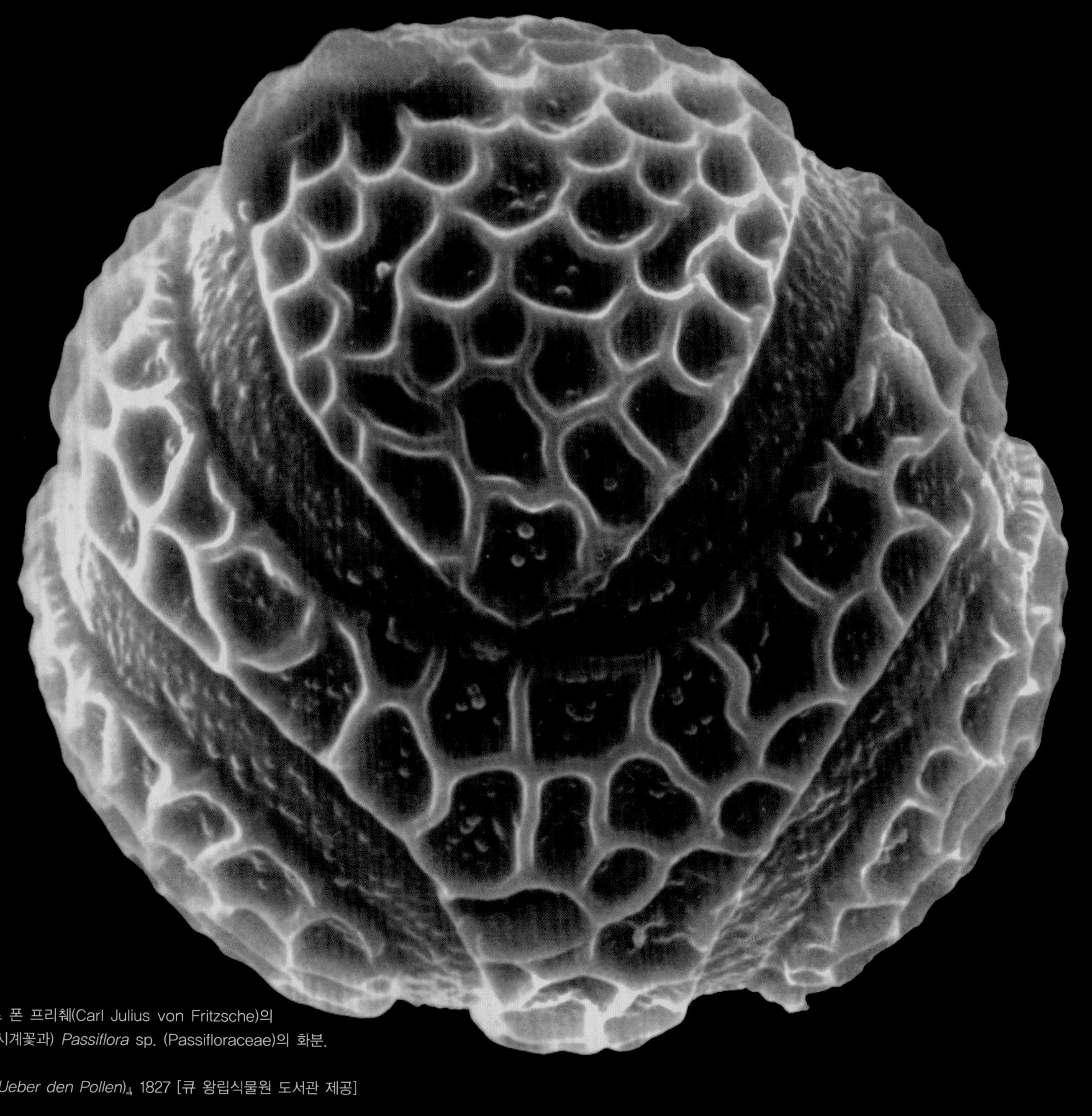

160쪽: 카를 율리우스 폰 프리췌(Carl Julius von Fritzsche)의 그림 – 시계꽃속 종(시계꽃과) *Passiflora* sp. (Passifloraceae)의 화분. 수공 컬러 조각
출처: 『화분에 관하여(*Ueber den Pollen*)』 1827 [큐 왕립식물원 도서관 제공]

패시플로라 캐룰레아(시계꽃과) *Passiflora caerulea* (Passifloraceae) – Passion flower. 자연 상태의 화분립 [SEM × 1000]

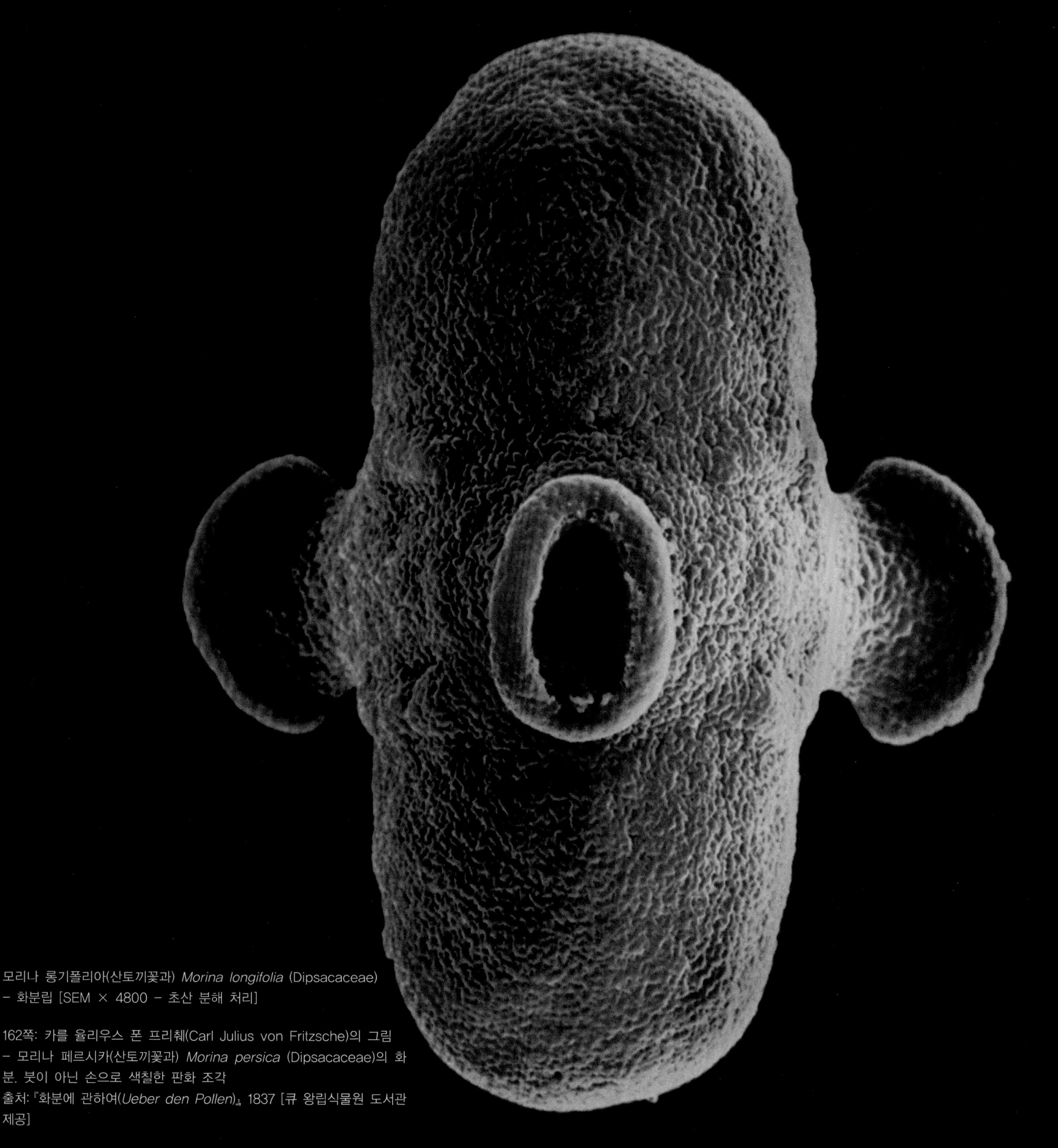

모리나 롱기폴리아(산토끼꽃과) *Morina longifolia* (Dipsacaceae) – 화분립 [SEM × 4800 – 초산 분해 처리]

162쪽: 카를 율리우스 폰 프리췌(Carl Julius von Fritzsche)의 그림 – 모리나 페르시카(산토끼꽃과) *Morina persica* (Dipsacaceae)의 화분. 붓이 아닌 손으로 색칠한 판화 조각
출처: 『화분에 관하여(*Ueber den Pollen*)』, 1837 [큐 왕립식물원 도서관 제공]

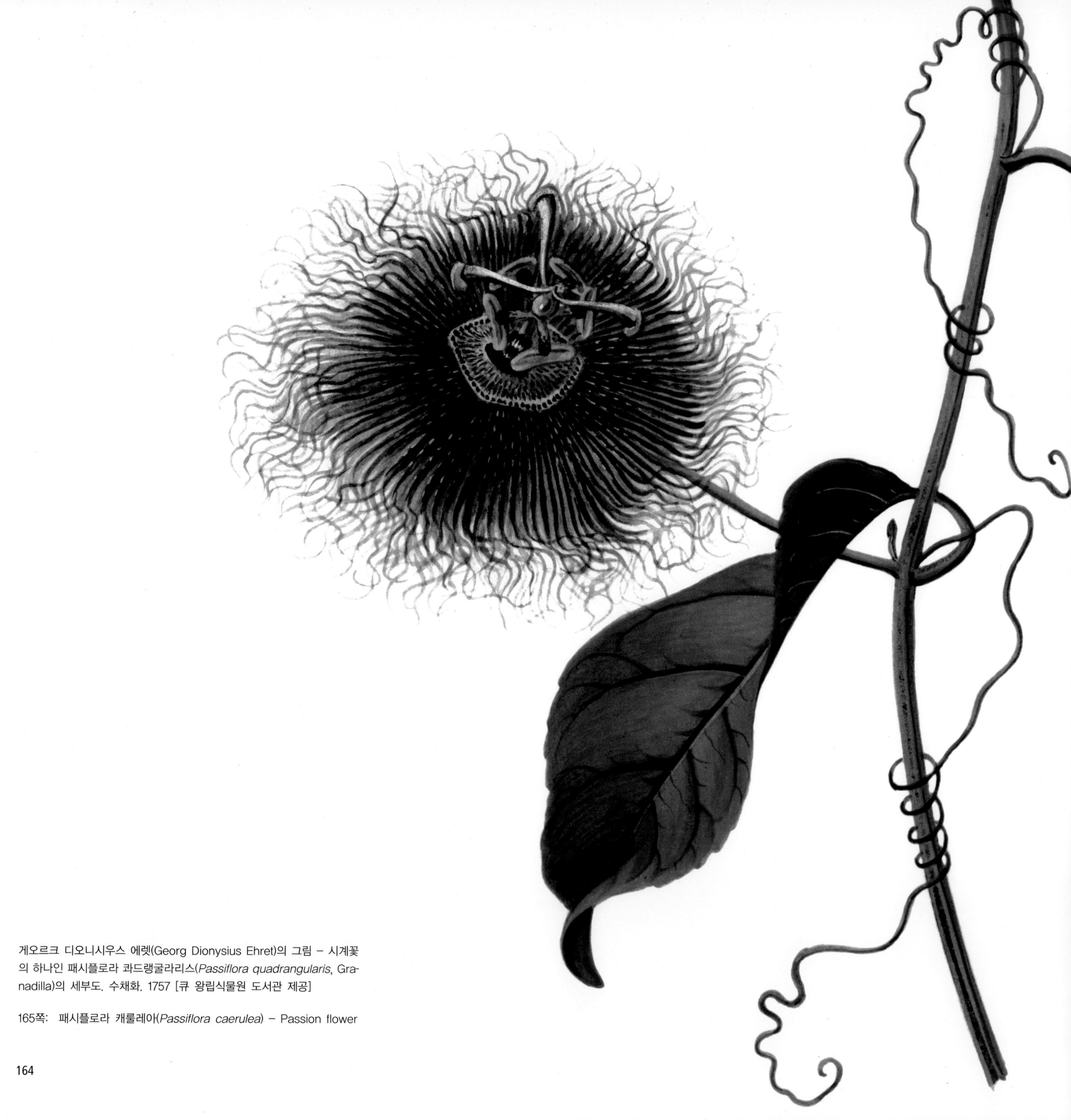

게오르크 디오니시우스 에렛(Georg Dionysius Ehret)의 그림 – 시계꽃의 하나인 패시플로라 콰드랭굴라리스(*Passiflora quadrangularis*, Granadilla)의 세부도. 수채화. 1757 [큐 왕립식물원 도서관 제공]

165쪽: 패시플로라 캐룰레아(*Passiflora caerulea*) – Passion flower

인쇄공 조제프 니세포르 니엡스(Joseph Nicephore Niepce, 1765~1833)는 자연의 이미지들을 직접 석판 위에 포착하는 방법들을 실험하였고, 1827년 태양 촬영기(heliographs)를 만들었다. 그는 영국으로 가서 태양 촬영기가 기록을 할 수 있을 뿐 아니라 대량 보급을 위한 복제품을 만들 수 있다고 식물학자들을 설득시키려 하였다. 그러나 큐의 프란츠 바우어만이 그의 작업을 높게 평가했을 뿐, 대부분의 영향력 있는 사람들은 관심이 없거나 도시 외곽에 거주하고 있었다. 니엡스는 자신이 발견한 것들에 대해 바우어가 열정을 보였음에도 불구하고 지원이 적은 데에 실망하여 프랑스로 되돌아갔다. 니엡스는 영국을 떠나기 전, 당시 디오라마의 발명가로 알려진 루이 자크 망데 다게르(Louis Jacques Mandé Daguerre, 1787~1851)와 공동 작업을 재개하였다. 니엡스는 그로부터 3년 후에 사망했지만, 그들의 공동 작업에서 얻은 귀중한 정보들을 통해 다게르는 이후 계속 작업을 발전시켰고, 1839년 그는 최초의 확실한 사진 이미지인 '은판 사진(daguerreotypes)'을 만들었다.

당시 영국에서는 매우 작은 식물과 꽃의 현미경적인 세부 사항을 기록할 수 있는 광학 장치가 이용되고 있었다. 존 허셜 경(Sir John Herschel, 1792~1871), 안나 앳킨스(Anna Atkins, 1799~1871), 윌리엄 헨리 폭스 탤벗(William Henry Fox Talbot, 1800~1877)과 같은 식물학자들은 카메라 옵스큐러(obscura)와 루시다(lucida)를 다루는 데 능숙했다. 그러나 폭스 탤벗은 이 장치들이 그림을 만들어 낼 수는 있지만, 데생 화가로서는 부족한 자신의 능력을 보완해 줄 수 없다는 것을 알았다. 자연적인 이미지를 종이에 그대로 고정시킬 수 있는 가능성을 고민하던 그는 소금과 질산은 용액을 종이에 바르는 실험을 시작했다. 코팅된 종이 위에 잎을 놓고 유리를 덮은 후 햇빛에 15분 동안 노출시키자 빛이 닿은 은 부위는 염화은이 생성되어 검게 변하면서 잎의 실루엣을 보여 주는 섀도그램(shadowgram)이 만들어졌다.

수년 내에 다게르와 폭스 탤벗의 선구적인 작업들이 통합 정리되었다. 모든 주제에 대한 매

167쪽: 안나 앳킨스(Anna Atkins)의 사진 – 사르가섬 박시페룸(*Sargassum bacciferum*). 사르가소 바다에 떠 있는 갈조류
출처: 『영국 조류 사진들(*Photographs of British Algae*)』 1843. 시아노 타입 포토그램 [큐 왕립식물원 도서관 제공]

아래: 존 허셜 경(Sir John Herschel)의 사진 – 실험(*Experiment*) 512 : 4장의 잎 – 물로 고정함. 1839. 광원 원판 인화(Photogenic drawing negative) [국립 사진, 영화 & 텔레비전/과학 & 사회 사진 도서관 제공]

많은 조류들처럼 매우 작은 물체를 정확히 그리는 어려움을 알게 된 나는 식물 그 자체의 감명을 느낄 수 있도록 존 허셜 경이 고안한 청사진의 기막힌 과정을 이용하게 되었다. 이것을 식물학을 연구하는 친구들에게 제공하게 되어 매우 기쁘다.
『영국 조류 사진들(*Photographs of British Algae*)』의 서문, 1843

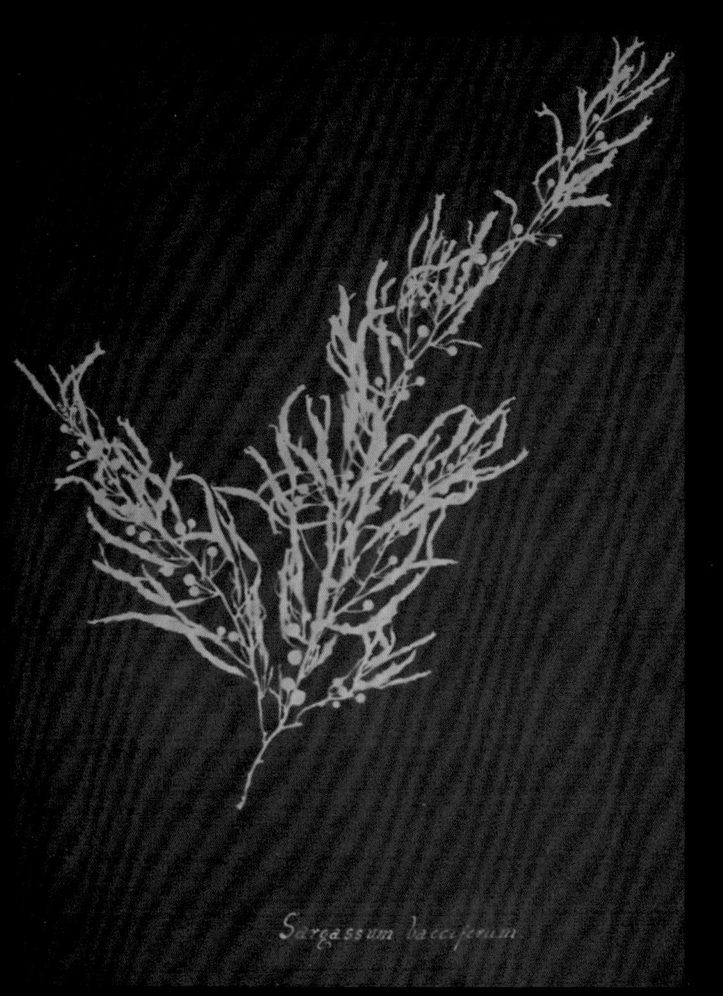

우 정교한 사진 이미지들이 증가됨으로써 전 세계를 통해 전문 지식과 소재들을 쉽게 얻을 수 있게 되었다. 식물 과학의 영역 안에서 사진술의 탄생은 새로운 여명을 예고하였고, 이는 필요에 의해 생겨난 예술과 과학의 불가분의 결합이며, 식물 도해의 전통을 보완하고 더욱 폭넓은 대중들과 주제에 대해 소통하는 능력을 확대시키는 것이었다. 화분은 새롭게 확립된 과학 분야에서 관심을 받는 주제 중 하나였는데, 캘커타의 도시 설계사인 존 새뮤얼 슬레이터(John Samuel Slater, 1850~1911)의 연구를 예로 들 수 있다. 1904년 슬레이터는 퇴직 후 화분 연구를 하기 위해 영국으로 돌아갔다. 그는 화분립을 환등기로 보기 위해 판유리 원판 위에서 촬영하였는데, 그가 사망한 후 그 화분 이미지들은 큐 왕립식물원에 기증되었다.

자연 세계에 대한 미시적 수준의 연구는 당연히 식물계에만 국한된 것은 아니었다. 19세기가 끝나갈 무렵, 예나(Jena)의 동물학 교수이며 다윈주의를 열렬히 지지했던 에른스트 헤켈(Ernst Haeckel, 1834~1919)은 4천 종 이상의 해양 방산충류를 기재하였다. 그들의 형태와 구조상의 장식은 매우 다양했기 때문에(때로는 화분의 다양성과 이상하리만치 유사하다), 헤켈이 "원형질이란, '내재적인 예술적 욕구'를 지니고 있을 것"이라고 말한 것은 놀라운 일이 아니다. 동물문(동물을 모티브로 하는 패턴)과 해양생물 형태의 아라베스크 무늬는 그의 저서 『자연의 예술 형태(*Kunst-Formen der Natur*)』(1899~1904)에서 재현되었으며, 건축과 유겐트슈틸(Jugendstil)의 장식 예술, 그리고 아르누보(Art Nouveau) 양식의 유연하고 화려한 형태에 반영되어 있다. 그의 관찰은 거의 한 세기 후에 조각가 앤서니 크래그(Anthony Cragg, 1949~)의 조각 컬렉션인 '포미니페라(forminifera)'에서 자료 형태로 발견되었다. 크래그는 우리가 얻는 자연 세계에 대한 정보에 대해 "이 거대한 창고는 우리의 존재에 대한 설명과 필수적인 과정을 위한 열쇠가 들어 있는 중요한 것이다. 자연법칙과 모델의 적용은 기능주의에 속하는 실용적인 목적의 식물상, 환경과 사건들을 야기한다."[1]와 같이 설명했다.

20세기가 시작되면서 옥스퍼드 식물원의 식물학자이자 예술가인 아서 해리 처치(Arthur Harry Church, 1865~1937)는 꽃의 내부 생식 기관에 대해 세밀히 조사를 하고, 그에 대해 "……서양 문화에 장식으로 추가된 것이 아니다. 그 기관들은 식물의 성공적인 수분을 보장해 주는 장치들이었다."[2]라고 말하였다. 식물 해부학의 임상 교과서 관찰에 묘사된 그림들은 너무 외설적인 형태, 노골적인 세부 내용과 관능적인 색감 및 관음적인 표현을 사용해서 에로틱에 가까웠다. 이러한 꽃 그림의 이미지들은 훗날의 조지아 오키프(Georgia O'Keeffe, 1887~1986)의 꽃 그림과 로버트 메이플소프(Robert Mapplethorpe, 1946~1989)의 사진을 예측하게 했다. 매우 역설적인 것은 여전히 빅토리아 시대의 성(性)에 대한 관심이 지배하던 때에 처치가 그림을 완성했으며, 이것은 아마도 그가 그림들을 예술적 가치가 거의 없는 그의 연구의 부산물일 뿐이라는 생각을 하게 했을 것이다. 부산물인 그 그림들은 다른 형태를 띠었으며, 처치가 옥스퍼드에서 활동한 같은 시기에 카를 블로스펠트(Karl Blossfeldtt, 1865~1932)도 베를린에서 20세기의 가장 영향력 있는 식물 형태의 사진 자료 중 하나를 개발하기 위한 작업을 하고 있었다. 블로스펠트는 아마추어 사진사, 장인이자 강사였고, 그가 몸담았던 베를린의 예술공예학교(School of Arts and Crafts)에서 미래의 디자이너를 위한 교육을 목적으로 식물 형태의 다양성을 기록하는 일에 고무되어 있었다. 그는 난초나 백합 종류와 같은 이국적인 꽃을 싫어했는데, 한스 크리스티안 아담(Hans Christian Adam)은 그의 저서에서 "블로스펠트는 주로 그의 식물들을 시골길과 철도 제방 위나 이와 비슷한 '노동자 계급을 위한 장소'에 모아 놓았다. 그에게 있어 그 식물들은 가장 매력적인 형태를 가진 잡초들로 부당하게 폄하되었다."[3]라고 적고 있다. 이 시기에 이르기까지 사진술에 현미경적 작업이 거의 없었으나 블로스펠트가 카메라를 개발함으로써 꽃의 화관, 꽃봉오리와 종자의 세밀한 확대 사진을 찍을 수 있게 되었고, 이 사진들은 관찰 대상의 초현실적인 미세한 표면을

존 새뮤얼 슬레이터(John Samuel Slater) – 분꽃(분꽃과) *Mirabilis jalapa* (Nyctaginaceae)의 화분립. 1907. (LM)
환등기용 원판 [화분학 단위 제공, 큐 왕립식물원]

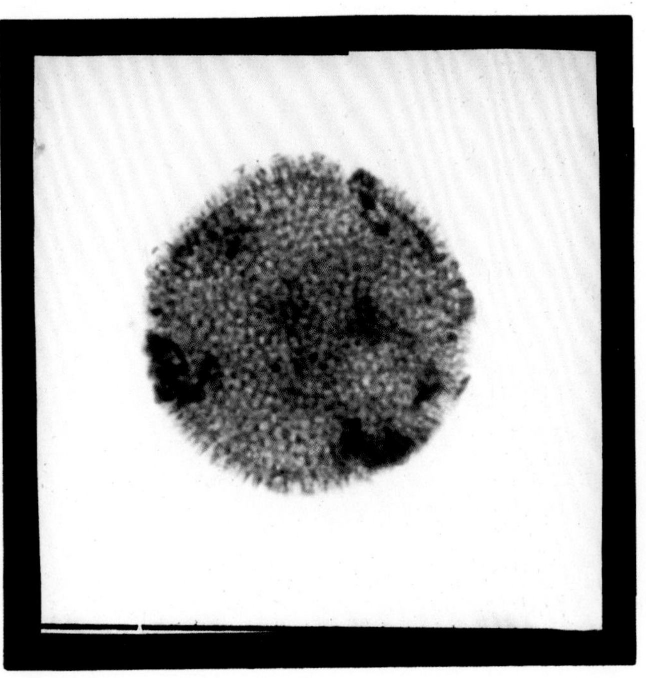

보여 주었다. 평범한 배경과 대비되는 형태의 대칭은 사람들을 현혹시킬 만큼 대단하였고, 매우 작은 크기임에도 불구하고 선명하게 표현되었다. 수집된 그의 이미지들은 1928년에 출간되자 순식간에 유명해졌다. 그 당시는 독일을 휩쓸던 자연 연구에 대한 매력이 급증하던 때였으므로 블로스펠트의 연구 주제는 널리 퍼져 호기심을 불러일으켰다. 식물계통학이 여러 방면에 큰 영향을 미칠 때 내용과 구성에 대한 간단한 접근 방법이 예술 활동의 다양한 영역에 영향을 미칠 수 있었던 것은 주목할 만한 것이며, 이는 객관적 타당성을 향한 새로운 사고방식의 토대가 되었다. 사진술의 발달은 초현실주의의 만 레이(Man Ray, 1890~ 1976)와 에드워드 웨스턴(Edward Weston, 1886~1958)을 거쳐 산업 빌딩에 관한 일련의 사진을 제작한 베른트(Bernd)와 힐러 베허(Hiller Becher)까지 추적할 수 있다. 건축가들 또한 블로스펠트의 작업에 매력을 느꼈지만, 장식적인 형태가 아닌 구조적인 복잡성에 관심을 가졌다.

18세기와 19세기에는 여러 가지 인쇄 공정들, 특히 동판 에칭부터 더욱 정교한 컬러 석판까지 발달하였으며, 이러한 인쇄 공정의 발달로 수집된 식물 그림들이 출판됨에 따라 새로운 수요자들이 생겨났다. 같은 시기에 발달했던 도자기와 직물 산업은 재빨리 이러한 식물 예술의 인기를 활용하였고, 식물 수집품을 모방하여 장식된 고급스러운 직물들과 정교한 식기류들을 많이 만들어 내게 하였다. 이러한 방식을 통해 식물 도해가들은 식물을 동정하는 데뿐 아니라, 사회 내에 식물의 친숙한 이미지를 만들어 내는 데에도 중요한 역할을 하였다. 이색적이든 친숙하든, 식물의 이미지들은 행복한 삶의 표상으로 자리매김하기 시작했고, 과학학회 내에서 뿐만 아니라 사회 전반에 걸쳐 식물 도해의 역할이 무엇인지를 분명하게 해 주었다. 1851년, 크리스털 궁전에서 대형 박람회가 개최된 시기부터, 디자인과 장식 기초의 재료로서 식물의 사용과 관련된 법률들이 명확하게 정의되었다. 장식과 응용 예술 분야에서 오언 존스(Owen Jones, 1809~1874), 존 러스킨(John Ruskin, 1819~1900), 윌리엄 모리스

존 새뮤얼 슬레이터(John Samuel Slater) – 제라늄 노도섬(쥐손이풀과) *Geranium nodosum* (Geraniaceae)의 화분립. 1907. (LM)
환등기용 원판 [화분학 단위의 제공, 큐 왕립식물원 도서관 제공]

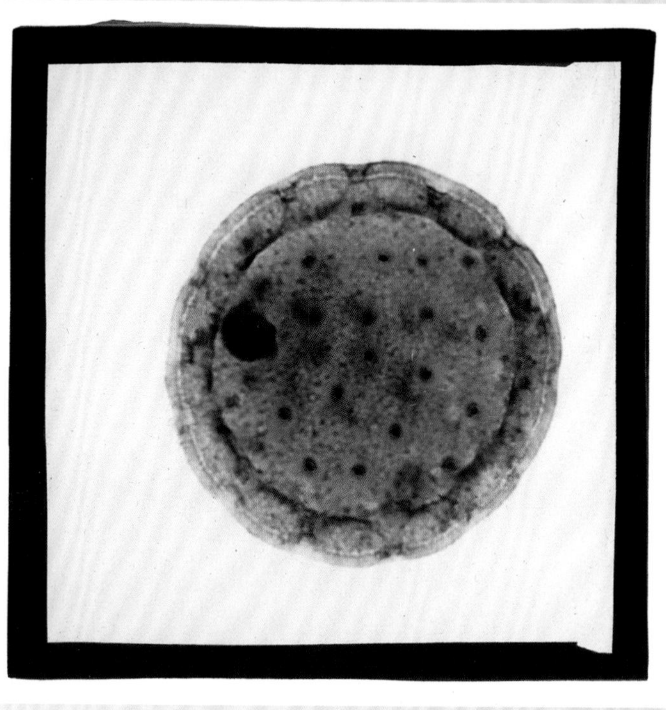

에른스트 헤켈(Ernst Haeckel) – 원생생물 골판의 세부 모양. 베를린. 1862

171쪽: 앤서니 크래그(Anthony Cragg) – '외피(*Envelope*)'(1998). 청동 [앤서니 크래그와 런던 리슨 갤러리(Lisson Gallery) 제공]

쳤는데, 이것은 지나친 표현의 양식화라고 할 수 있다. 크리스토퍼 드레서(Christopher Dresser, 1834~1904)는 최초의 현대식 제품 디자이너라고 할 수 있는데, 그는 서머싯하우스의 국립디자인학교 학생이던 시절, 매주 큐 식물원에서 직접 보내오는 식물로 작업을 하였다. 이러한 초기 작업들로 그는 디자인에 대한 영감을 얻었고, 가구, 카펫, 도자기, 은제품, 철제품, 벽지, 스테인드글라스와 같은 장식 예술 분야 전반에 영향을 미쳤다. 그 후 켄싱턴 남부에 위치한 자연예술학과의 '미술에 응용된 식물학'의 교수로 임명되었고, 1860년에 식물과학에 기여한 공로로 예나 대학으로부터 명예박사 학위를 받았다. 그는 식물을 디자인의 소재로 계속 사용하였는데, 이는 19세기 말 산업 공예품에 대한 대중의 취향이 줄어든 상황에 대처하기 위해 발전된 미술공예운동(Arts and Crafts movement)으로 이어졌다.

이윽고 이러한 양식화된 형태들이 우세했던 풍조는 아르누보와 유겐트(Art Nouveau and Jugendstil)에 의해 무너졌다. 아르누보와 유겐트란 자연의 형태들로부터 유래된, 보다 더 우아하고 사색적으로 해석하는 방식이다. 이후 분명히 심미적이던 이 방식이 모더니즘의 헤게모니에 의해 서서히 밀려나고, 오스트리아의 건축가 아돌프 로스(Adolf Loos, 1870~1933)가 장식의 개념을 죄악이라고 제시함으로써 지나치게 이색적인 꽃의 사용은 거의 없어 보였다. 모더니즘의 시각에서 볼 때, 새로운 '기계의 시대'에서 신기술의 발달을 이용하지 못하고 식물과학 내에서 창조적인 탐험의 영역들을 넓힐 수 있는 기회를 놓친다는 것은 모순으로 보인다. 식물 현미경을 통해 얻어진 화려한 이미지들은 식물 영역에만 국한되어 있기 때문에 예술가들은 과학 논문에서만 이러한 이미지들을 조금 볼 수 있었다. 이로 인해 초기 사진술은 더욱더 발전할 수 있는 기회가 없었다. 그러나 예외가 있었는데, 프랑스의 사진가 로르 알빈 기요(Laure Albin-Guillot, 1879~1962)가 그중 한 사람이었다. 그녀는 과학자인 남편의

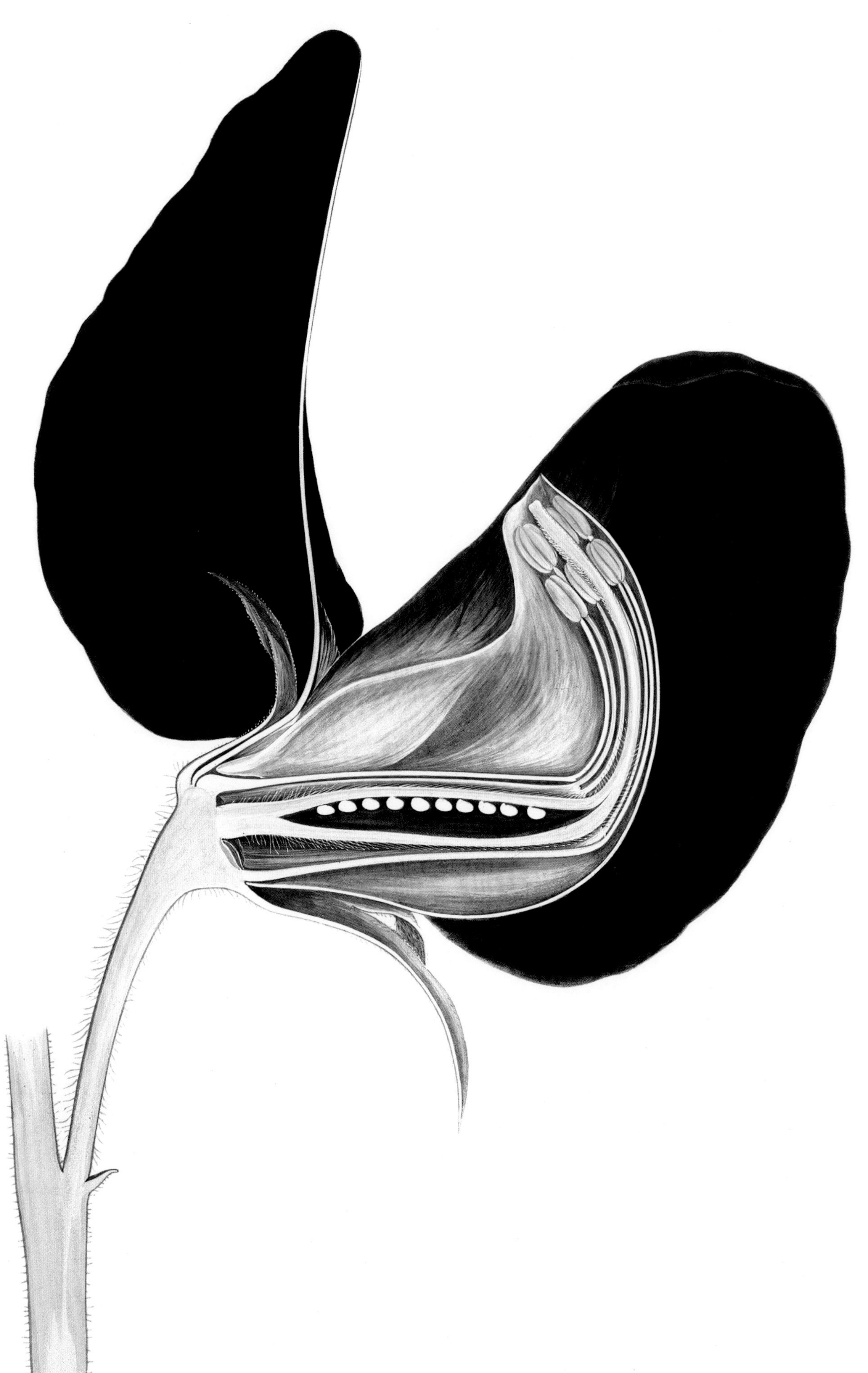

지원을 받아 현미경 사진의 심미적인 가능성을 개발하였고, 자연 디자인의 새로운 용어인 '미세 장식(Micrographie décorative)'을 개발하였다. 알빈 기요는 원판을 프린트하기 위해 금속 잉크를 사용하였고, 미시적 식물과 무기물의 구조를 이색적인 기하학적 패턴, 화려한 장식과 강한 아르데코 스타일을 연상시키는 추상적인 장식주의로 변신시켰다.

식물 도해가들은 식물을 식별하는 데 계속 중요한 역할을 하였다. 선택적이고 자세한 묘사와 구성의 걸작품에 관한 그들의 작업은 카메라로 표현하기 어려운 식물의 특정 부분을 그려서 식물의 특징들을 강조할 수 있었다. 그러나 20세기가 되자 그 균형은 미시적 수준에서 바뀌고 있었다. 카메라 렌즈와 현미경 광학은 빠르게 향상되고 있었지만, 사진 이미지는 아직도 현미경으로 직접 관찰된 화분과 다른 주제들을 도해한 것보다 더 많은 정보를 전달하기에 부족했다. 캐나다의 생물학자이자 화학자인 로저 필립 우드하우스(Roger Philip Wodehouse, 1889~1978)가 화분을 크게 확대시켜 그린 펜화가 전형적인 예로서, 그의 작업은 1935년에 발간된 그의 완벽한 교과서 『화분립(*Pollen Grains*)』에서 절정을 이루었다. 화분립 그림의 전통은 스웨덴의 식물학자 군나르 에르트만(Gunnar Erdtman, 1897~1973)에 의해 1960년대까지 이어졌다. 그는 화분 형태에 대한 도형 작업에서 화분립 전체뿐만 아니라 외벽 표면의 세부 및 화분벽의 단면까지도 도해하였다. 1952년에 출간된 그의 교과서 『화분 형태와 식물 분류(*Pollen Morphology and Plant Taxonomy*)』는 학생과 전문가를 위한 필수적인 참고 문헌이 되었으며, 오늘날까지도 사용되고 있다. 그가 죽기 전에 전자 광학은 놀랄 정도로 발달하였고, 1940~50년대 현미경과 생물 과학의 미시적 이미지에 영향을 주기 시작했다. 제2차 세계대전 이후 수작업은 현대식 카메라가 장착된 광학 또는 전자현미경을 이용해서 얻을 수 있는 정교한 세부 사항을 표현할 수 없다는 인식이 퍼졌다. 광학현미경보다 관찰하는 사물을 더 자세히 볼 수 있는 주사전자현미경과 투과전자현미경의 출현은 보는 것의 차

아서 해리 처치(Arthur Harry Church)의 그림 – 라티루스 오도라투스(콩과) *Lathyrus odoratus* (Leguminosae). 1903. 수채화 [런던 국립자연사박물관 제공]

이를 더 늘려 주었다. 이 차이는 대상을 촬영하는 사람에 의해 조절되었으며, 본질적으로 카메라는 실제 모습만을 보여 줄 뿐이지 창의적일 수 없다는 생각에 저작권이 없었다.

다채로운 식물 표현의 역사를 보면, 그렇게 강력한 이미지가 가지는 매력이 어떻게 폭넓게 예술 학회로 스며들었으며, 본래 의도한 식물학 분야를 넘어 퍼지게 되었는지 명확하게 알 수 있다. 시간이 흐르면서 식물 예술가들의 방대한 작업은 폭넓은 예술적 영감과 추상을 위한 주된 요소가 되었고, 이 영향은 대중에게까지 미치게 되었다. 20세기 초, 연구 기술이 더욱더 정교해짐에 따라 예술가와 과학자 간의 공동 작업이 중단되었지만, 현재 두 분야 간의 분리는 양측의 이익을 위해 다시 복원되고 있다. 식물 과학의 영상화가 모든 사람들에게 영향을 미치지 않고 소수 특권 계층에게만 한정되어 음성적으로 된 시점이 곧 현미경에 카메라가 부착되어 사용된 시점이었는지는 언쟁의 소지가 될 수 있을 것이다. 한 분야에 계속되는 특수화는 고립주의를 초래할 수 있으며, 20세기 대부분의 기간 동안 이러한 특수화로 인해 예술 및 과학 학회들은 때때로 그들만의 연구실과 작업실의 문을 굳게 닫고 작업해 왔으며, 잘못된 관점으로 그들의 관습을 지키고 자신들의 지위를 보호함으로써 사회로부터 격리되어 왔다. 최근 이러한 추세에 전환이 생기게 되었는데, 이는 보다 편견 없는 지원을 통해 예술가와 과학자들이 상호 창조적인 분위기에서 그들의 아이디어를 개발하는 데 필요한 추진력을 주고 격려할 수 있다는 인식에서 비롯되었다. 또한 박물관, 갤러리와 예술 단체들은 예술가가 새로운 시도를 할 수 있는 프로젝트의 개발을 통해 광범위하게 참여할 수 있도록 사전 대책을 더욱 강구하는 역할을 할 것으로 기대된다. 그렇게 함으로써 과학을 둘러싼 새로운 논쟁을 조성하고, 예술과 과학의 공동 작업과 소통을 응원하기 위해 과학-예술 계획의 수가 증가하였다. 또, 예술과 과학은 가까워지며, 두 분야가 평행하게 작동하는 것이 아니라 둘 사이의 가교를 만들어 많은 이익을 얻을 수 있는 것이다. 이러한 새로운 정신에 대해 웰컴 트

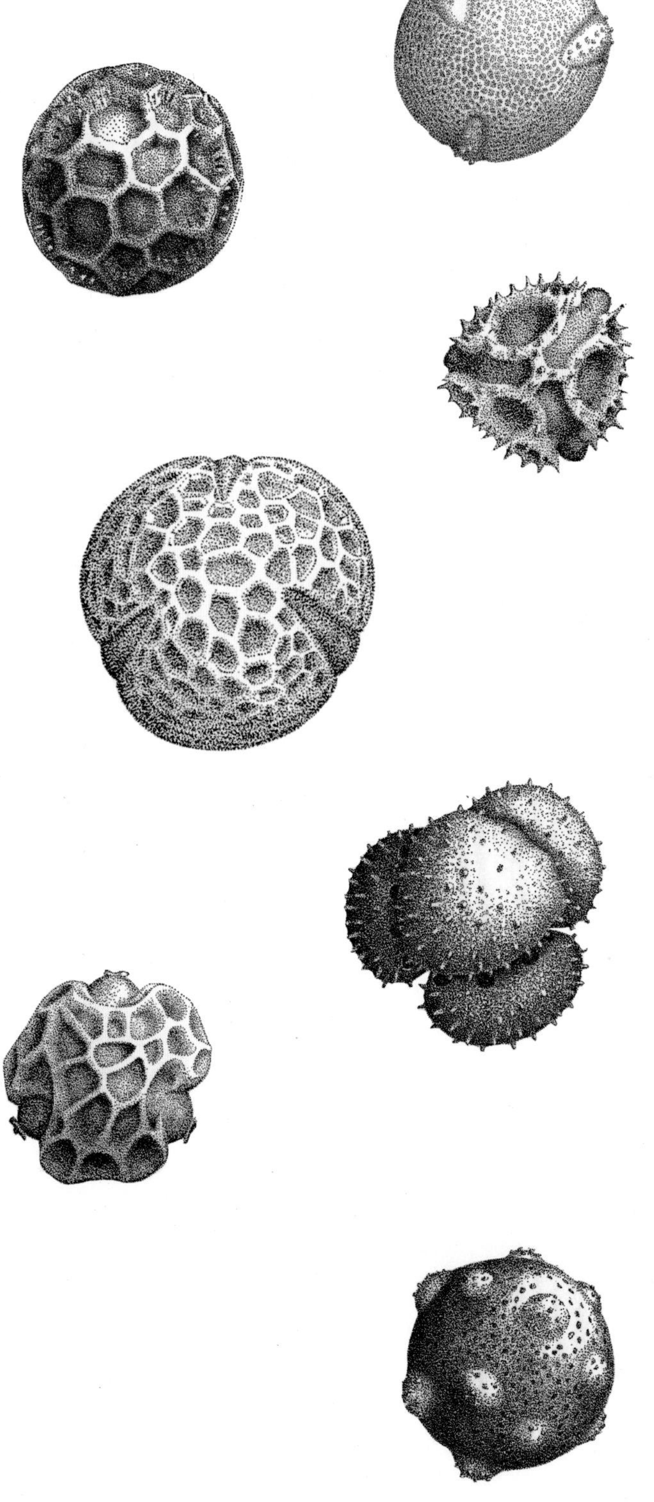

러스트(Wellcome Trust)의 전시 책임자 켄 아놀드(Ken Arnold)는 "아마도 그들(예술과 과학)은 서로 다른 이해의 끝에서 왔기 때문에 그들이 서로 화합할 때 부가적인 에너지가 생길 것이다. 이유가 무엇이든지 간에 동시대의 과학과 예술은 서로 보완해야 할 차이를 발견했다고 결론짓는 것이 당연하다."[4]라고 표현하였다.

예술가들은 점점 더 개방을 하도록 요구되었다. 새로운 기회를 수용하는 예술가들은 그들 분야에 대한 조사와 활동의 영역을 확장해 나가는 데 익숙하게 되었고, 그들의 예술 작업을 위해 관중을 폭넓게 늘릴 수 있는 기회들을 점점 더 알게 되었다. 이러한 새로운 협력의 분위기에서 예술가들은 자신들이 특권을 가진 몇몇 과학자들의 영역으로 접근할 수 있는 잠재력을 가지고 있음을 이해하게 되었다. 이러한 방식으로 예술가들은 생명 과학의 영역을 조사할 수 있는 대안자의 역할을 해 왔다. 공유된 지식은 배가된다는 것을 전제로, 예술가들이 신경 과학자, 생물 공학자, 자동차 디자이너, 음향 엔지니어, 동물학자 그리고 동물 생태학자들과 함께 일하는 것은 더 이상 특별한 일이 아니다.

이러한 공동 작업으로 얻어진 이득이 예술가에게만 도움이 된다는 생각을 할 수도 있다. 누군가는 "과학자를 위한 것은 무엇인가?"라고 물어볼 것이다. 일반적으로 사람들은 각자의 분야에서 나타났던 이전의 사례로 인해 고리타분한 시각을 갖고 있으며, 이러한 시각을 통해 예술과 과학의 공동 작업에서 얻게 될 잠재적 결과를 잘못 기대하는 경향이 있다. 과학적 발견을 위한 기회를 얻기는 어렵다. 이를 위해 동시대의 예술가는 어떤 역할을 할 수 있을까? 극심한 압박감과 결과를 바탕으로 어떤 체계에 갇혀 있는 과학자들은 그들의 연구에 대한 좁은 시각을 갖는다. 그리고 그들의 동료와 고객이 바라는 이상의 가치를 개발하는 데 충분한 시간도 갖지 못한다. 하지만 이들보다 더 자유분방한 예술가는 과학을 깊이 있게 이해하지 못할 것이고, 과학자들은 예술가의 철학에 금방은 감사하지 않을 것이다.

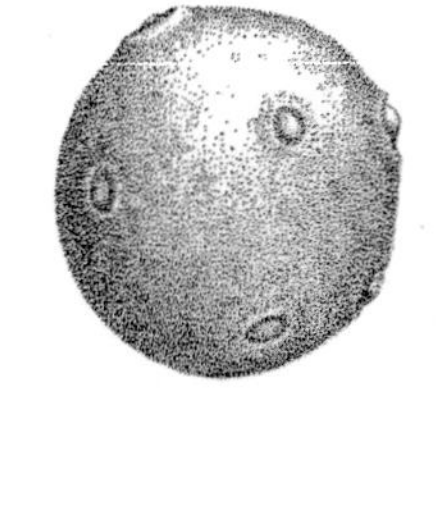
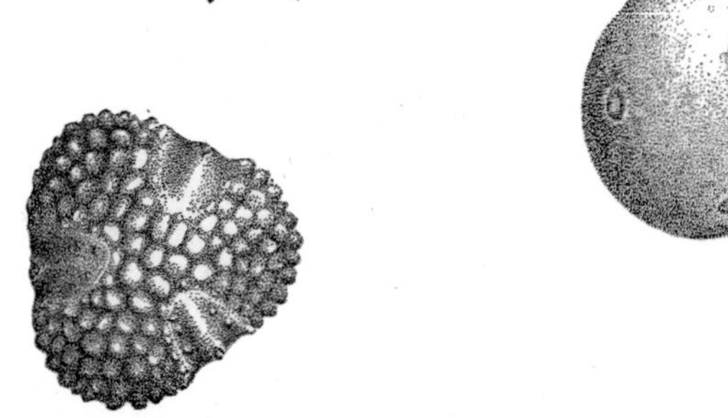
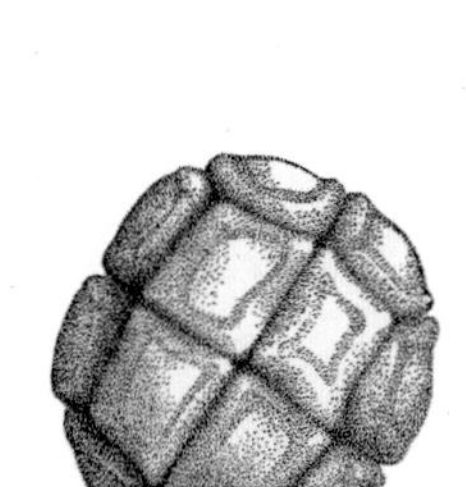
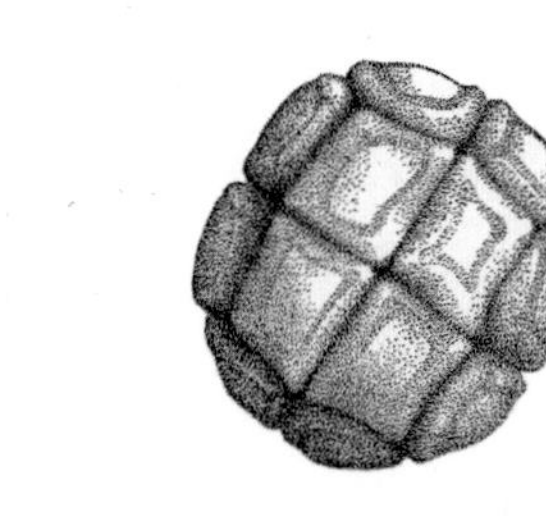
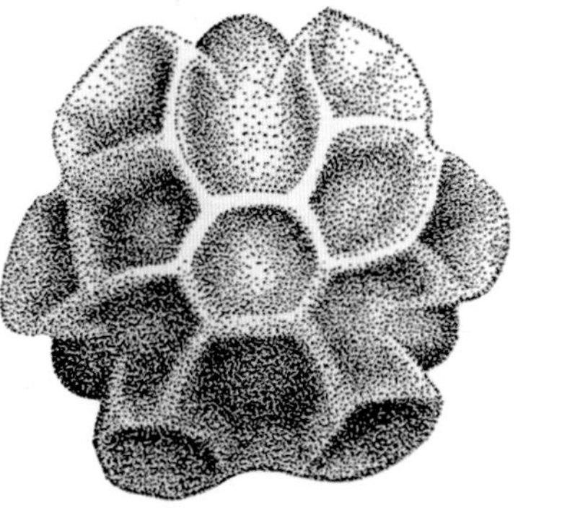
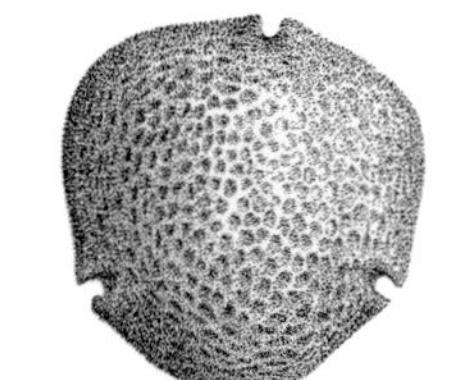

로저 필립 우드하우스(Roger Philip Wodehouse) – 여러 종의 식물을 나타내는 다양한 화분립의 이미지들
출처: 『화분립(*Pollen Grains*)』 1935

그럼에도 불구하고, 두 학문 간의 의미 있는 합동 작업은 과학적 사례와 발견의 영역을 밝힐 수 있었고, 일반 대중들도 다가가기 쉽게 만들었다. 여러 기술의 융합도 있었는데, 디지털 혁명은 예술가와 과학자 모두에게 극적 효과를 가져왔으며, 이들은 지금도 동일한 방법을 공유하고 있다. 스튜디오와 실험실에서의 영상화는 종이에서 했던 것처럼 스크린에서도 만들어진다. 손으로 그린 이미지와 사진 이미지들은 가공, 변형, 전송되어서 몇 분 안에 고해상도의 합성 결과로 나타날 수 있다. 전자 기술은 온 학문에 걸쳐 공유된 기반을 발달시킬 수 있는 매체가 되었고, 전문가와 비전문가의 공통 언어가 될 정도로 빠르게 확산되었다.

이 기술은 강력한 힘을 가졌고, 복잡한 정보와 생각을 전달하는 우리의 능력에 상당한 영향을 주는 언어가 되었다. 풍부한 정보 문화 속에서 사람들은 자신의 일상생활에 영향을 주는 정보에 접근하기를 기대한다. 따라서 과학자들은 과학 분야뿐만 아니라, 비전문가들이 그들의 일을 시각적으로 해석할 수 있는 전문적인 접근 방법을 개발하는 것이 중요해졌다. 전자현미경의 힘, 다양한 이미지 처리 패키지, 고해상도 프린터로 만들어지는 놀랄 만한 품질의 복제품들, 디지털 프로젝터와 플라스마 스크린은 이미지를 선명하고 강도 있게 나타내 준다. 어떤 사람은 보태니컬 아티스트(botanical artist)의 역할이 영상에만 국한되어 있어서 위험하다고 생각할 것이다. 그러나 이것은 새로운 형상화를 위해 해석하고 번역하는 예술가의 역할을 무시하는 것이다. 새로운 형상화는 화분과 같이, 엄청나지만 눈에 띄지 않게 우리의 삶에 영향을 주는 자연의 미세한 부분들을 여러 가지 방식으로 반영하기 위한 것이다.

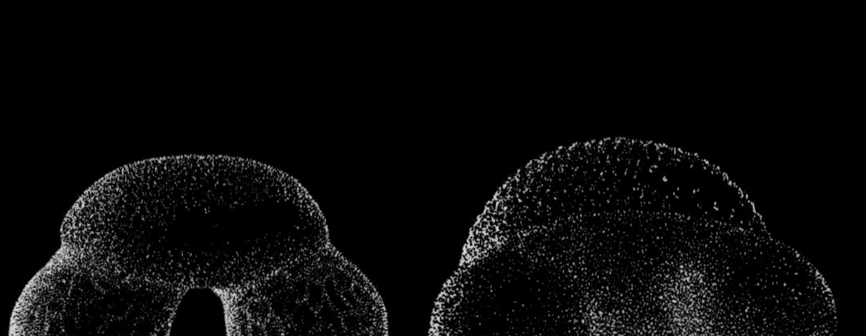

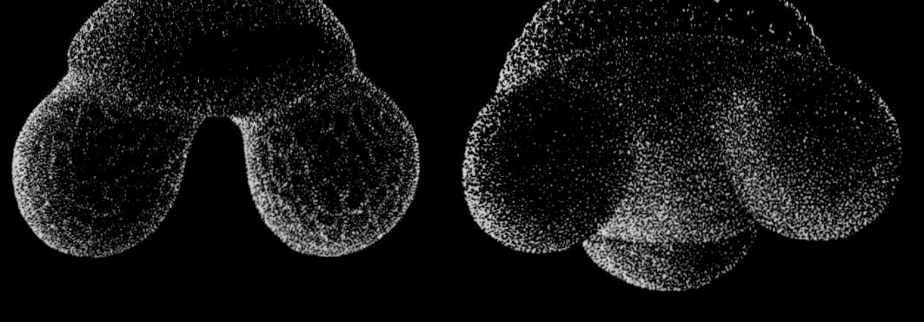

맨 위: 군나르 에르트만(Gunnar Erdtman)의 그림. 화분립
왼쪽: 자일로멜룸 앙구스티폴리움(프로테아과) *Xylomelum angustifolium* (Proteaceae)
오른쪽: 하케아 루스시폴리아(프로테아과) *Hakea ruscifolia* (Proteaceae)
출처:『화분 형태와 식물 분류(*Pollen Morphology and Plant Taxonomy*)』(1952). [스톡홀름의 알름크비스트 & 위크셀(Almqvist & Wiksell) 사 제공]

위: 로저 필립 우드하우스(Roger Philip Wodehouse)의 도판 II의 세부도
왼쪽: 코르시카소나무(소나무과) *Pinus nigra* (Pinaceae) – Corsican Pine.
오른쪽: 페로스파에라 피처랄디(나한송과) *Pherosphaera fitzgeraldii* (Podocarpaceae)
출처:『화분립, 구조 및 동정 그리고 약용으로서의 중요성(*Pollen Grains: Their Structure, Identification and Significance in Medicine*)』(1935)

177쪽: 바위미나리아재비(미나리아재비과) *Ranunculus acris* (Ranunculaceae) – Meadow Buttercup. 2개의 3구형 화분립 [SEM × 1.8K]

주

1. 앤서니 크래그(Anthony Cragg), "시점(Vantage point)",「월간 예술지(*Art Monthly*)」, 1988.
2. 데이비드 마벌리(David Mabberley),『아서 해리 처치, 꽃의 해부학(*Arthur Harry Church, The Anatomy of Flowers*)』, 머렐(Merrell), 2000.
3. 한스 크리스티안 아담(Hans Christian Adam),『카를 블로스펠트(*Karl Blossfeldt*)』, 프레스텔(Prestel), 1999.
4. 켄 아놀드(Ken Arnold), "과학과 예술: 공생 또는 그저 좋은 친구?(Science and Art: Symbiosis or just good friends?)",「웰컴 트러스트 뉴스 부록(*Wellcome Trust News Supplement*)」, 2002.

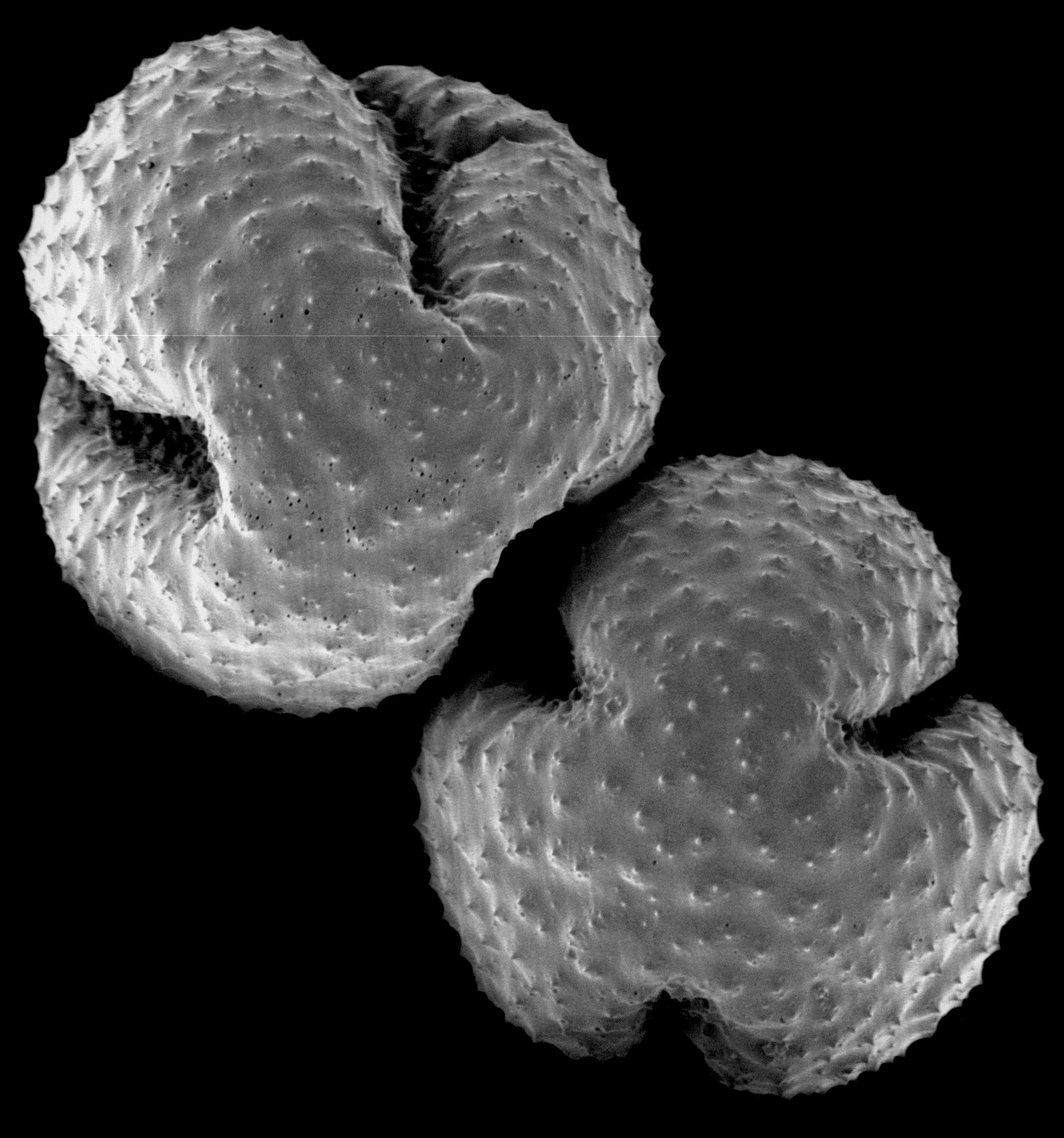

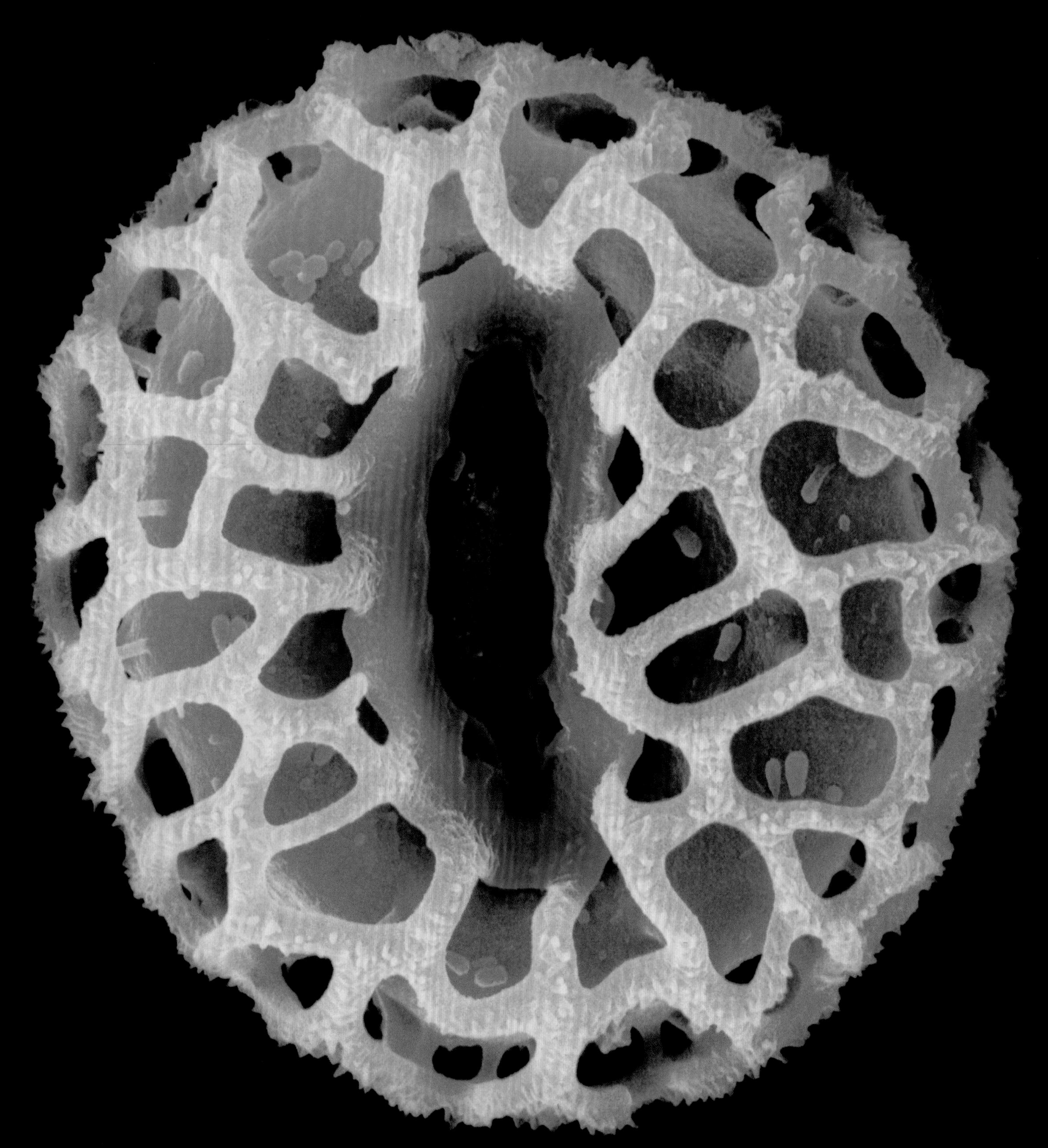

롭 케슬러
ROB KESSELER

열정적인 연구자는 자연을 속속들이 파고들어 세밀히 분석하여
자연이 숨기고 있는 비밀을 캐내어야 한다.

프랜시스 베이컨
(Francis Bacon, 1561 ~ 1626)

피낭야자(야자나무과) *Nenga gajah* (Arecaceae) – Pinang Palm. 화분립 [SEM × 2000, 초산 분해 처리]

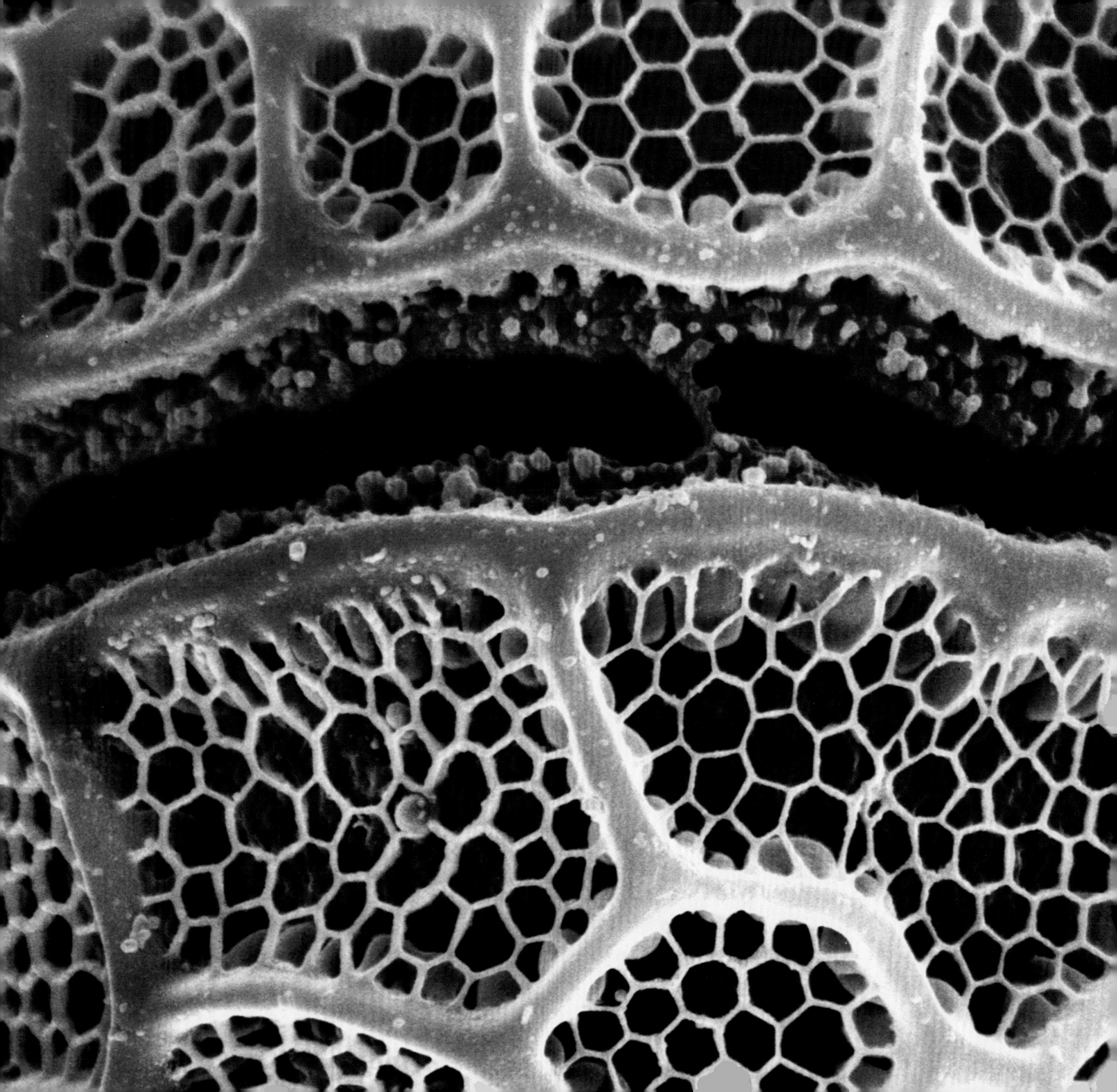

자연이 주는 가르침은
달콤하고 아름답네
우리의 시비하는 지성이란
자연의 모든 아름다운 형상들을
오히려 더럽힐 뿐
−우리는 분석함으로써
오히려 자연을 죽이고 있지 않은가

과학이랑 예술은 이제 충분하네
그 쓸데없는 종이쪽들을 이제 덮으시게
이리로 나오시게
단지 바라보고 받아들이는
그 마음을 가지고

− 윌리엄 워즈워스(William Wordsworth)의 시
'상황 역전(*The Tables Turned*, 1798)' 에서 발췌

신콜로스테몬 로툰디폴리우스(꿀풀과) *Syncolostemon rotundifolius* (Lamiaceae) − 화분립 외벽 표면의 매우 섬세한 그물 형태를 보여 주는 확대 이미지 [SEM × 3000]

거의 두 세기 동안 베이컨(Bacon)과 워즈워스(Wordsworth)의 대조되는 시각, 그리고 이성주의자와 낭만주의자 사이에 존재했던 긴장이 그들을 갈라서게 하였다. 그것은 200년간 거의 변하지 않았다. 내재된 감성들은 시사적인 것으로 남았고, 그리고 의견은 그냥 갈라지게 되었다. 자연을 훔쳐보는 정서와 환경적으로 대응하는 모순된 혼합물로 바라보는 사회에 대한 두려움과 강한 흥미를 느끼는 예술가와 과학자들은 전문적인 정설과 개인적인 집착으로 자연을 파헤치는 일을 계속하고 있다. 다른 시각들도 만연하고 식물의 자연적 특성도 예외 없이 다양하다. 어떻게 해서든 과학자와 예술가들은 식물을 해부하고 조사, 분석하며 대상물을 수정하거나 심지어 변형시키기도 한다. 그들이 발견한 것은 소통을 위한 다양한 채널을 통해서 표현되며, 그것은 다양성을 보존하고 지속시킬 지식의 양을 늘어나게 할 뿐만 아니라, 나아가 상업적 개발과 문화적 소비를 위한 상품으로서 우리의 천연자원과 그 잠재력을 둘러싼 논의를 하게 한다.

15세기 비잔틴 코덱스(Byzantine Codex)인 아니시아에 줄리아나(*Aniciae Julianae*; 식물과 미네랄의 약으로 쓰이는 특성에 관한 가장 오래된 버전의 디오스코리데스의 작품)로부터 17세기 네덜란드의 꽃 그림을 거쳐 20세기 후반의 로버트 메이플소프(Robert Mapplethorpe)의 성적 묘사가 가득한 꽃 사진에 이르기까지 예술가들은 그들이 다루었던 소재의 시각적인 효과를 당연히 알고 있었다. 식물의 이미지는 자석 같은 매력이 있으며 유익하고, 생각을 정돈하게 하며, 우리를 기쁘게 하고 또 유혹한다. 식물의 이미지는 언제나 새로운 관중을 확보하는 데 성공하는 듯하다. 여기서, 주사전자현미경과 디지털카메라 덕분에 알려진 식

물의 세부(detail)는 식물학자와 예술가들이 식물학적 묘사라는 공통적인 목적을 위해 서로 밀착되어 공동 작업을 해야 하는 전통을 확대시켜 주었다. 우리가 살고 있는 디지털 세상은 예술-과학이 주도하도록 비옥한 기반을 제공하고 있다.

로버트 훅(Robert Hooke, 1635~1703)과 안톤 판 레이우엔훅(Anton van Leeuwenhoek, 1632~1723)이 광학현미경을 개발한 후, 사람들은 이 현미경으로 자연 세계를 발견할 수 있다는 것을 인식하였으며 현미경을 통해 보이는 시료의 시각적인 효과를 체험하였다. 현미경이 과학적인 의문을 해결하는 데 국한되지 않고 다른 용도로도 사용되기까지는 그리 오랜 시간이 걸리지 않았다. 1726년, 독일에서는 마르틴 프로베니우스 레더뮐러(Martin Frobenius Ledermüller, 1719~1769)가 '시각적 즐거움(Augenergötzungen)' 이라는 유명한 엔터테인먼트 형식의 공연을 시작하였다. 캄캄한 방 안에서 물이 담긴 유리 용기 앞에 일광 확대경을 놓고 육안으로 볼 수 없는 미생물들의 환상적인 이미지가 나오게 하는 것이 이 공연의 주된 내용이었다.

오늘날 '시각적 즐거움' 은 '눈으로 보기에만 좋을 것 같은 눈요깃거리' 로 해석될지도 모른다. 이 경멸적 용어는 빠르고 쉽게 만족하기 위해 디자인된 이미지들로 넘쳐나는 사회를 나타낸다. 그러나 이것은 본다는 행동과 경험을 평가 절하하는 어설픈 용어이다. 즉, 어떤 문화 매개체보다도 앞서는 망막 반응을 일으키는 이미지의 힘을 인식하지 못한 표현이다. 후기 현대 사회에는 미에 대한 관념과 숭고함이 불편하게 감돌고 있다. 즉, 이 후기 현대 사회에서는 미에 대한 관념과 숭고함이 원래 감동의 여운 없이 그저 설득력 있는 이미지로 넘쳐난다. 우

마크로런지아 푸비너비아(쥐꼬리망초과) *Macrorungia pubinervia* (Acanthaceae) - 화분립 [SEM × 1200 - 초산 분해 처리]

리가 다른 사람들의 시각을 통해 자연 세계를 경험함으로써 우리의 의식은 흐려졌고, 우리의 경험은 문화적인 도용이 끝없이 일어남으로써 희석되어 왔다. 아마도 우리는 더 깊이 이해하려고 시도할 때 그 자체를 찾는 즐거움과 습관을 잃었을 것이다.

꽃 해부학의 세밀한 연구로 상상할 수 없는 다양성이 밝혀지고 있다. 표면 아래로 이동하면 섬세하고 경이로운 화분의 형태, 구조와 표면 형상은 보이지 않는 세계의 과학적 복잡성과 영상의 또 다른 단계를 열어 준다. 우리는 끊임없이 연구해 나갈 것이다. 그러나 아름다움은 무한하고 다양하다. 화분만큼 미세한 존재가 식물 생활의 다양성을 지속시키는 데 필수적이라는 것은 놀라운 일이다. 이러한 사실은 화분의 매력에 아름다움을 무한히 더해 준다.

초기의 수집가와 예술가들은 자주 장거리를 여행하여 전 세계에서 식물을 찾아 수집하고, 동정되지 않은 식물 표본들을 가져와 기록하는 데 지금보다 더 많은 어려움을 견뎌내야 했다. 그 여정은 오늘날 좀 더 한 곳에 머물러서 하는 일이 되었다. 꽃들은 유럽 대륙으로 모이게 되었고, 현미경과 컴퓨터 작동 기술은 새로운 것을 발견하는 데 도움을 주었다. 식물의 재배 역사를 살펴보면, 원예가들은 과학적인 지식을 바탕으로 새로운 변종을 만들어 냈다. 그들은 식물을 화려한 꽃과 새로운 색으로 바꾸는 대리 산파 역할을 했다. 마찬가지로, 예술가들도 과학적 지식과 예술적 이해를 색다르게 결합시켜서 나름대로의 특성이 있는 식물천국(phytopia)으로 바꾸어 놓음으로써 식물 생식에 관련된 이러한 행동에 관여하기를 원한다.

헤미지기아 트렌스발렌시스(꿀풀과) *Hemizygia transvaalensis* (Lamiaceae) – 공구형 화분립 [SEM × 1500, 초산 분해 처리]

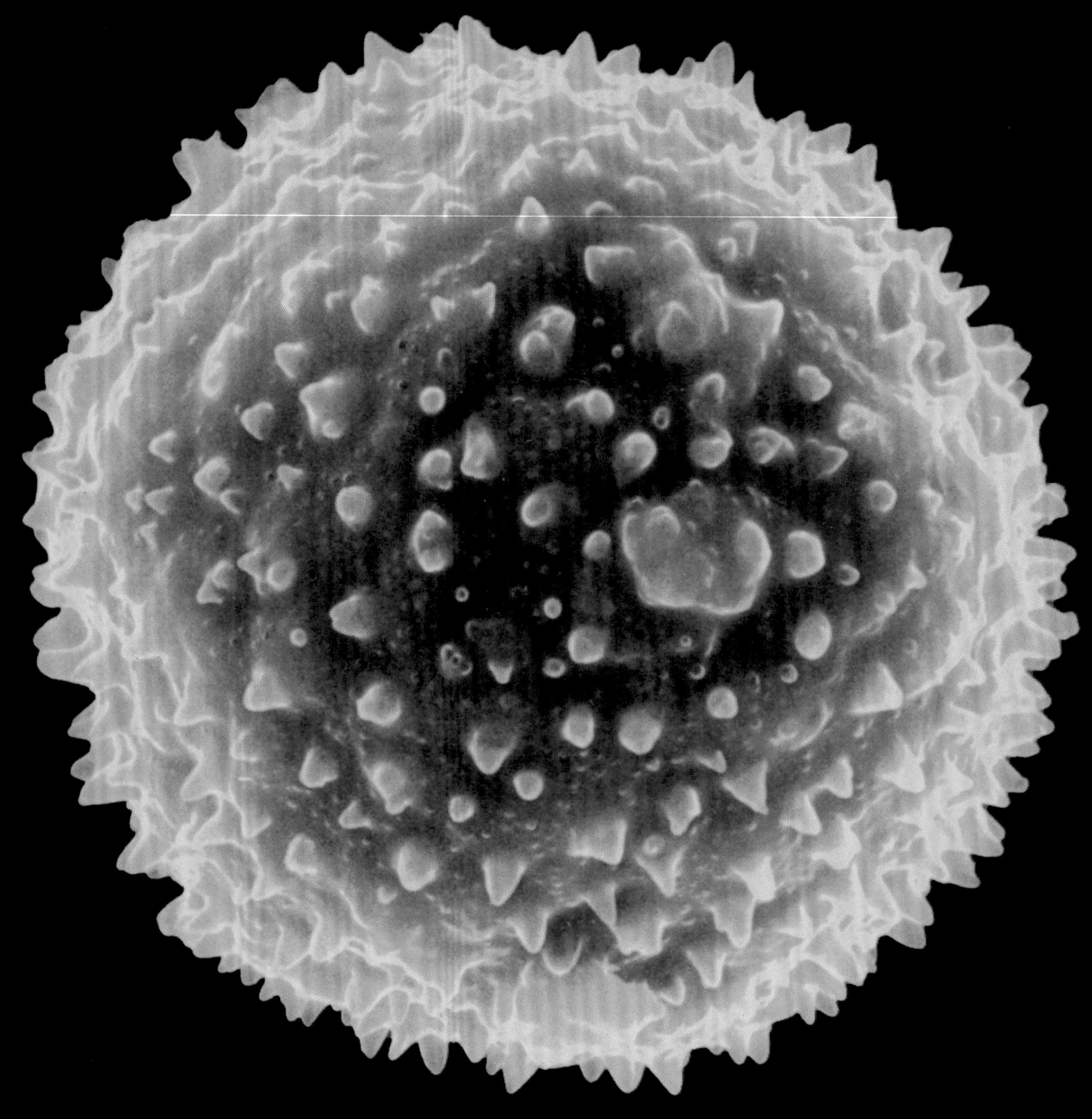

메코놉시스 그란디스(양귀비과) *Meconopsis grandis* (Papaveraceae) – Himalayan Blue Poppy. 반 확대 상태의 화분립. [SEM × 1500]

186쪽: 메코놉시스 그란디스(양귀비과) *Meconopsis grandis* (Papaveraceae) – Himalayan Blue Poppy. 만개한 꽃. 전형적인 양귀비꽃의 많은 수술을 주목

유스토마 그란디플로룸(용담과) *Eustoma grandiflorum* (Gentianaceae) – Lisianthus. 꽃의 내부. 5개의 수술 중 3개가 보이며, 꽃밥이 열려 화분이 방출된 상태이다. 화분 범벅이 된 암술 중앙의 암술머리와 암술 기부에 5실로 된 씨방이 있다.

189쪽: 유스토마 그란디플로룸(용담과) *Eustoma grandiflorum* (Gentianaceae) – Lisianthus. 암술머리 위에 있는 탈수 상태의 화분립 [SEM × 3.5K]

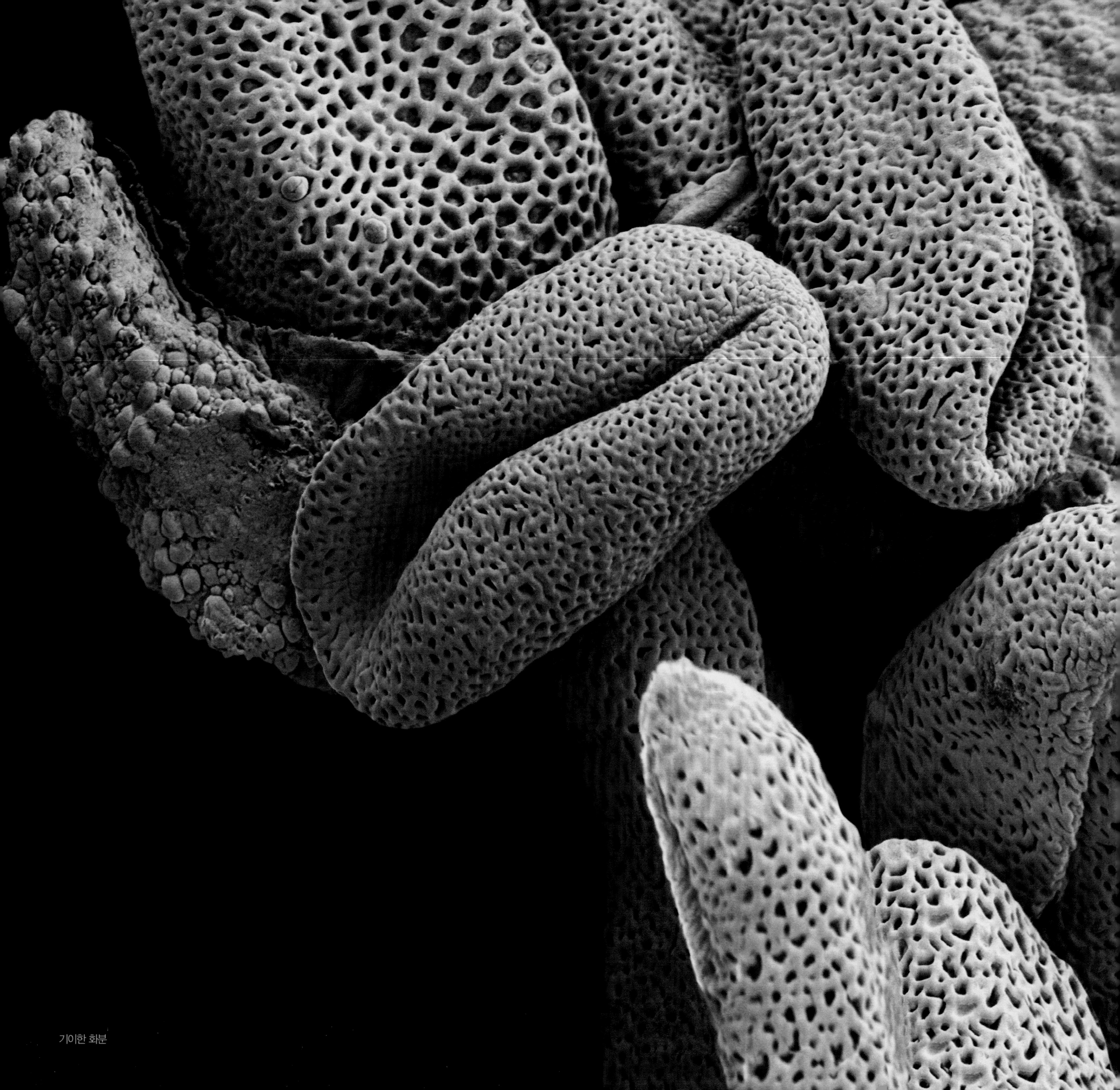

기이한 화분

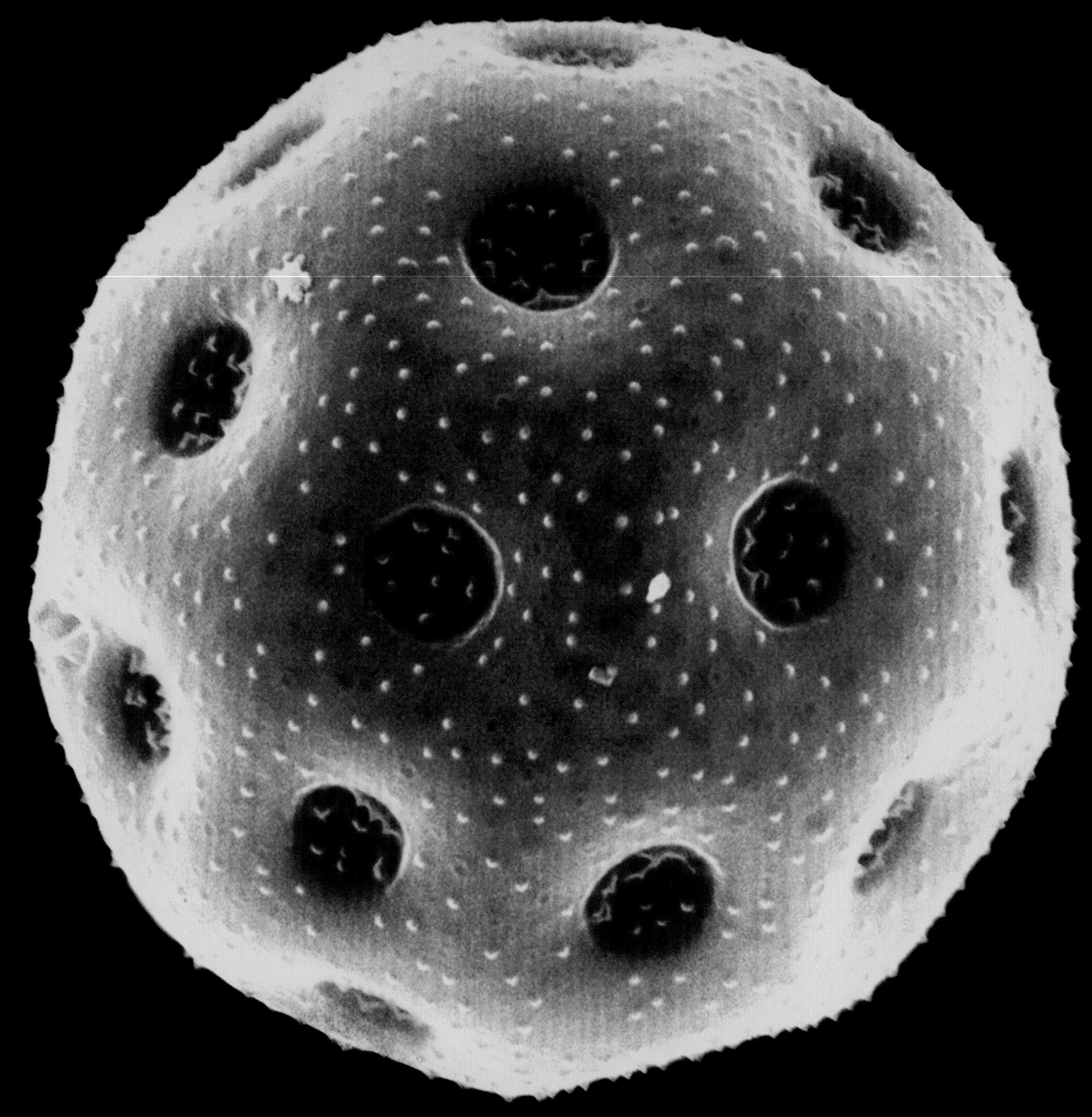

사일리네 누탄스(석죽과) *Silene nutans* (Caryophyllaceae) – Nottingham Catchfly. 다공형 화분. 각각의 구멍은 발달하는 화분관이 잠정적으로 발아할 수 있는 발아구이다. [SEM × 1500]

190쪽: 사일리네 누탄스(석죽과) *Silene nutans* (Caryophyllaceae) – Nottingham Catchfly. 꽃잎 밖으로 뻗어 나온 수술에 주목

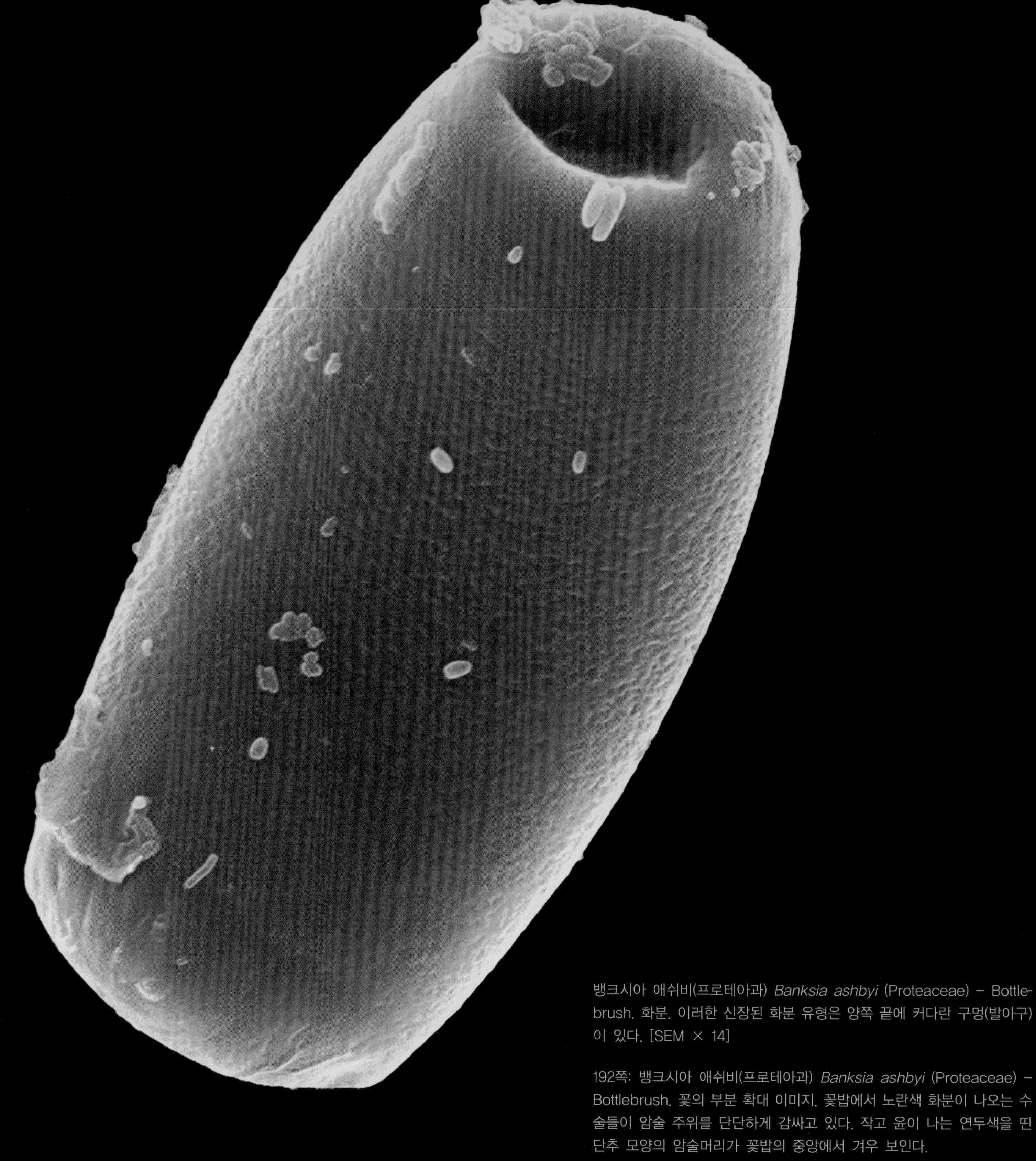

뱅크시아 애쉬비(프로테아과) *Banksia ashbyi* (Proteaceae) – Bottlebrush. 화분. 이러한 신장된 화분 유형은 양쪽 끝에 커다란 구멍(발아구)이 있다. [SEM × 14]

192쪽: 뱅크시아 애쉬비(프로테아과) *Banksia ashbyi* (Proteaceae) – Bottlebrush. 꽃의 부분 확대 이미지. 꽃밥에서 노란색 화분이 나오는 수술들이 암술 주위를 단단하게 감싸고 있다. 작고 윤이 나는 연두색을 띤 단추 모양의 암술머리가 꽃밥의 중앙에서 겨우 보인다.

서양메꽃(메꽃과) *Convolvulus arvensis* (Convolvulaceae) – Field Bindweed. 3개 중 1개의 발아구가 보이는 화분립 [SEM × 1300]

195쪽: 서양메꽃(메꽃과) *Convolvulus arvensis* (Convolvulaceae) – Field Bindweed. 꽃을 찾아온 꽃등에

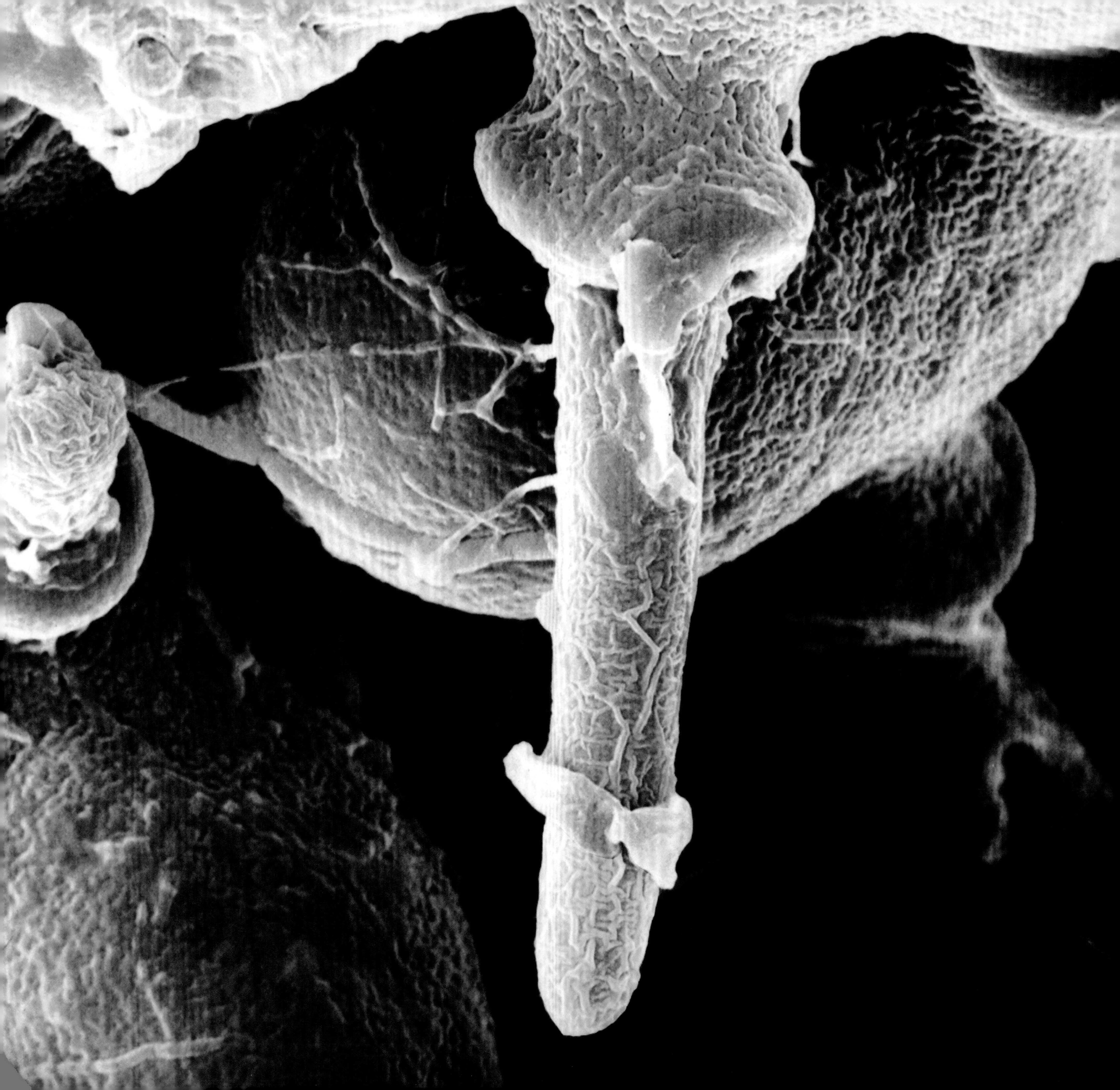

밤 추위로부터 꽃잎을 닫도록 해
비단결 같은 접힌 커튼 속의 순수한 암술대를,
아침 이슬을 보이지 않는 바람 속에서 흔들어라
그리고 빛을 받아 그들의 무지개빛 색조 안에서 흔들어라
높은 곳에서 터지는 꽃밥을 믿고
잔잔한 바람에게 그들의 많은 꽃가루를 날리거나
아니면 황홀감에 빠져 중앙의 암술에게 몸을 숙여라
사랑은 그들의 시간을 끝나게 하고, 그들의 삶을 공중에 남긴다

사랑은 그들의 시간을 끝나게 한다. – 사랑의 순수한 열정이 파라나시아(paranassia)의 꽃에 재미있게 표현되어 있다. 파라나시아에서 수술들은 번갈아 암술에게 접근하여 떨어지고, 니겔라(nigella) 꽃에서는 키가 큰 암술이 작은 수술에게 몸을 숙인다. 그러나 나는 오늘 아침 애슈본(Ashbourn)에서 브룩 부스비 경(Sir Brooke Boothby)이 소중하게 수집한 식물을 관찰하면서 놀라지 않을 수 없었다. 콜린소니아(*Collinsonia*)의 여러 암술들이 자기들에게 무관심한, 주변에 있는 같은 종의 다른 수술과 닿기 위해 몸을 숙이고 있는 타가수정을 목격한 것이다.

– 에라스무스 다윈(Erasmus Darwin),
『식물원(*The Botanic Garden*)』(1791)

모리나 롱기폴리아(산토끼꽃과) *Morina longifolia* (Dipsacaceae) – 화분관이 자라고 있는 화분립. 자연 건조 [SEM × 8600]

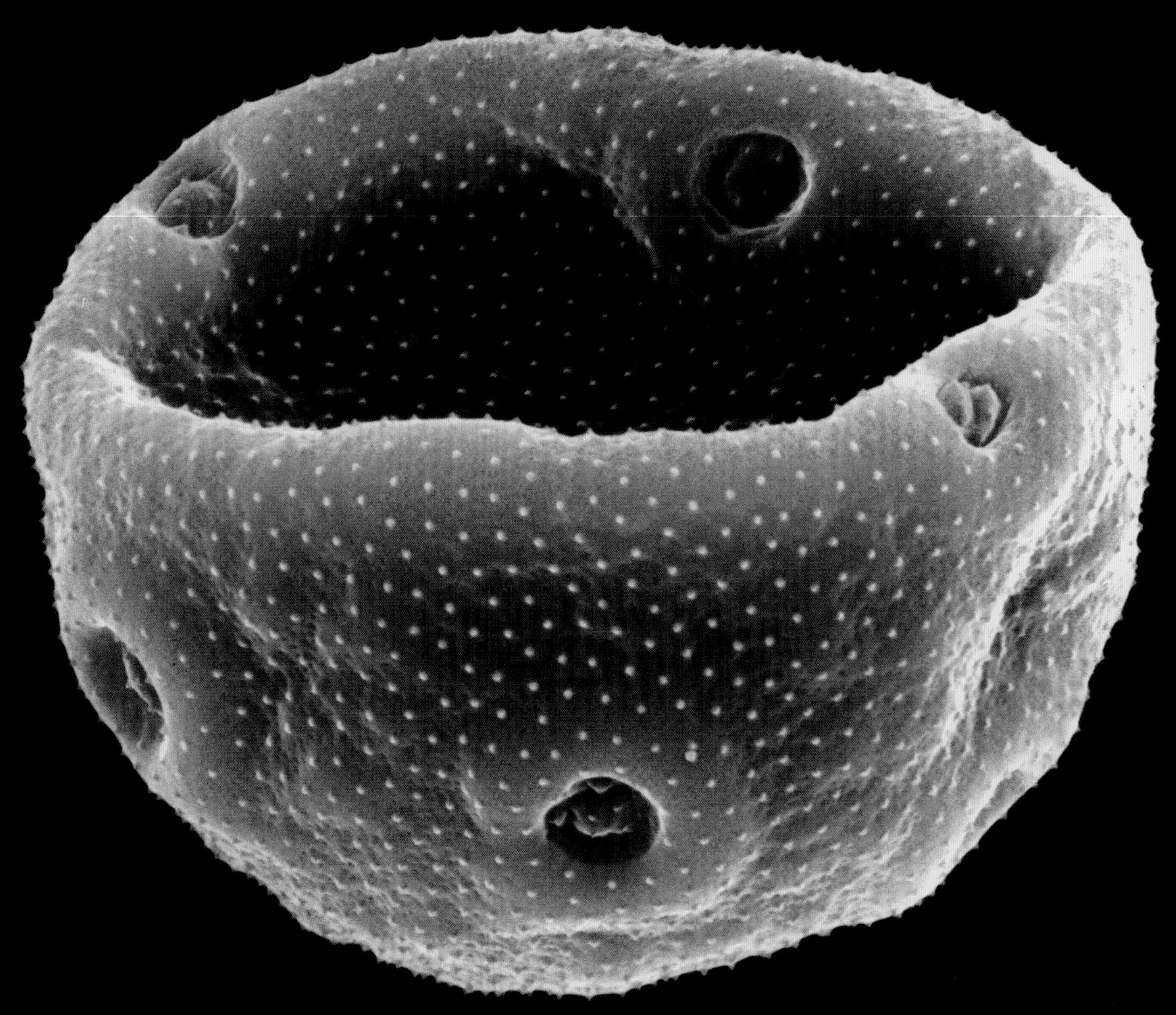

창질경이(질경이과) *Plantago lanceolata* (Plantaginaceae) – Ribwort Plantain. 완전히 탈수되어 바람 빠진 공처럼 안으로 접힌 형태를 보이는 다구형 화분립 [SEM × 3000]

198쪽: 창질경이(질경이과) *Plantago lanceolata* (Plantaginaceae) – Ribwort Plantain. 위에서 본 화서. 벼과 식물 꽃의 수술처럼 가는 수술대를 주목. 이러한 형태는 꽃밥이 바람을 잘 탈 수 있도록 한다(벼과 꽃 참조).

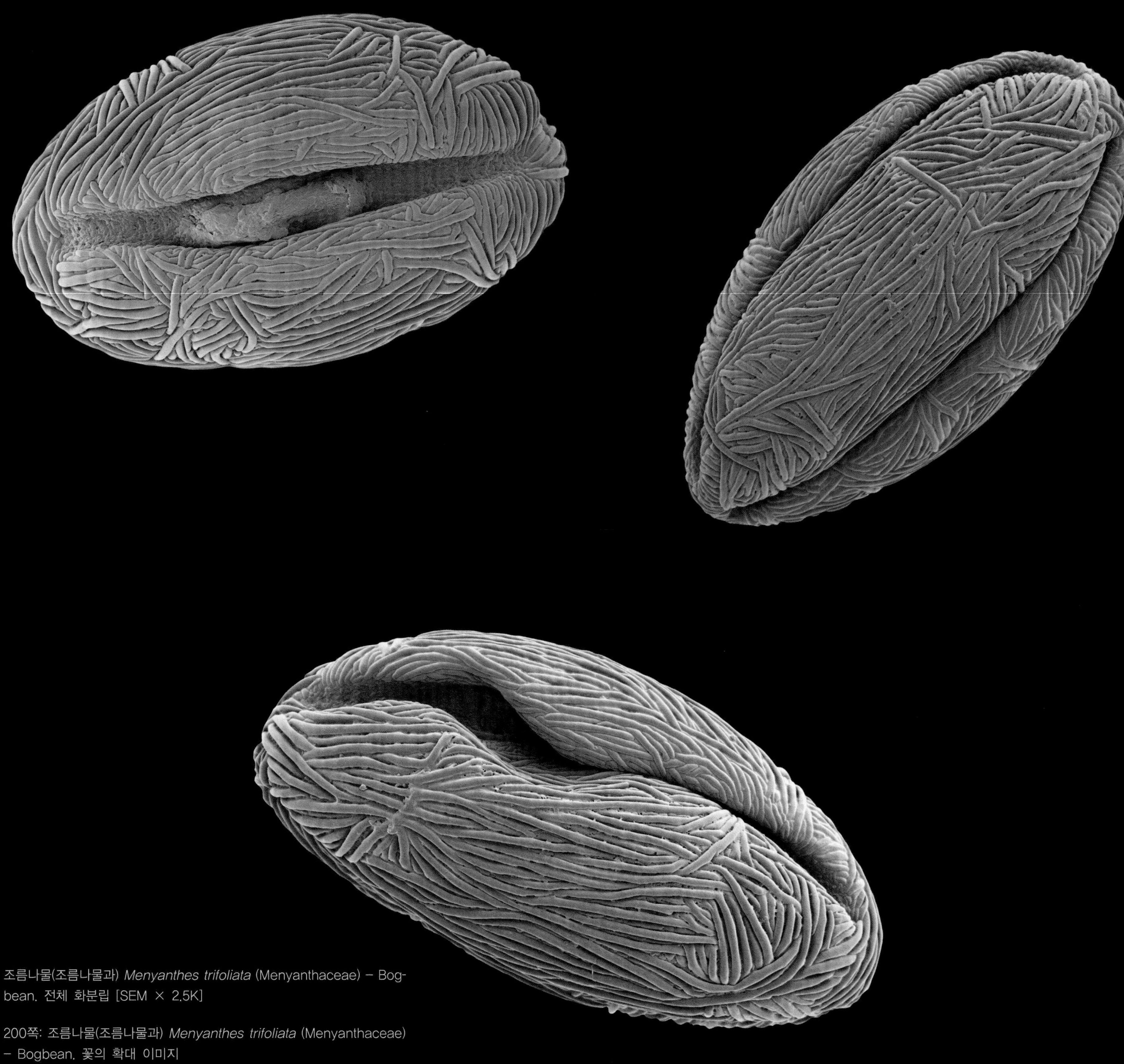

조름나물(조름나물과) *Menyanthes trifoliata* (Menyanthaceae) – Bogbean. 전체 화분립 [SEM × 2.5K]

200쪽: 조름나물(조름나물과) *Menyanthes trifoliata* (Menyanthaceae) – Bogbean. 꽃의 확대 이미지

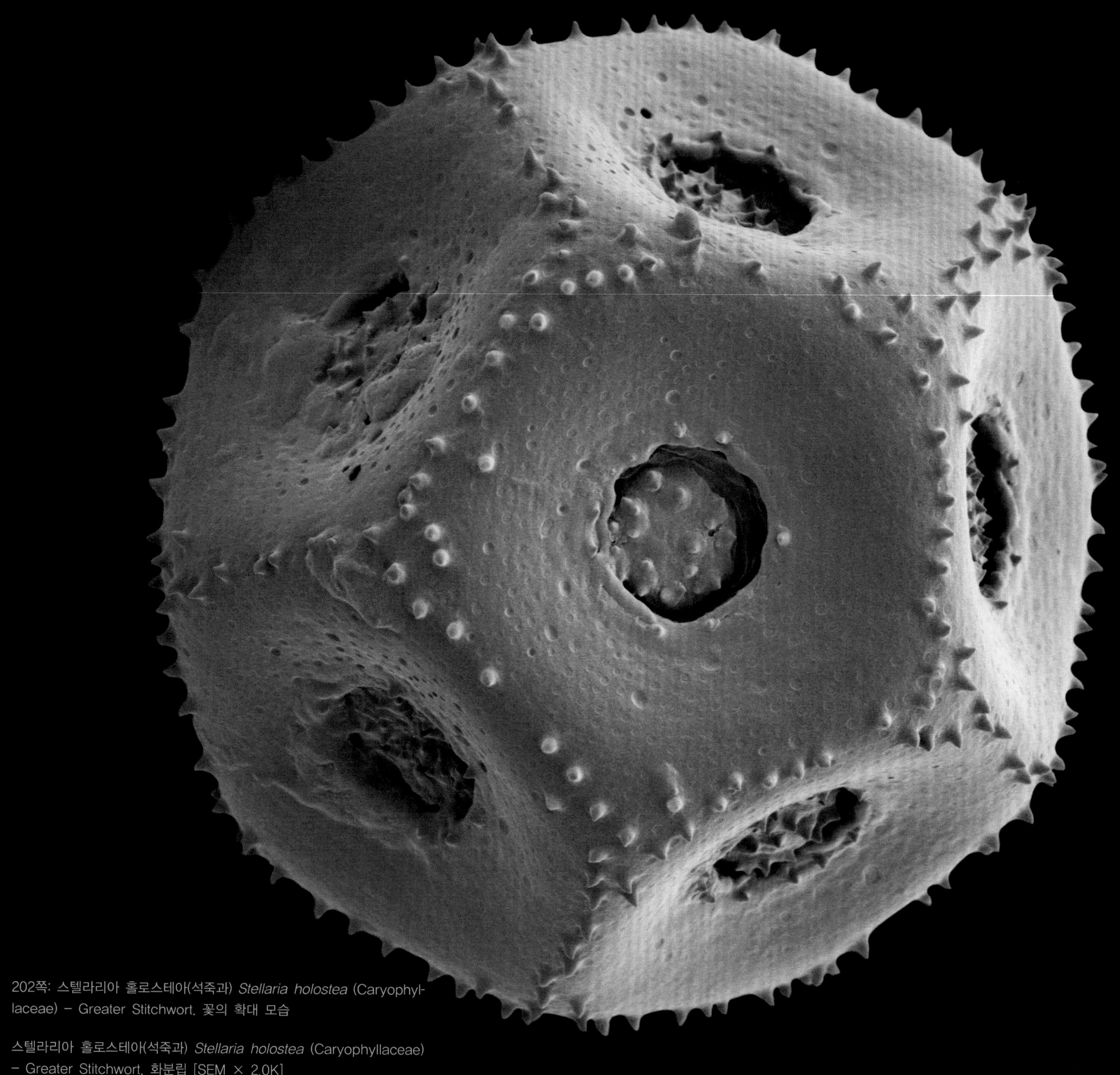

202쪽: 스텔라리아 홀로스테아(석죽과) *Stellaria holostea* (Caryophyllaceae) – Greater Stitchwort. 꽃의 확대 모습

스텔라리아 홀로스테아(석죽과) *Stellaria holostea* (Caryophyllaceae) – Greater Stitchwort. 화분립 [SEM × 2.0K]

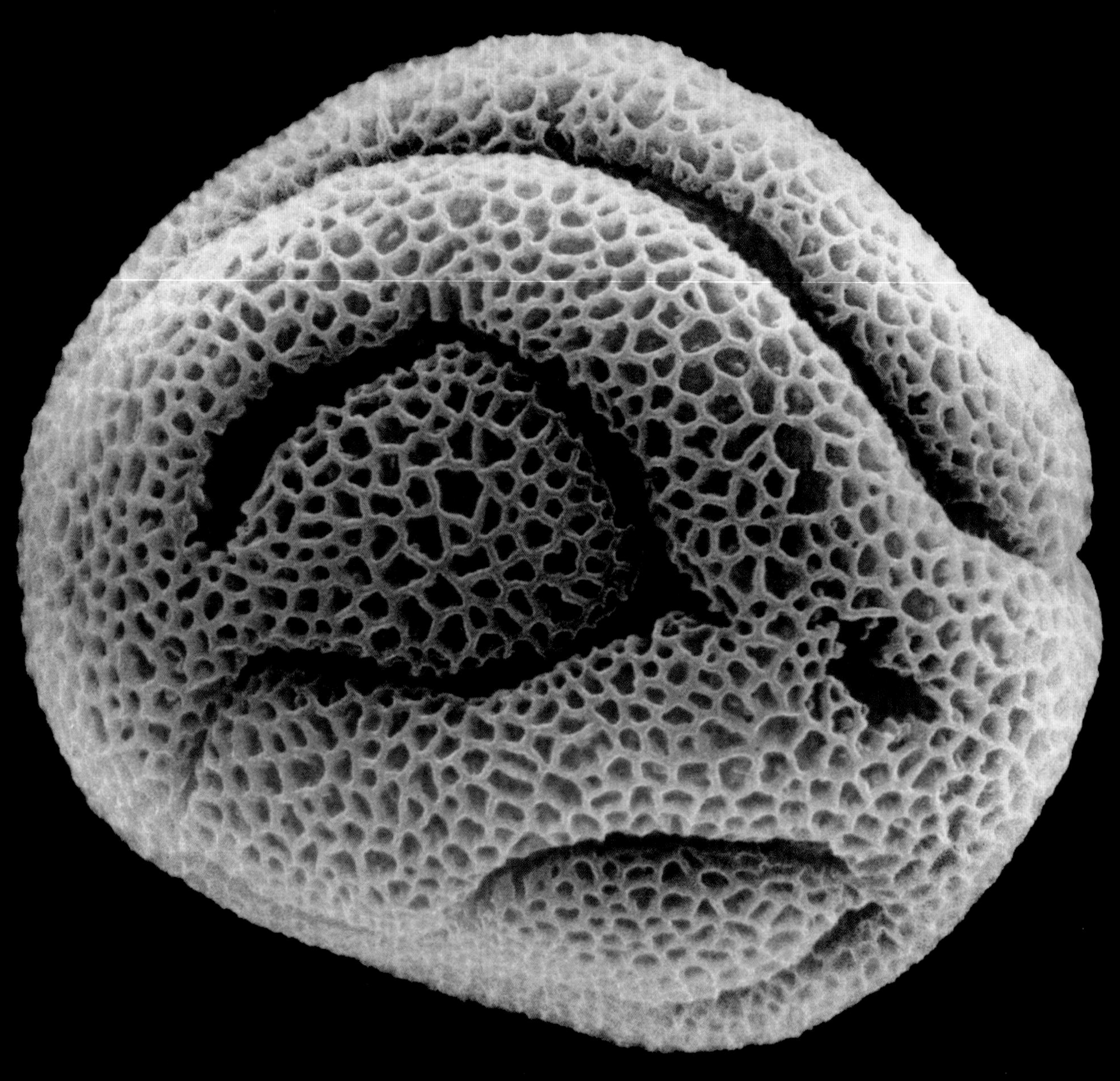

황산앵초(앵초과) *Primula veris* (Primulaceae) – Cowslip. 정상적으로 발달하지 못한 화분립. 발아구의 배열이 손상된 상태이다. [SEM × 3000]

204쪽: 황산앵초(앵초과) *Primula veris* (Primulaceae) – Cowslip. 화서. 단주화이며, 꽃밥이 암술 위로 튀어나와 배열되어 있다(102, 103, 107쪽 폴리앤서스 Polyanthus 참조).

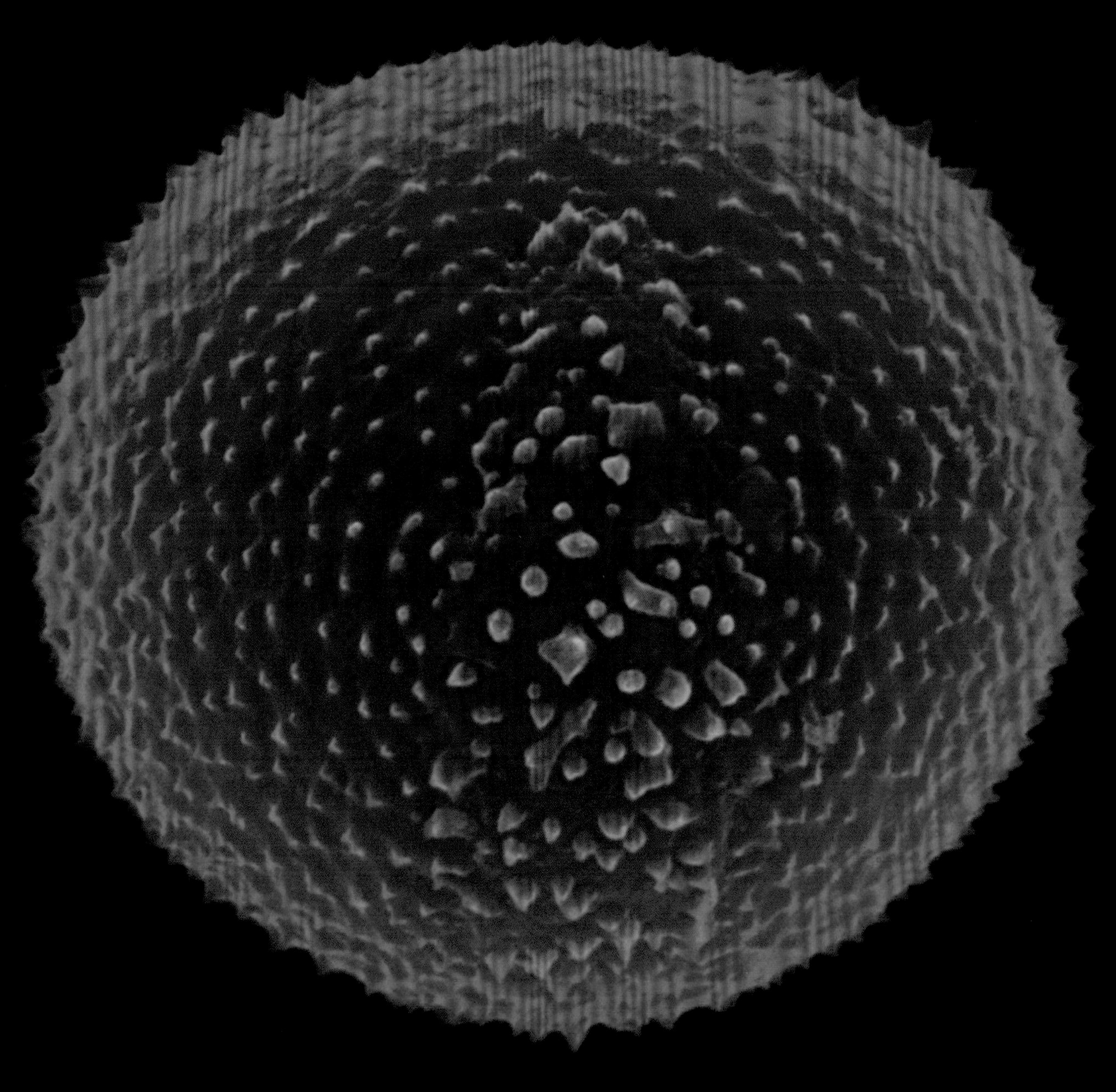

개양귀비(양귀비과) *Papaver rhoeas* (Papaveraceae) – Field Poppy. 화분립 [자연 건조, SEM × 2000]

207쪽: 개양귀비(양귀비과) *Papaver rhoeas* (Papaveraceae) – Field Poppy. 양성화

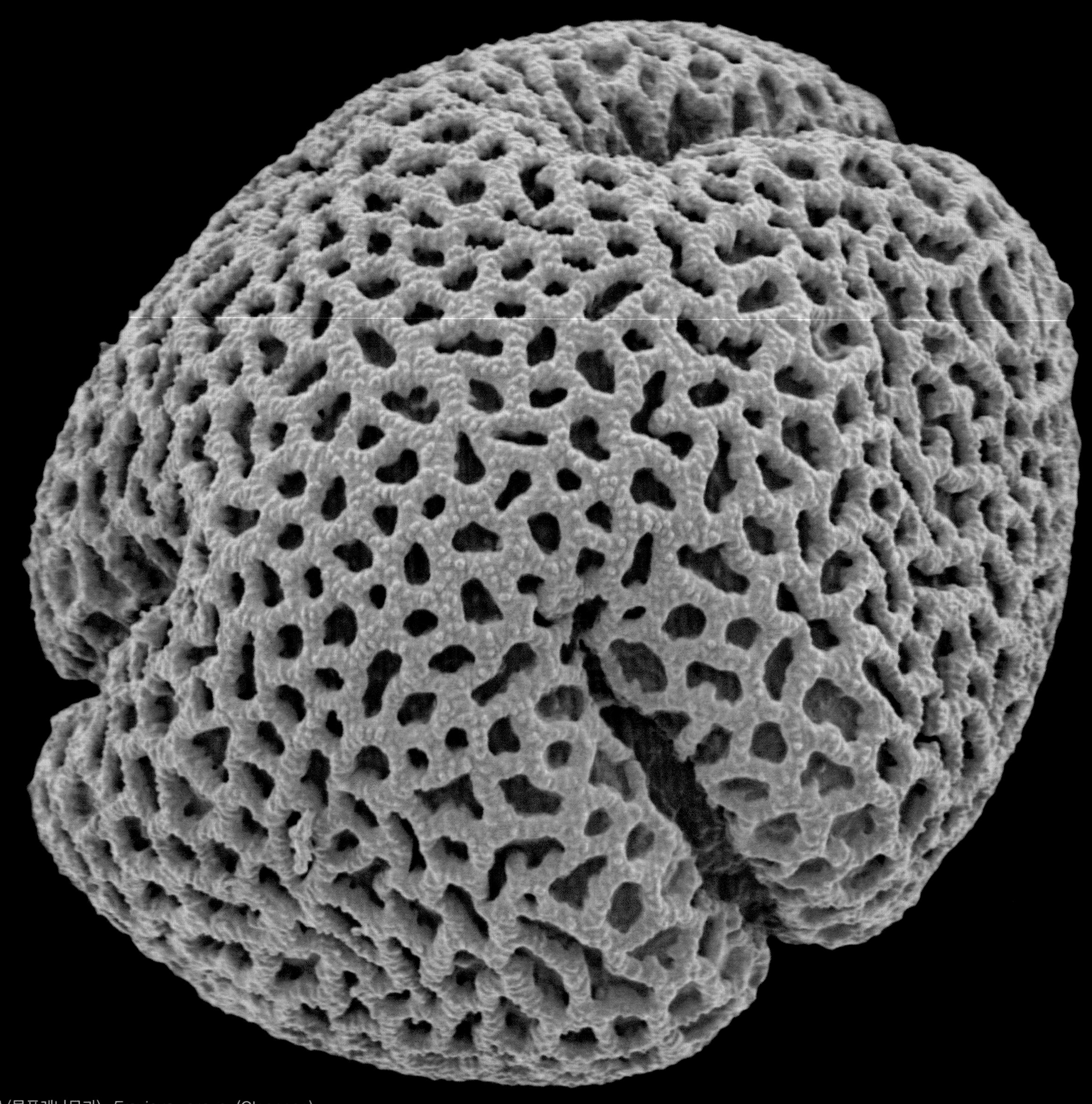

프락시너스 오르너스(물푸레나무과) *Fraxinus ornus* (Oleaceae) – Manna Ash. 발아구가 3개인 화분립 [SEM × 3.5K]

208쪽: 프락시너스 오르너스(물푸레나무과) *Fraxinus ornus* (Oleaceae) – Manna Ash. 개화 중인 작은 꽃들이 달린 복두상화서

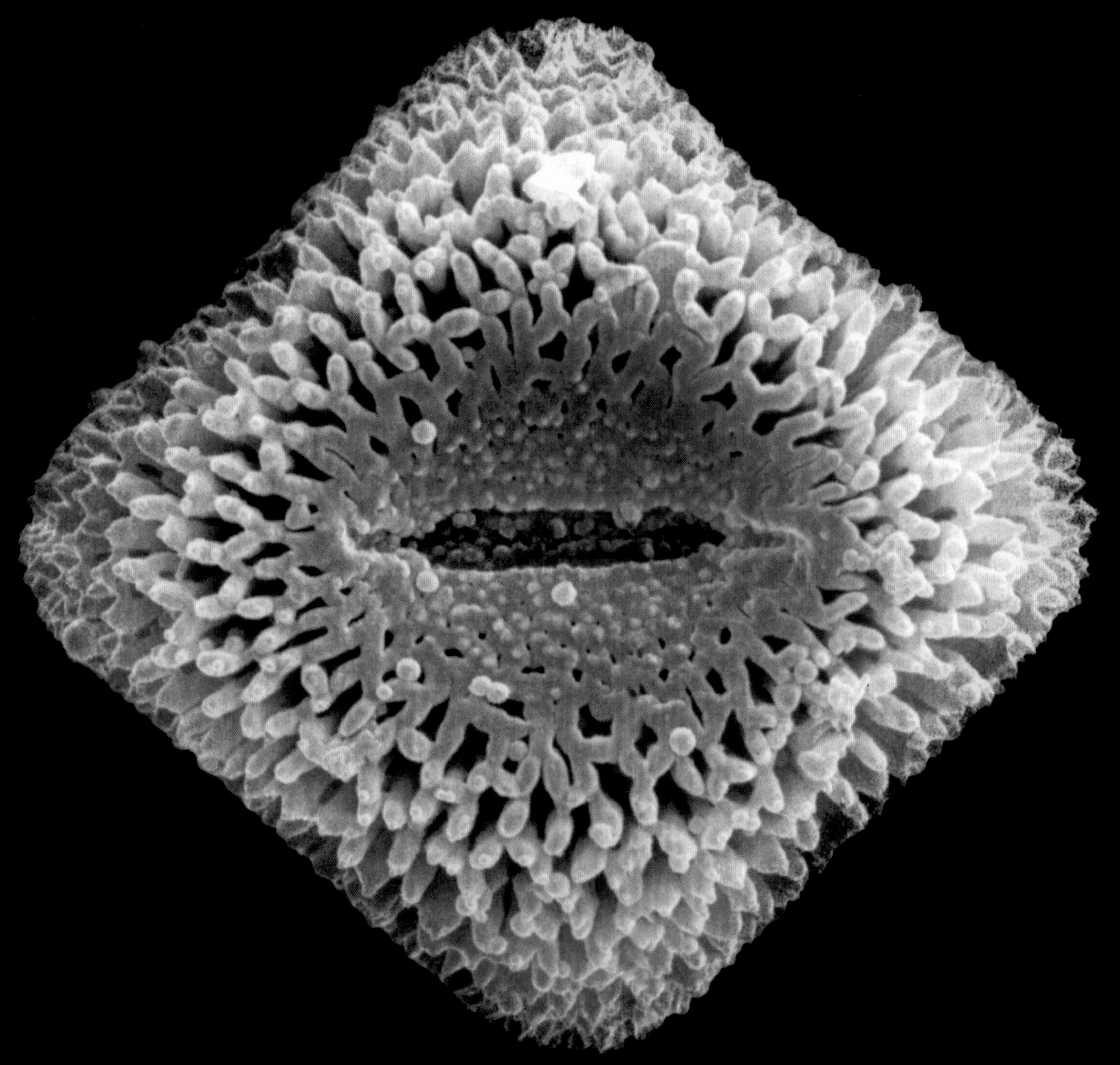

인디언시금치(바셀라과) *Basella alba* (Basellaceae) – Malabar Spinach. 화분립 [SEM × 1600, 초산 분해 처리]

211쪽: 인디언시금치(바셀라과) *Basella rubra* (Basellaceae) – Malabar Nightshade. 화분립 [SEM × 1800, 초산 분해 처리]

212쪽: 칠엽수(칠엽수과) *Aesculus hippocastanum* (hippocastanaceae) – Horse-chestnut. 커다란 화서 중 꽃 부분의 확대 이미지

213쪽: 칠엽수(칠엽수과) *Aesculus hippocastanum* (hippocastanaceae) – Horse-chestnut. 화분립 [SEM × 3000]

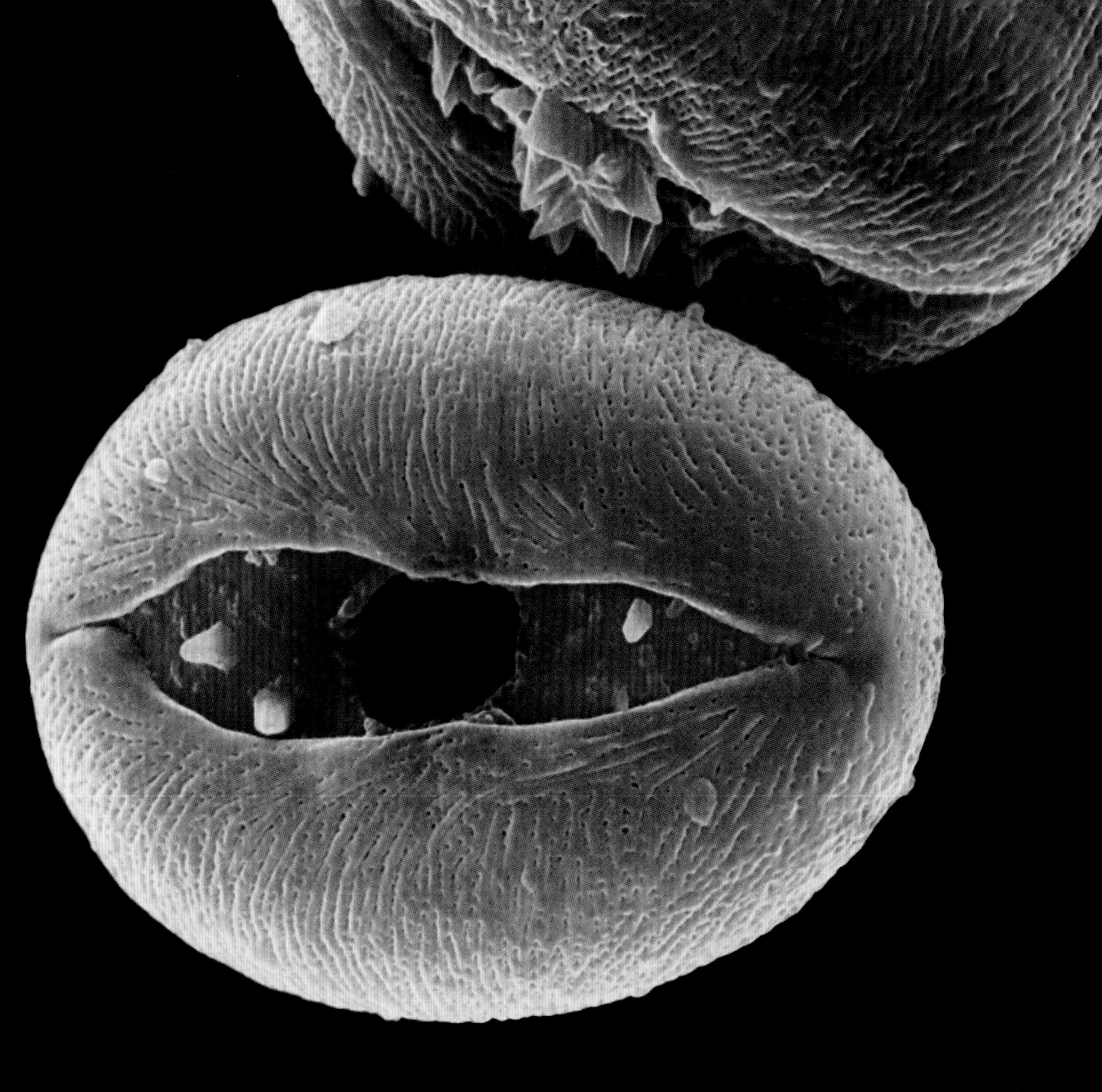

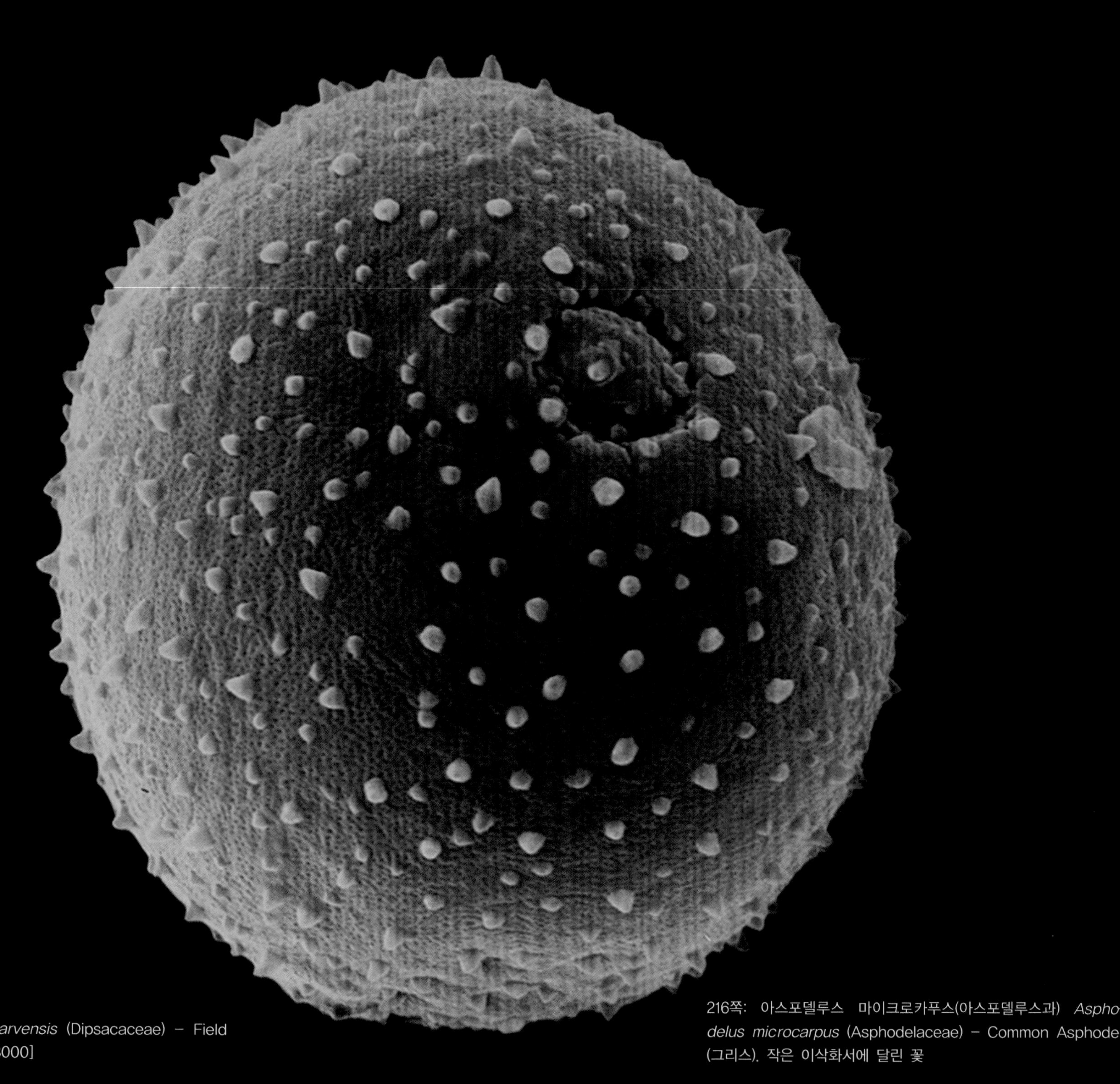

솔체꽃(산토끼꽃과) *Knautia arvensis* (Dipsacaceae) – Field scabious. 화분립 [SEM × 3000]

214쪽: 나우티아 인테그리폴리아(산토끼꽃과) *Knautia integrifolia* (Dipsacaceae)에 앉아 있는 작은 반점이 있는 표범나비(*Melitaea*

216쪽: 아스포델루스 마이크로카푸스(아스포델루스과) *Asphodelus microcarpus* (Asphodelaceae) – Common Asphodel (그리스). 작은 이삭화서에 달린 꽃

217쪽: 나르테시움 오시프라굼(금광화과) *Narthecium ossifragum* (Nartheciaceae) – Bog Asphodel. 반탈수 상태의 화분립

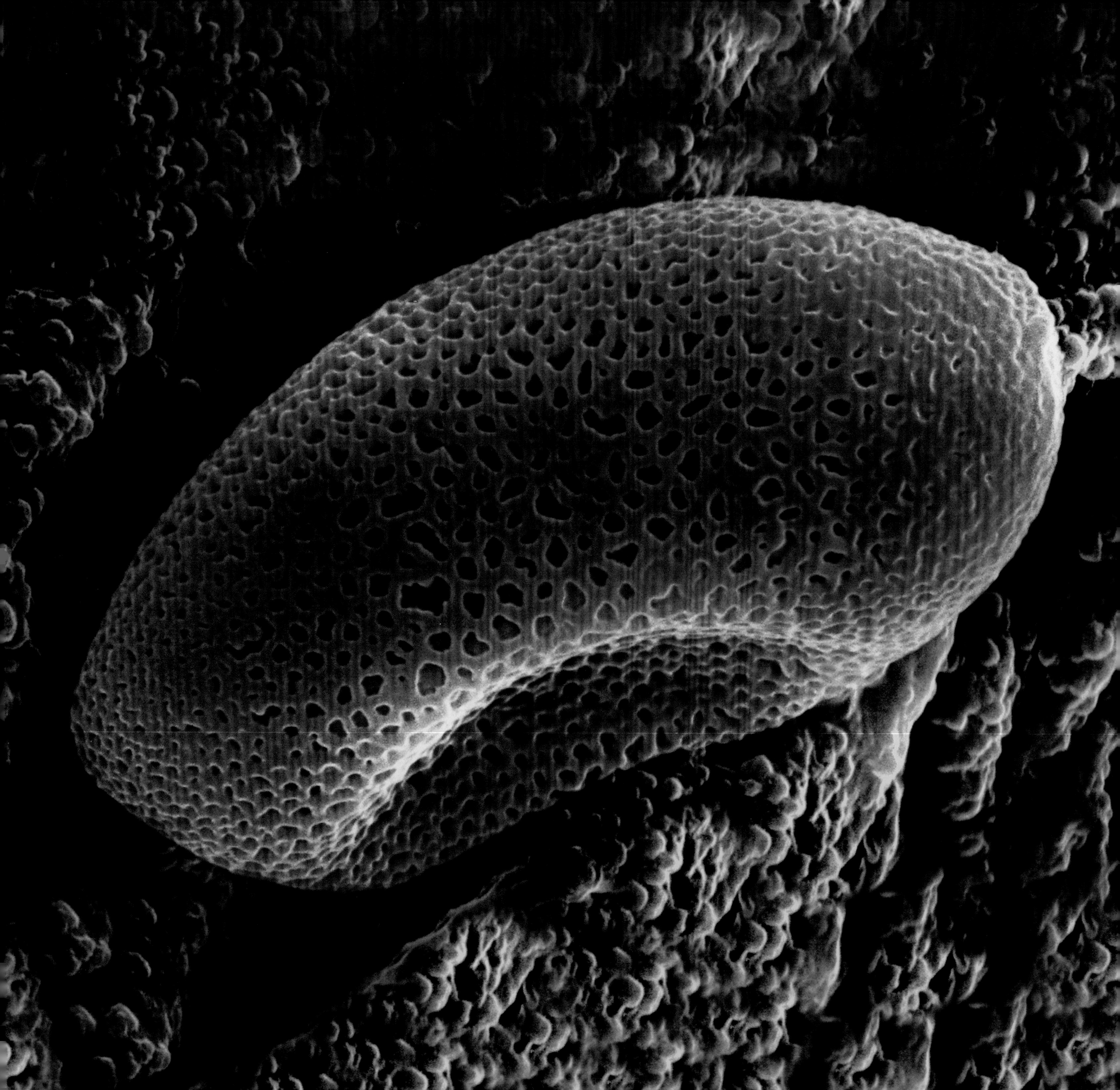

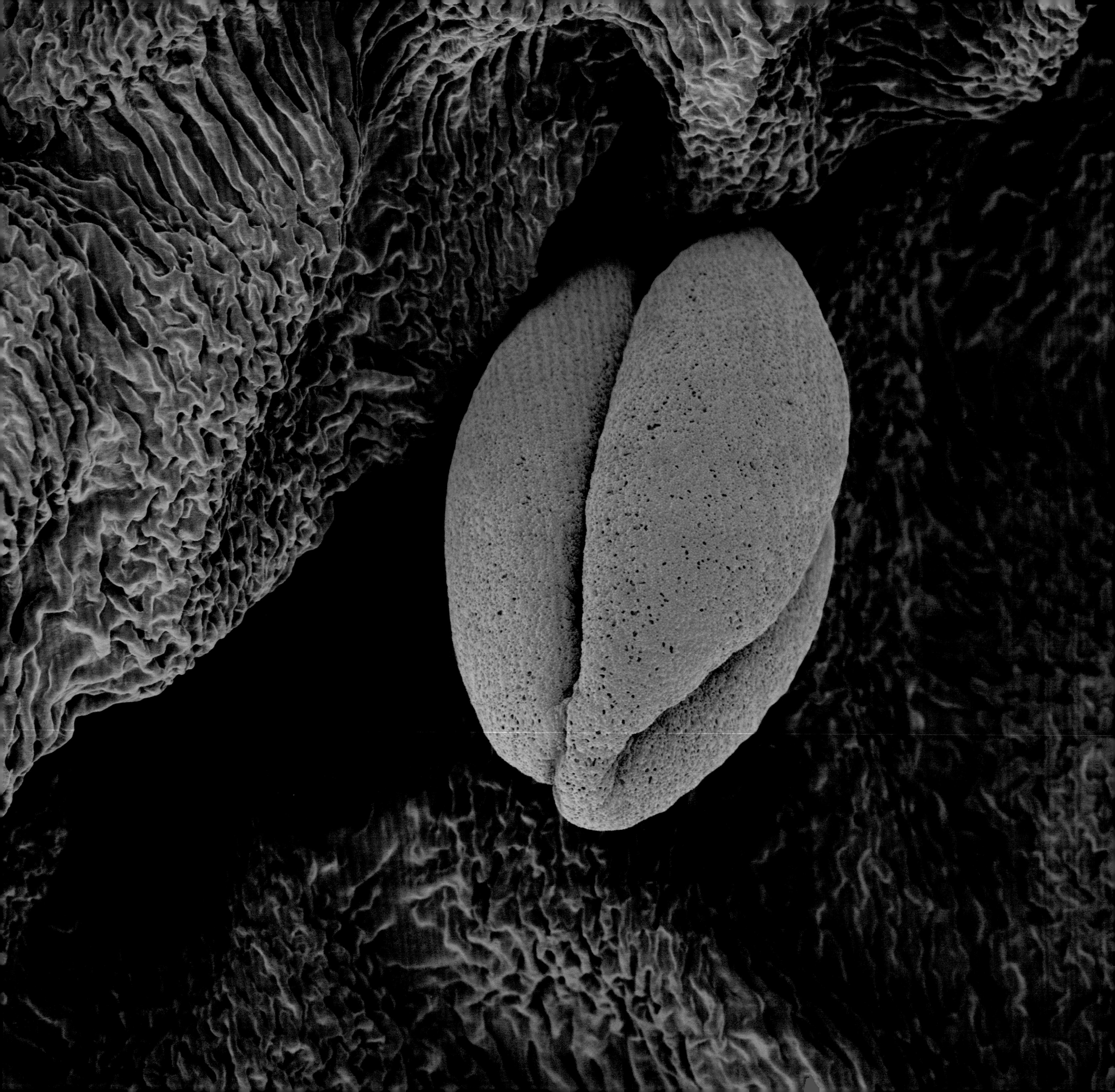

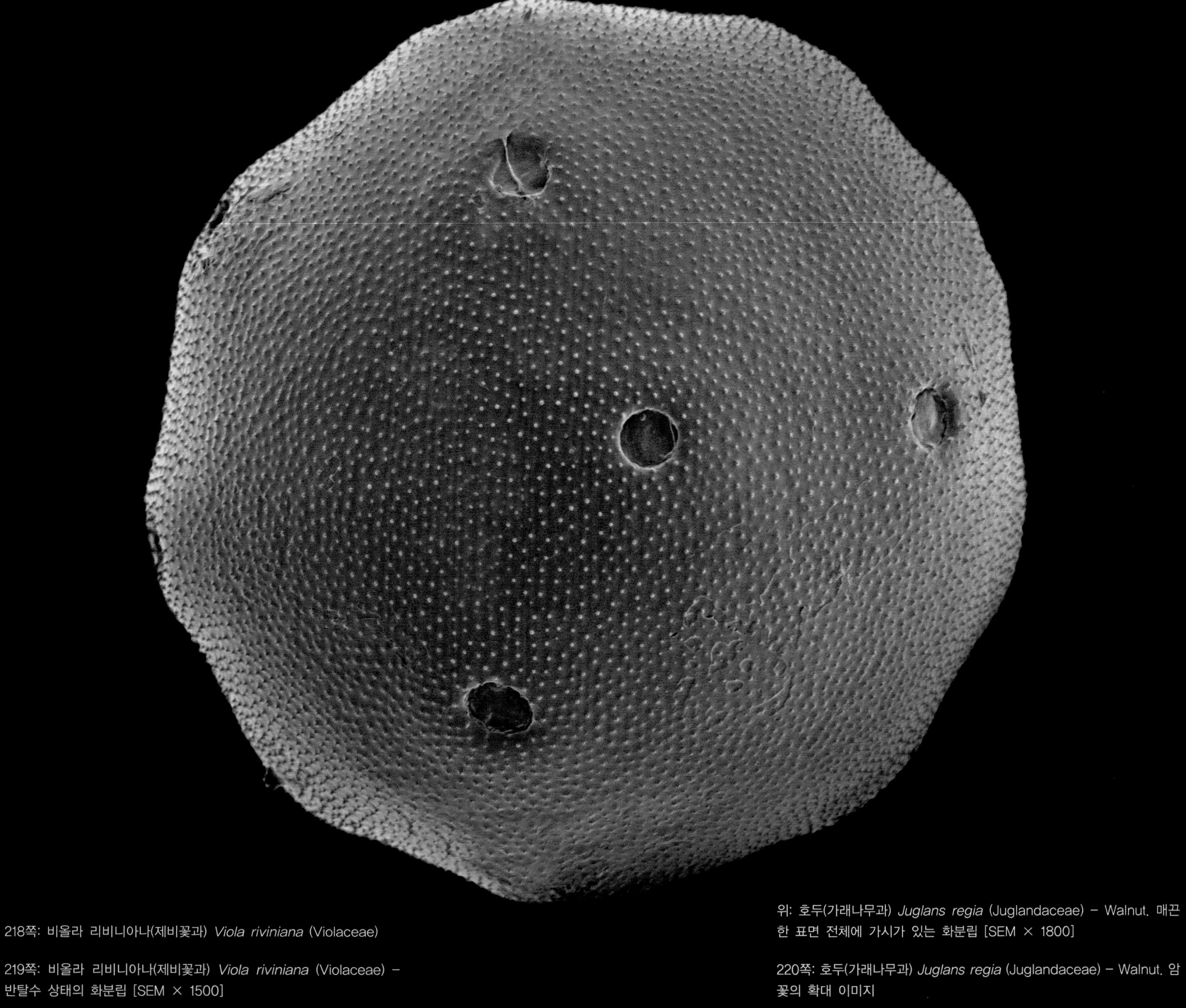

위: 호두(가래나무과) *Juglans regia* (Juglandaceae) – Walnut. 매끈한 표면 전체에 가시가 있는 화분립 [SEM × 1800]

218쪽: 비올라 리비니아나(제비꽃과) *Viola riviniana* (Violaceae)

219쪽: 비올라 리비니아나(제비꽃과) *Viola riviniana* (Violaceae) – 반탈수 상태의 화분립 [SEM × 1500]

220쪽: 호두(가래나무과) *Juglans regia* (Juglandaceae) – Walnut. 암꽃의 확대 이미지

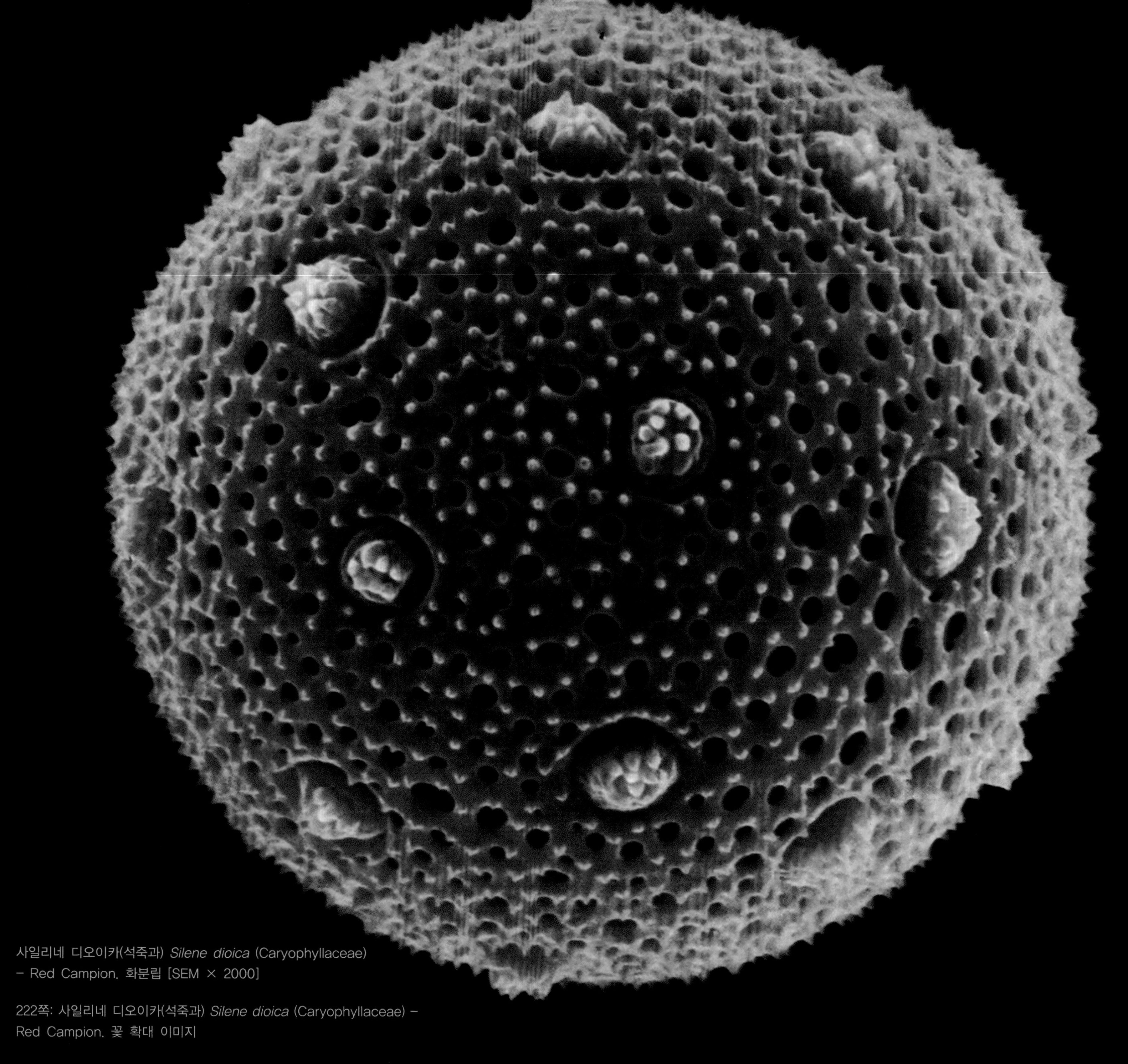

사일리네 디오이카(석죽과) *Silene dioica* (Caryophyllaceae)
– Red Campion. 화분립 [SEM × 2000]

222쪽: 사일리네 디오이카(석죽과) *Silene dioica* (Caryophyllaceae) –
Red Campion. 꽃 확대 이미지

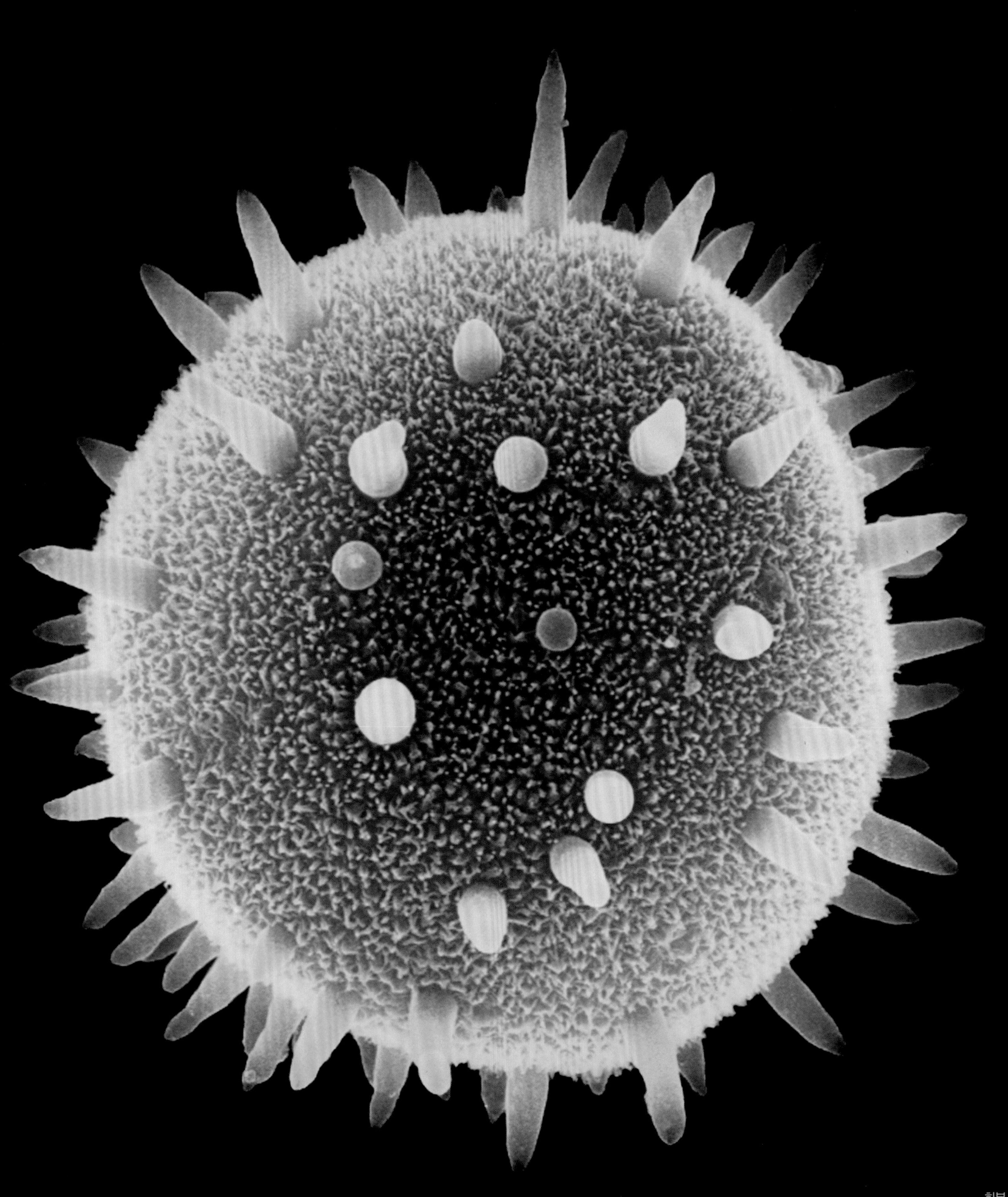

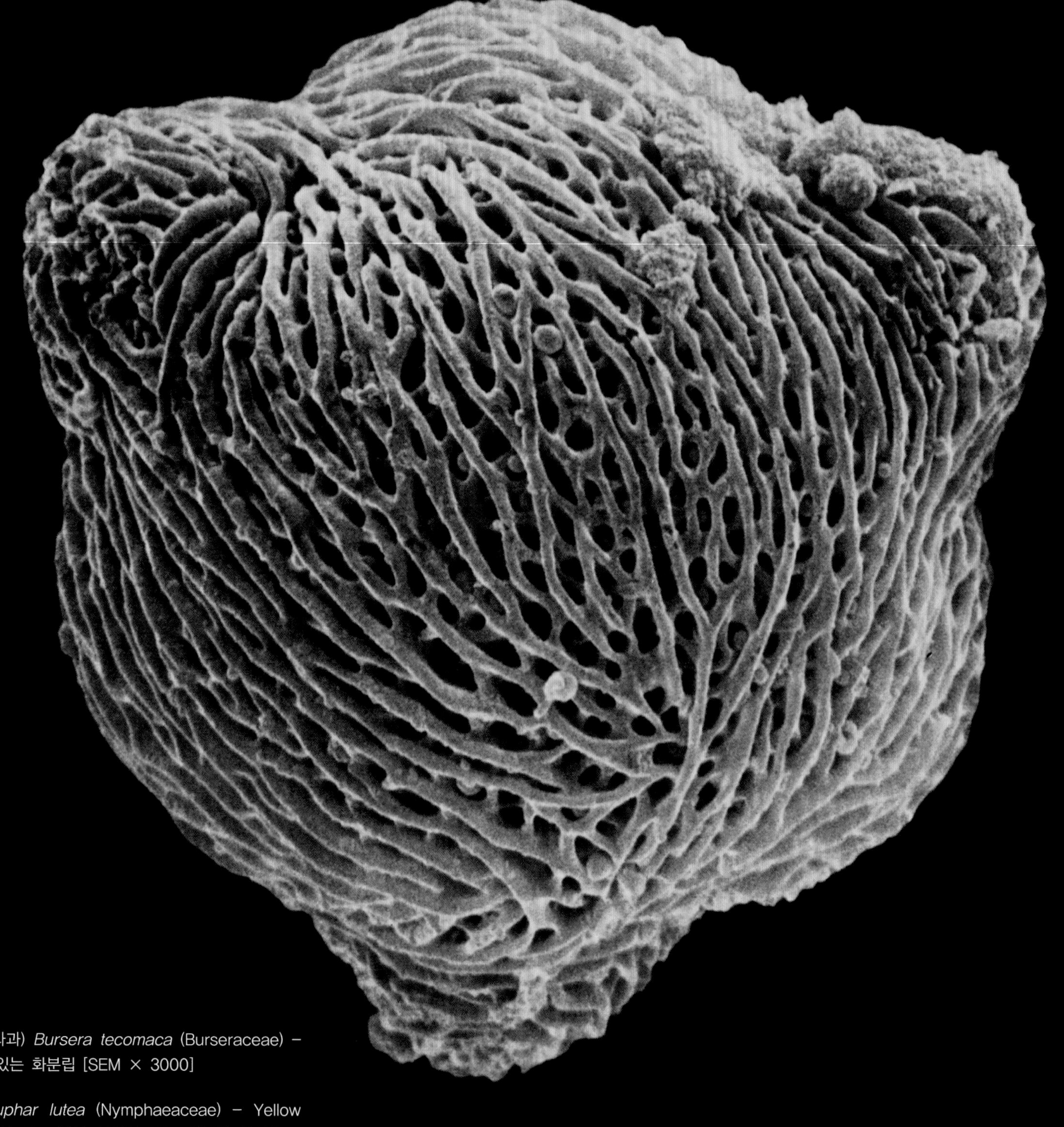

버르세라 테코마카(버르세라과) *Bursera tecomaca* (Burseraceae) – 3개의 튀어나온 발아구가 있는 화분립 [SEM × 3000]

224쪽: 개연꽃(수련과) *Nuphar lutea* (Nymphaeaceae) – Yellow Water Lily 또는 Brandy Bottle. 가시 모양이 있는 화분립 [SEM × 1500]

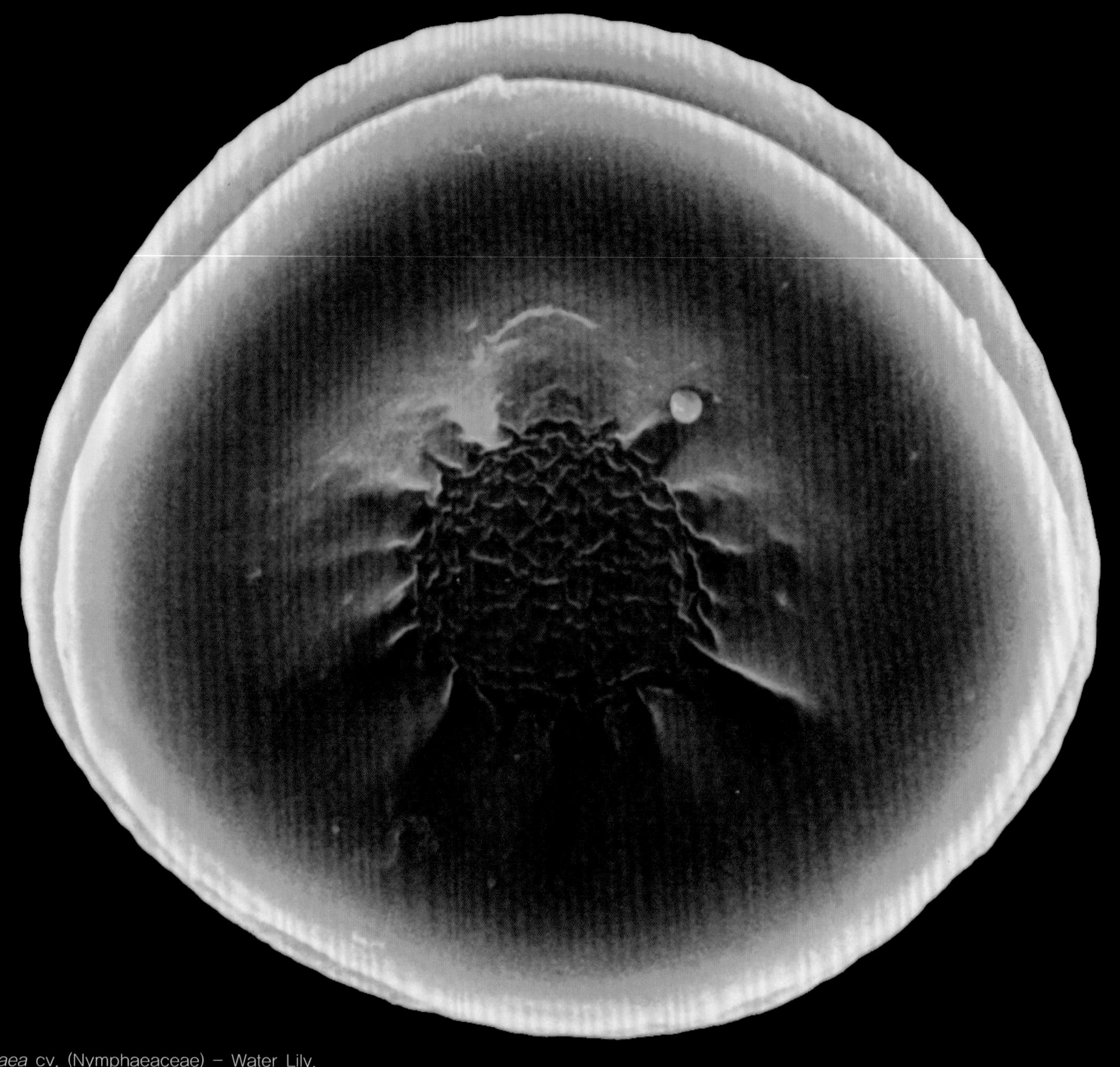

수련 재배종(수련과) *Nymphaea* cv. (Nymphaeaceae) – Water Lily. 약간 탈수된 상태의 화분립. 이러한 화분 유형은 보통 매끈한 외벽과 화분립 둘레에 햄버거빵과 비슷한 링 모양의 구를 가진다. 사진에서는 확실히 보이지 않지만, 윗면 중앙의 주름진 부분은 주변을 둘러싼 매끈한 외벽보다 얇다. 화분립이 탈수되면 얇은 부분은 수축한다. [SEM × 1500]

226쪽: 수련 재배종(수련과) *Nymphaea* cv. (Nymphaeaceae) – Water Lily. 꽃. 작은 내화피로 된 화관 안쪽의 중앙에 많은 수술이 있다.

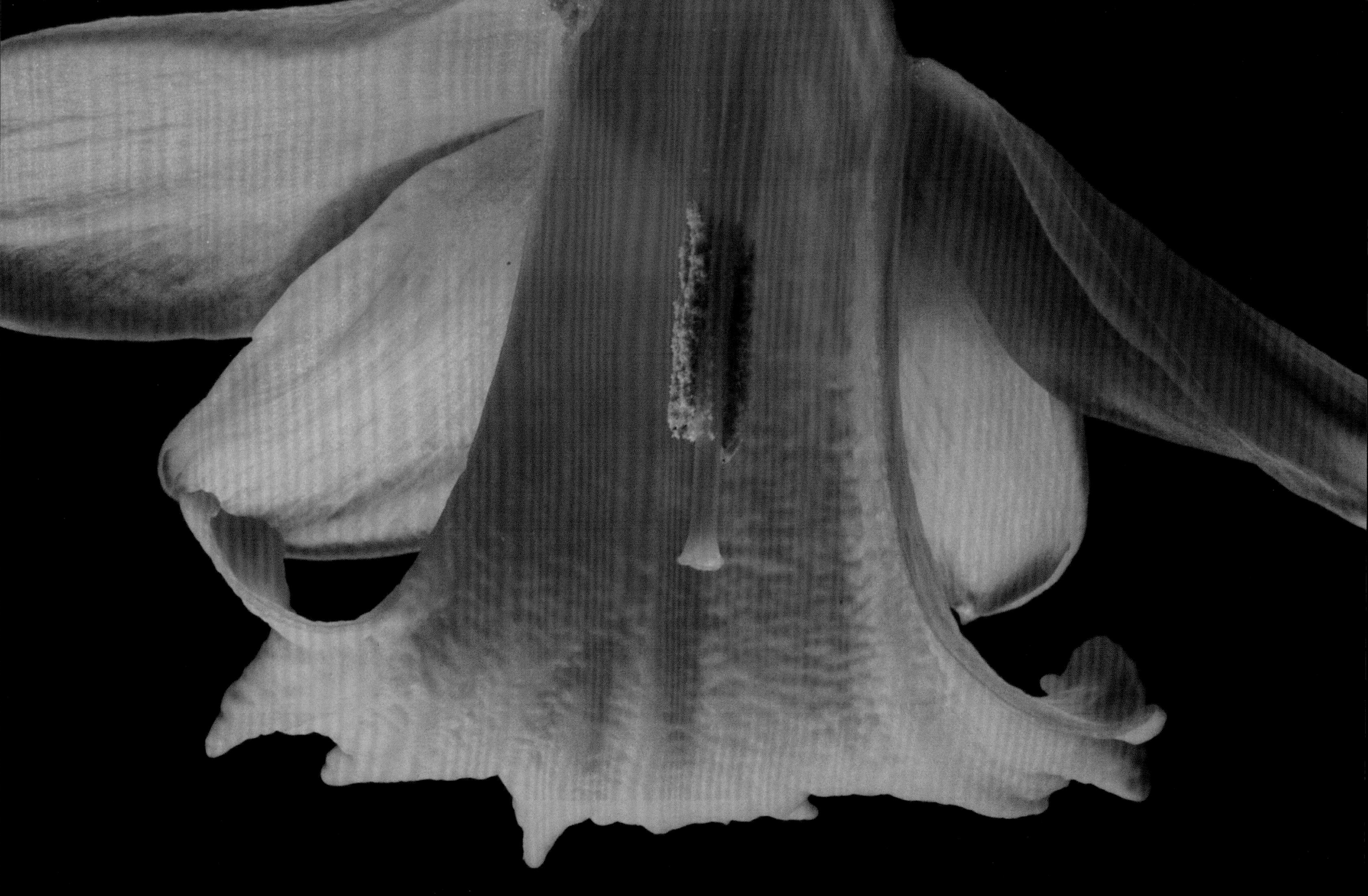

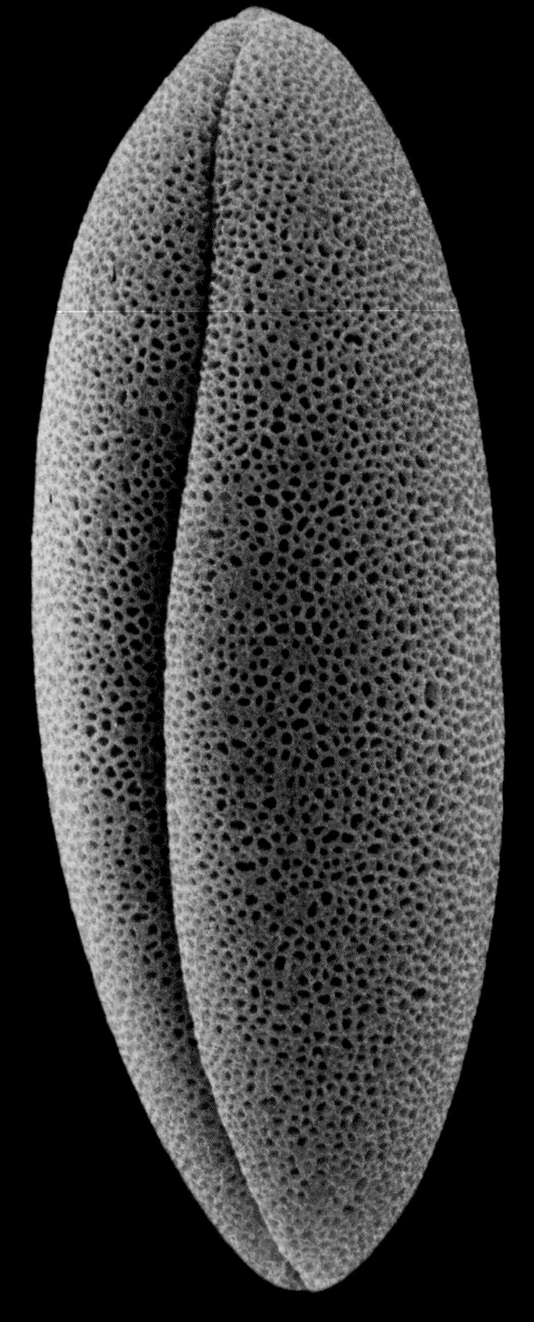

수선화 재배종(수선화과) *Narcissus* cv. (Amaryllidaceae) – Daffodil. 탈수 상태의 화분립. 긴 틈새 모양의 발아구 한 개가 안쪽으로 접혀 있다. [SEM × 2000]

228쪽: 수선화 재배종(수선화과) *Narcissus* cv. Divison 1 'Trumpet' (Amaryllidaceae) – Daffodil. 꽃의 종단면

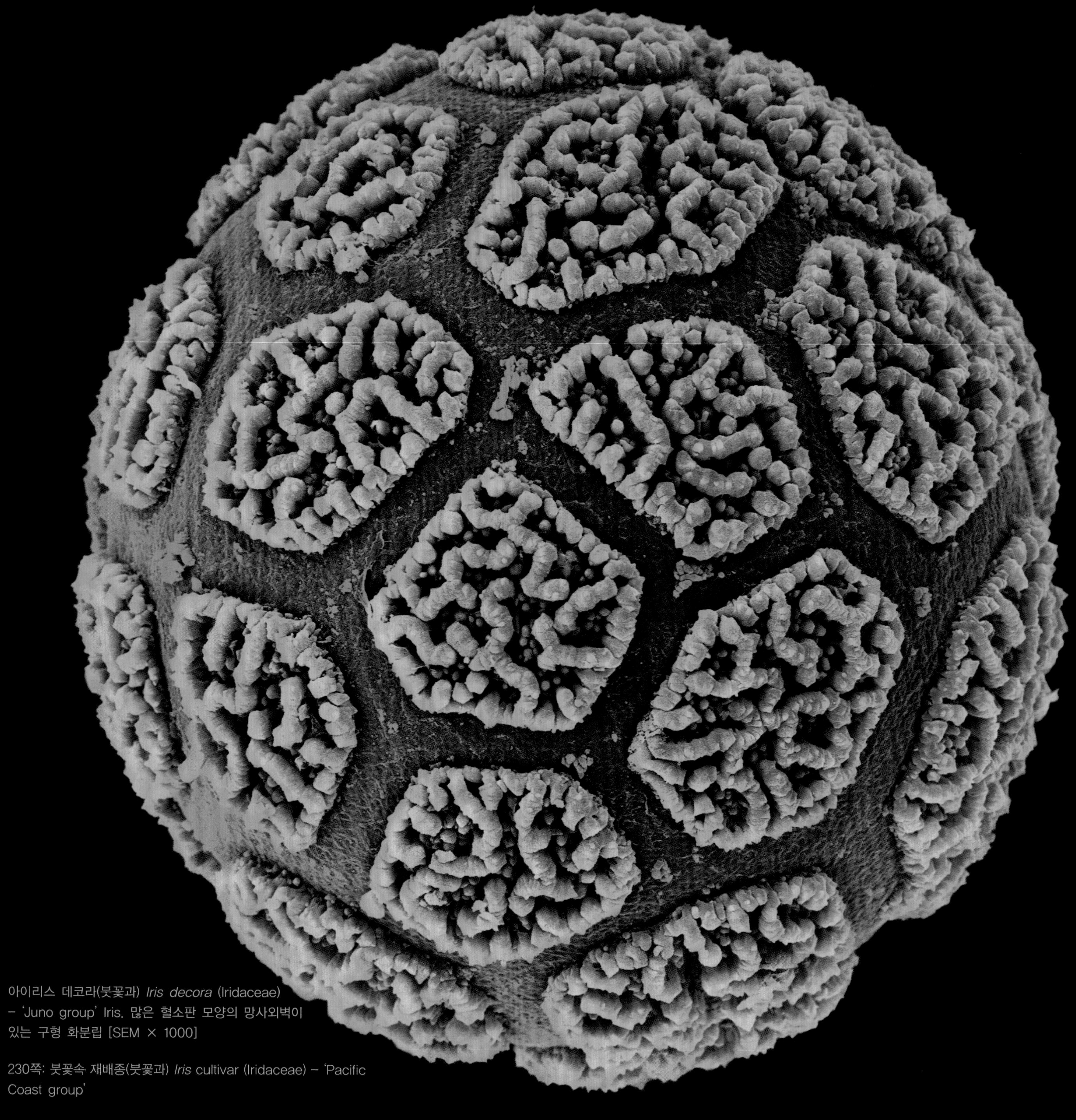

아이리스 데코라(붓꽃과) *Iris decora* (Iridaceae) – 'Juno group' Iris. 많은 혈소판 모양의 망사외벽이 있는 구형 화분립 [SEM × 1000]

230쪽: 붓꽃속 재배종(붓꽃과) *Iris* cultivar (Iridaceae) – 'Pacific Coast group'

마티스에 관하여

그가 미래를 표현하기 위해 사용하는 과거시제이네
그는 경이로운 것을 계속 궁금해할 것이네
그는 조금 자고
그리고 그들이 그를 깨우고
어느 때나
그리고 매우 먼 곳에서 그들이 오고
현명한 왕은 바람을 불렀지
미래의 화분을 그의 발 아래 놓기 위해

– 앙리 마티스(Henri Matisse) 탄생 100주년에

아라공(Aragon) 1968년

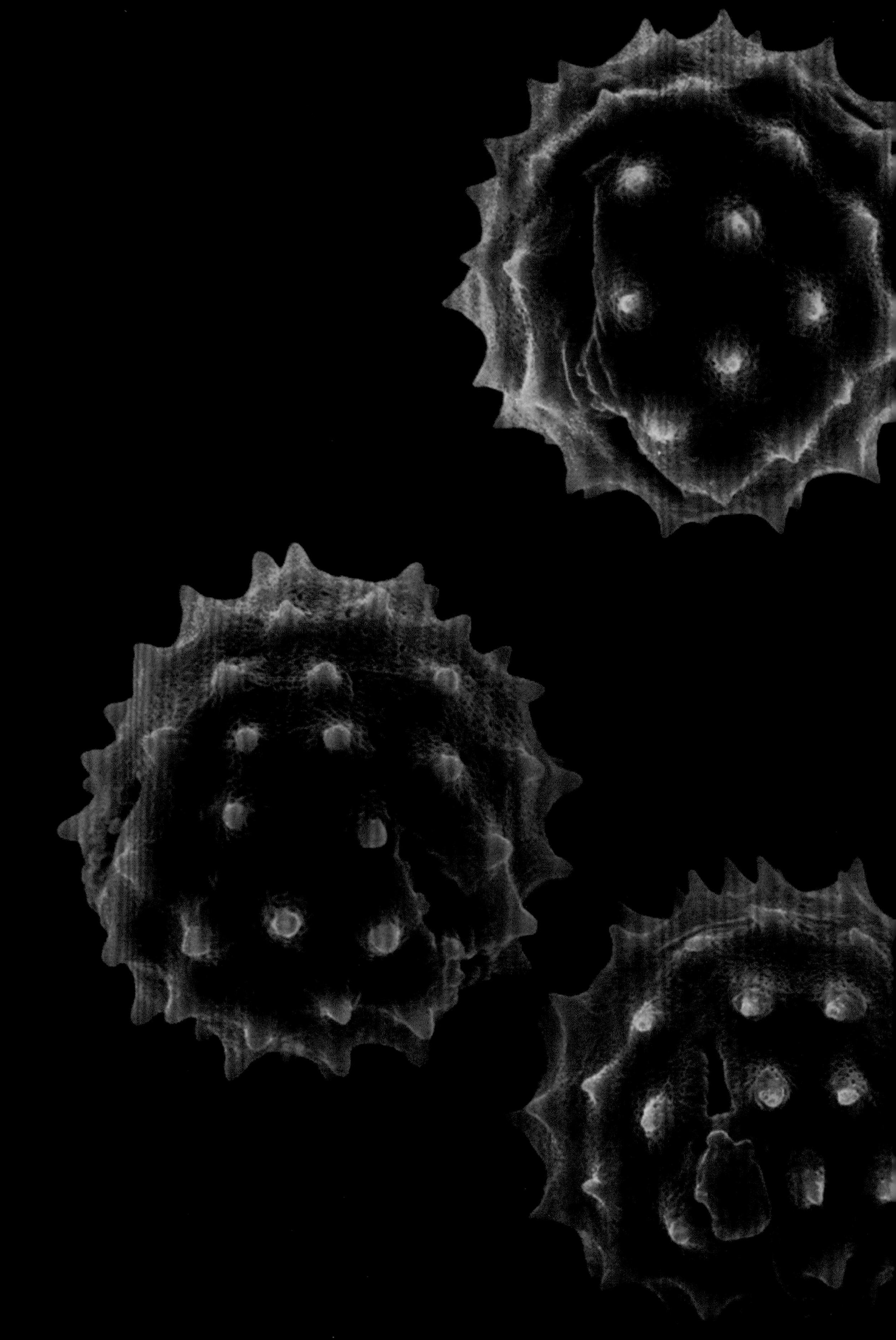

시르시움 리불라레 아종 아트로퍼푸레움(국화과) *Cirsium rivulare* ssp. *atropurpureum* (Compositae) – 화분립 [SEM × 600]

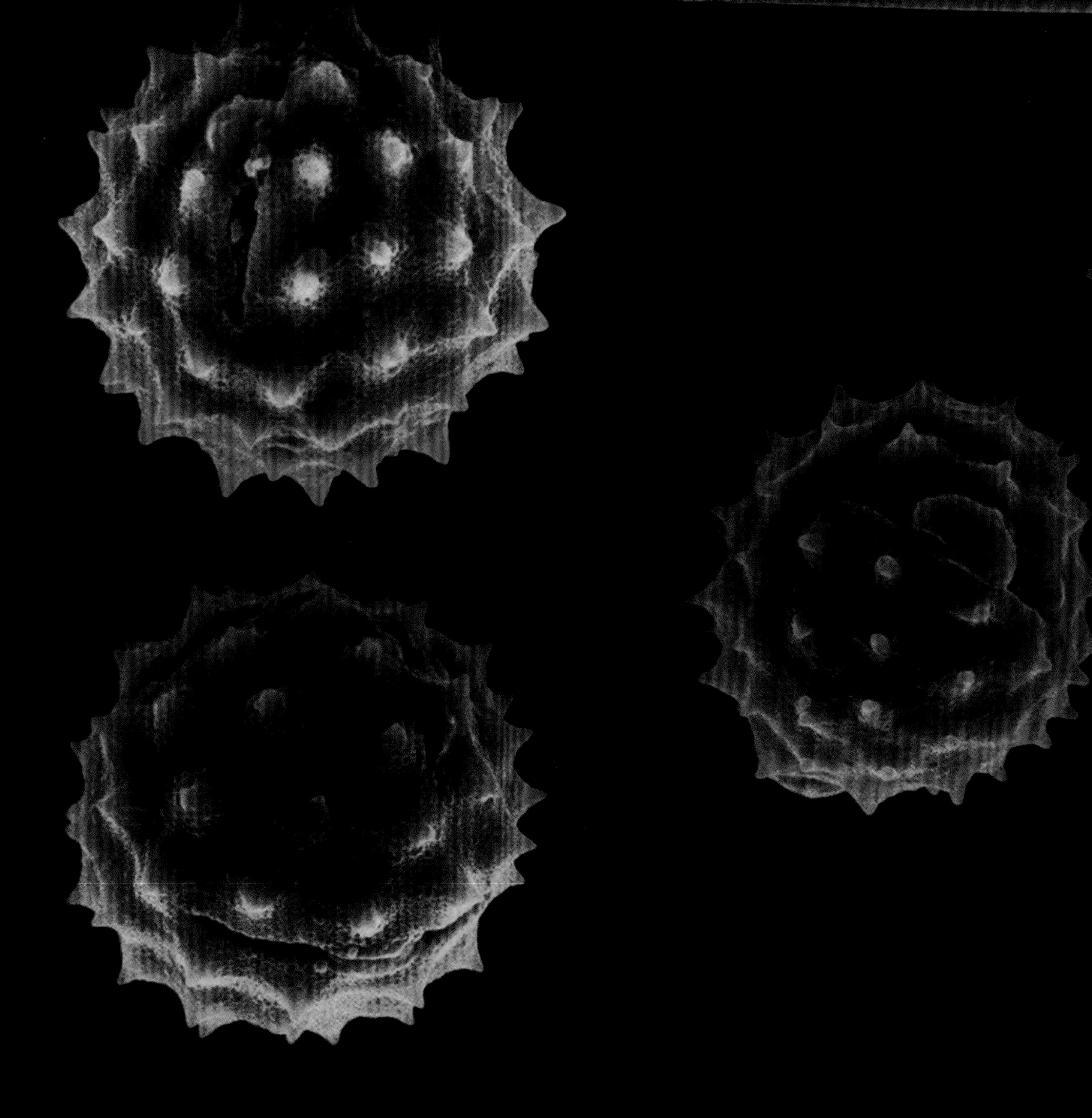

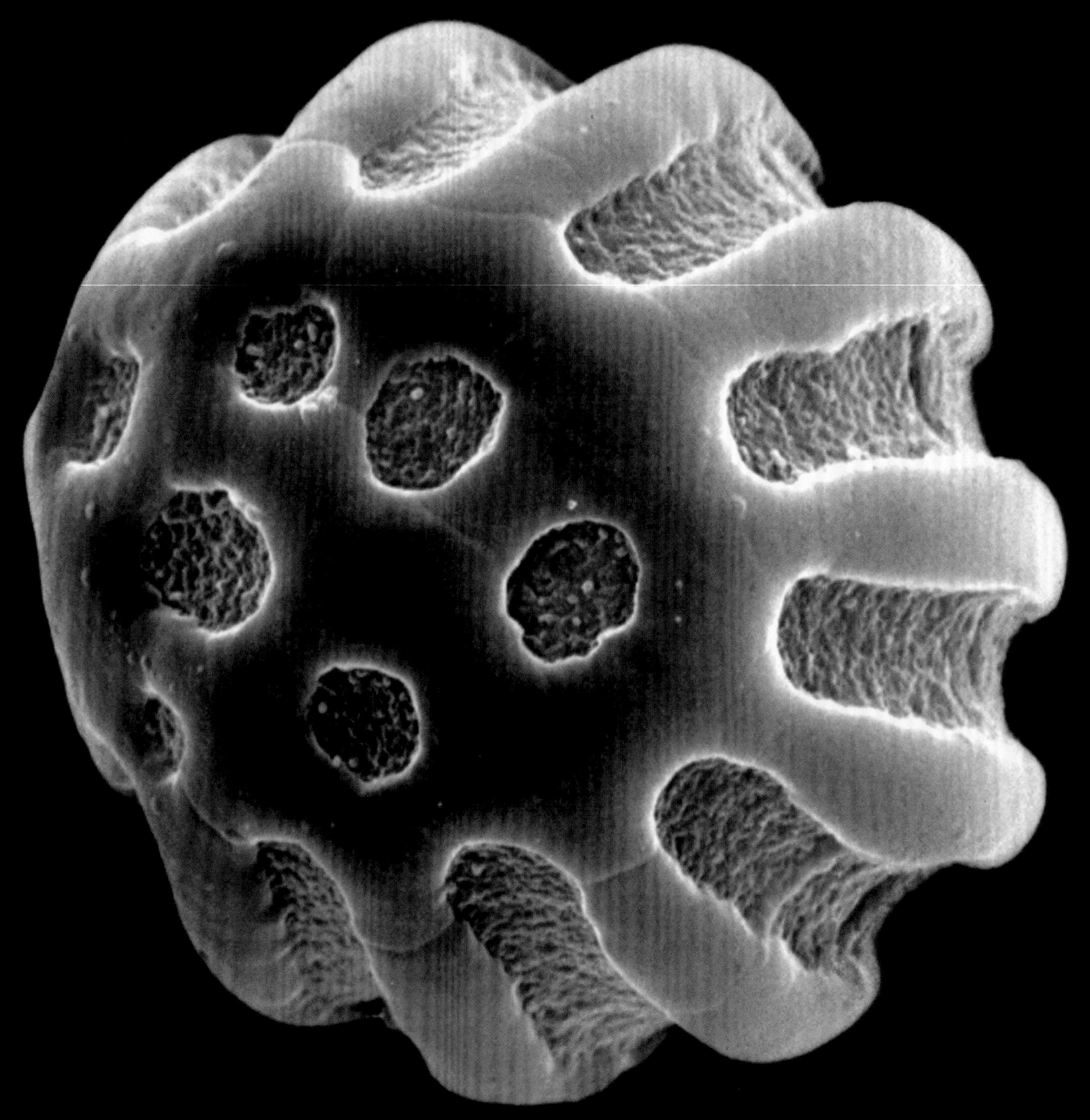

폴리갈라 불가리스(원지과) *Polygala vulgaris* (Polygalaceae) – Common Milkwort. 화분립. 극면도 [SEM × 1800]

234쪽: 폴리갈라 불가리스(원지과) *Polygala vulgaris* (Polygalaceae) – Common Milkwort. 화서의 일부

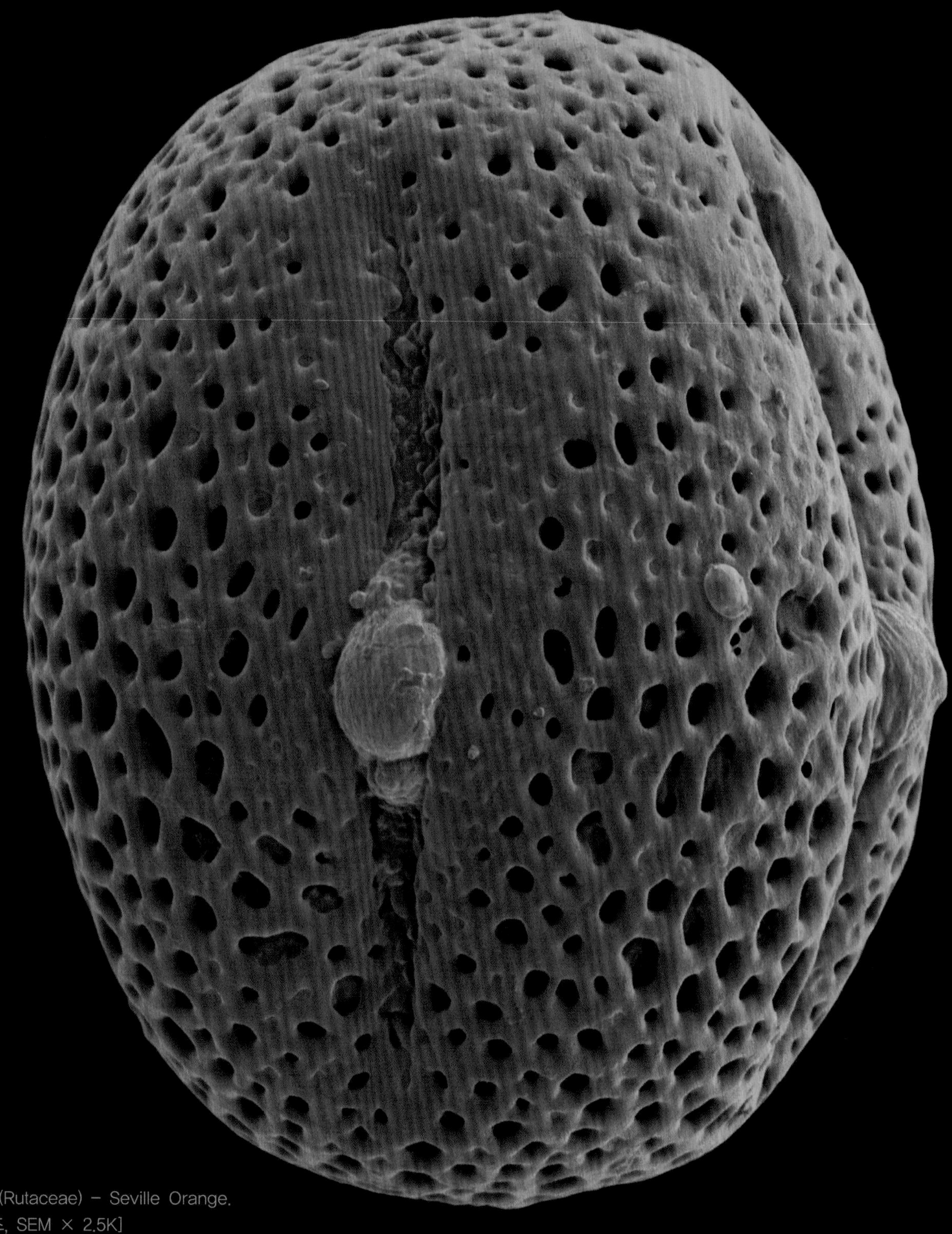

세빌오렌지(운향과) *Citrus aurantium* (Rutaceae) – Seville Orange. 3개의 발아구를 가진 화분립 [자연 건조, SEM × 2,5K]

236쪽: 세빌오렌지(운향과) *Citrus aurantium* (Rutaceae) – Seville Orange. 양성화. 수술과 암술이 뚜렷하게 보인다.

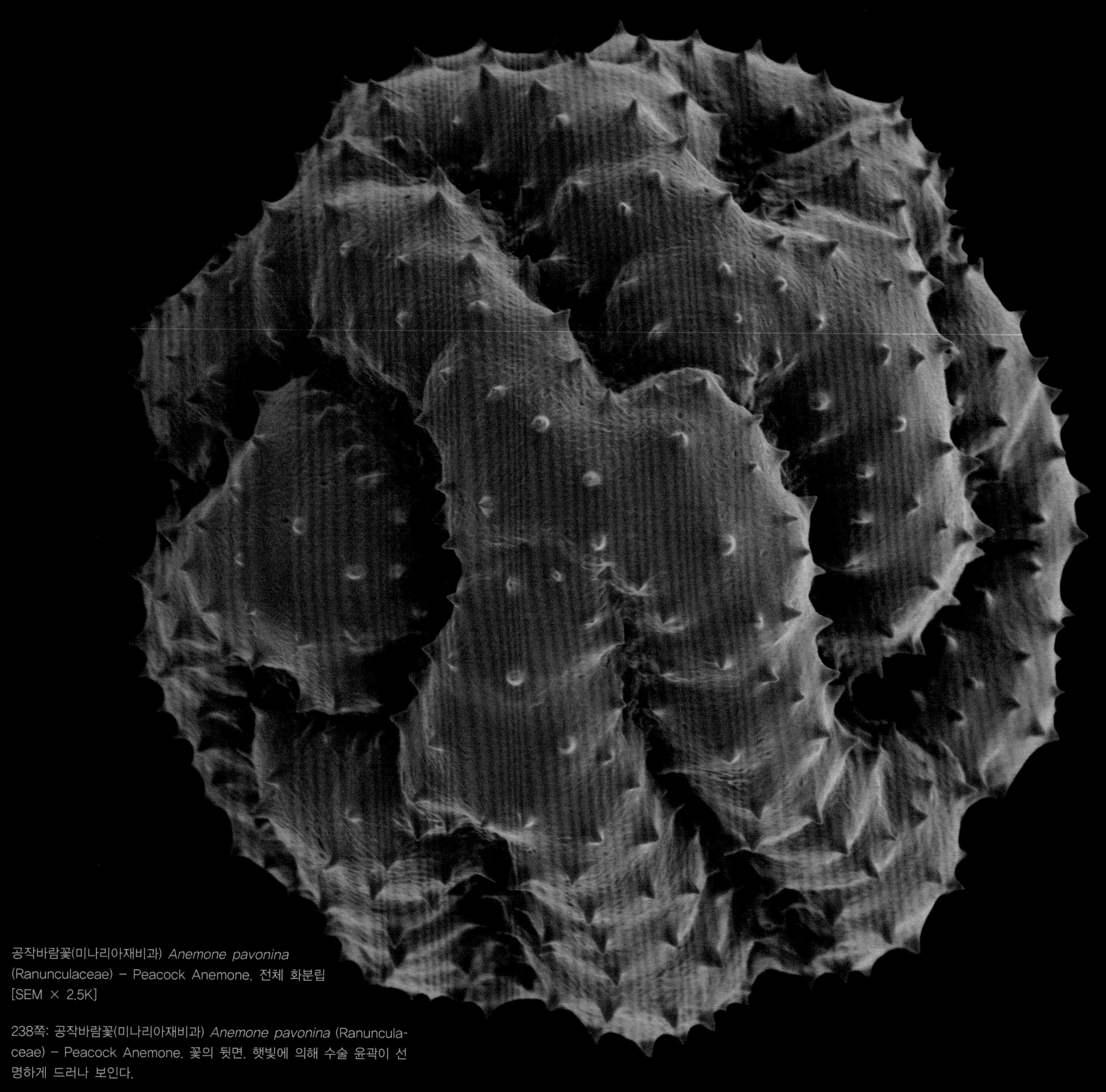

공작바람꽃(미나리아재비과) *Anemone pavonina* (Ranunculaceae) – Peacock Anemone. 전체 화분립 [SEM × 2.5K]

238쪽: 공작바람꽃(미나리아재비과) *Anemone pavonina* (Ranunculaceae) – Peacock Anemone. 꽃의 뒷면. 햇빛에 의해 수술 윤곽이 선명하게 드러나 보인다.

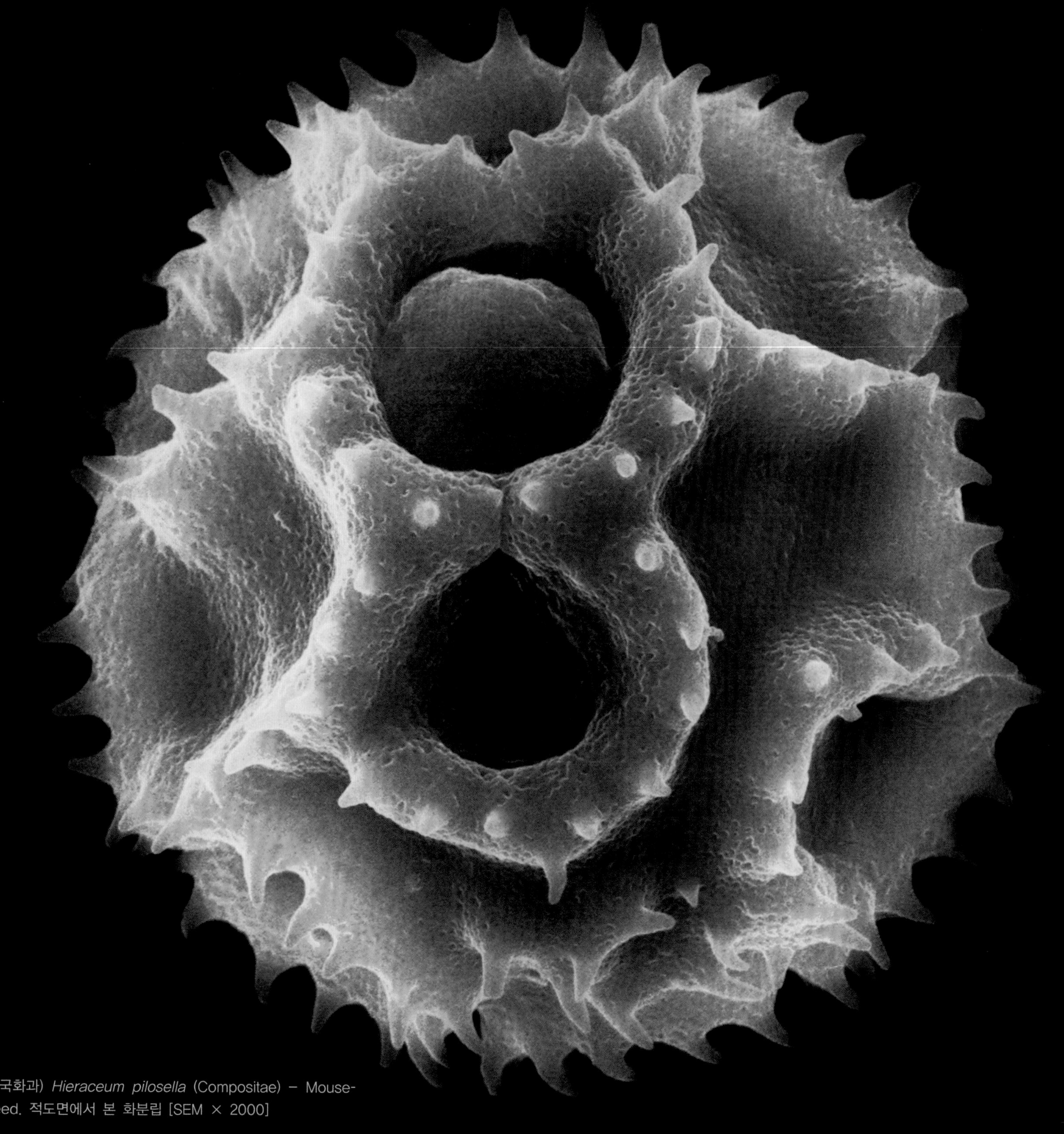

알프스민들레(국화과) *Hieraceum pilosella* (Compositae) – Mouse-ear Hawkweed. 적도면에서 본 화분립 [SEM × 2000]

240쪽: 알프스민들레(국화과) *Hieraceum pilosella* (Compositae) – Mouse-ear Hawkweed. 위에서 본 국화과 꽃

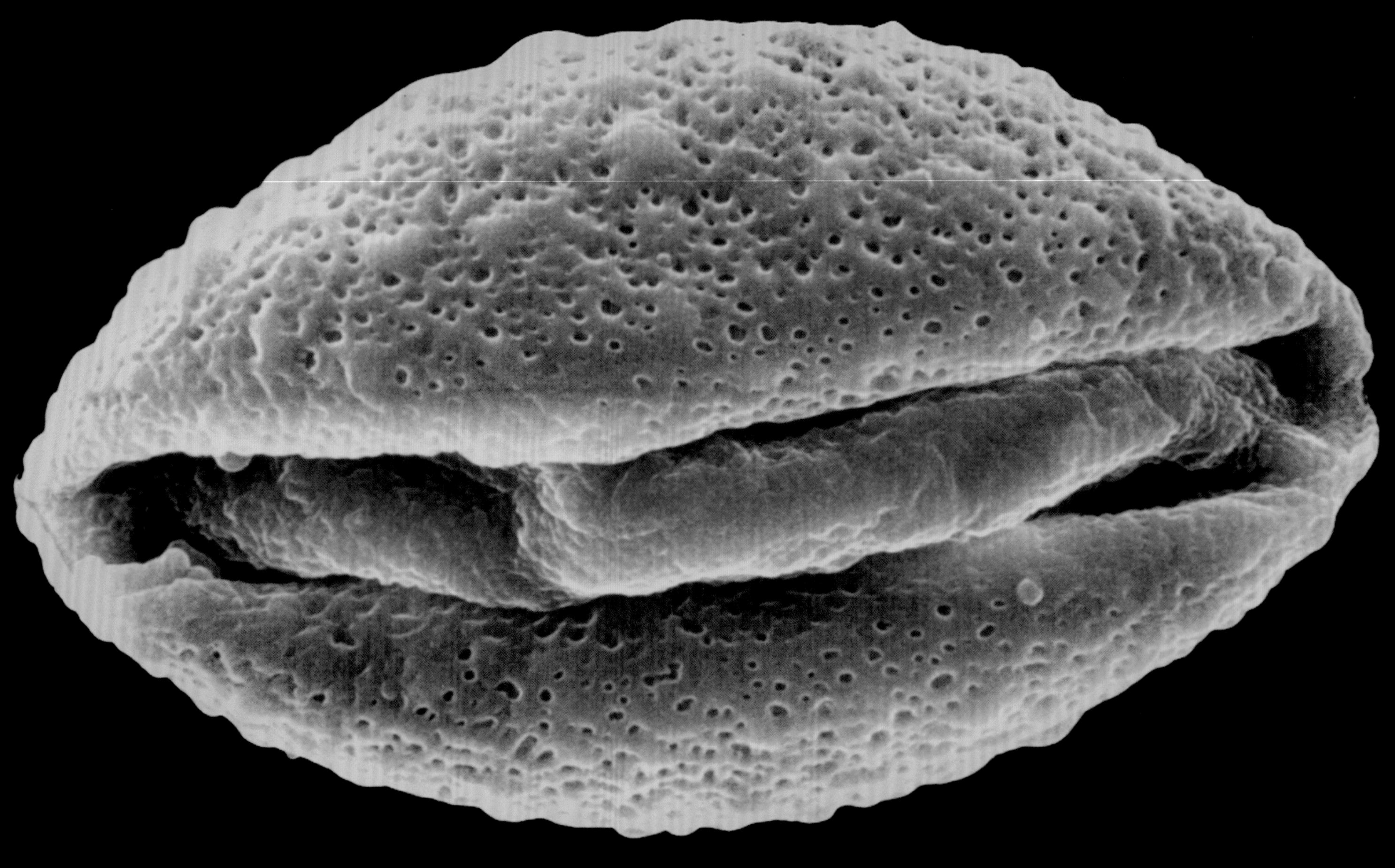

튤립나무(목련과) *Liriodendron tulipifera* (Magnoliaceae) – Tulip Tree. 화분립. 자연 상태에서 탈수 [SEM × 1500]

242쪽: 튤립나무(목련과) *Liriodendron tulipifera* (Magnoliaceae) – Tulip Tree. 성숙한 수술이 보이는 활짝 핀 꽃. 대부분의 화분은 꽃밥에서 방출된 상태이다. [윌트셔(Wiltshire)의 던시 공원(Dauntsey Park)]

크리스마스회양목(회양목과) *Sarcococca confusa* (Buxaceae) – Christmas Box. 화분립 [SEM × 2000]

244쪽: 크리스마스회양목(회양목과) *Sarcococca confusa* (Buxaceae) – Christmas Box. 꽃의 확대 이미지. 무리를 이룬 수술이 보인다.

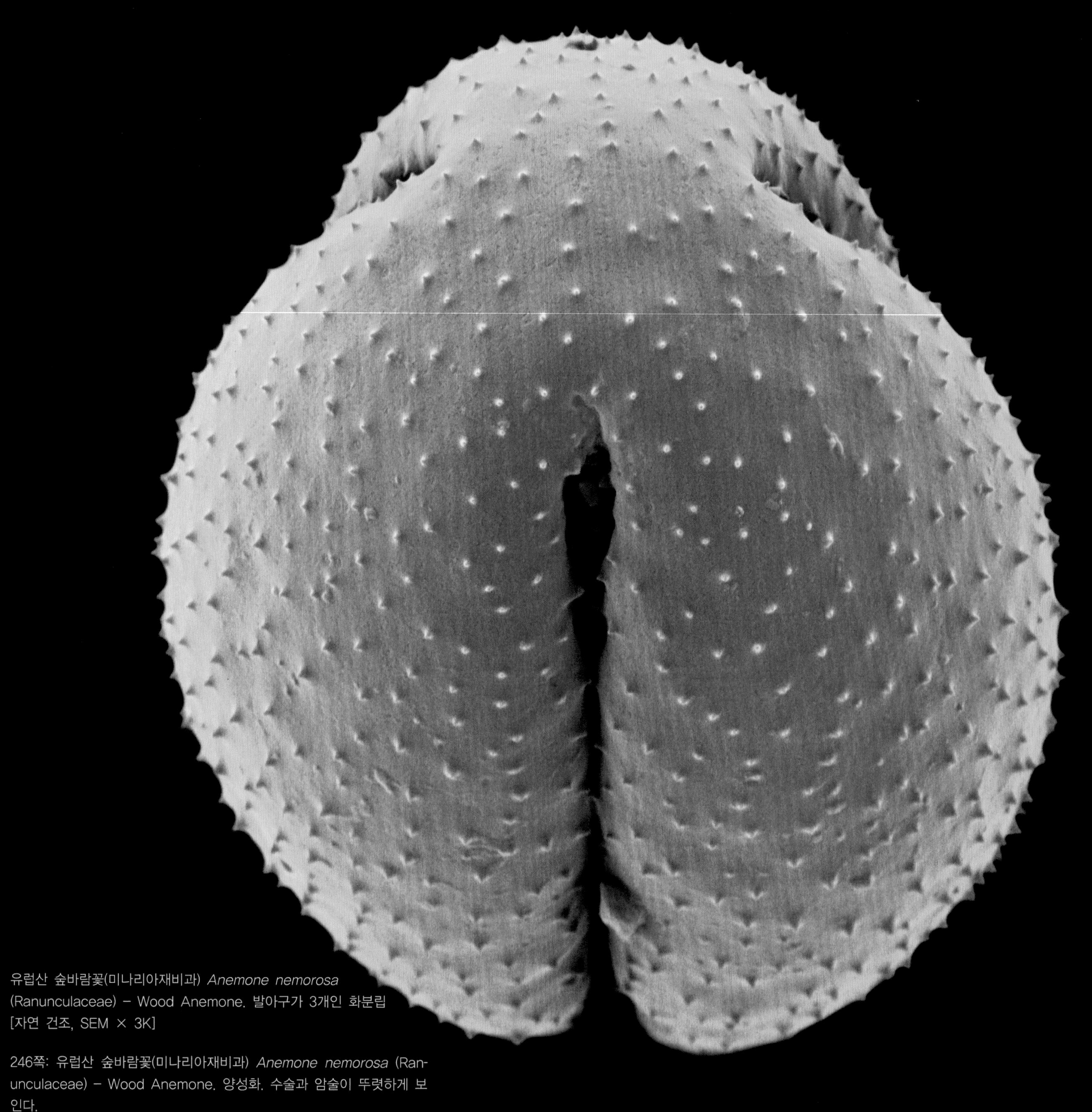

유럽산 숲바람꽃(미나리아재비과) *Anemone nemorosa* (Ranunculaceae) – Wood Anemone. 발아구가 3개인 화분립 [자연 건조, SEM × 3K]

246쪽: 유럽산 숲바람꽃(미나리아재비과) *Anemone nemorosa* (Ranunculaceae) – Wood Anemone. 양성화. 수술과 암술이 뚜렷하게 보인다.

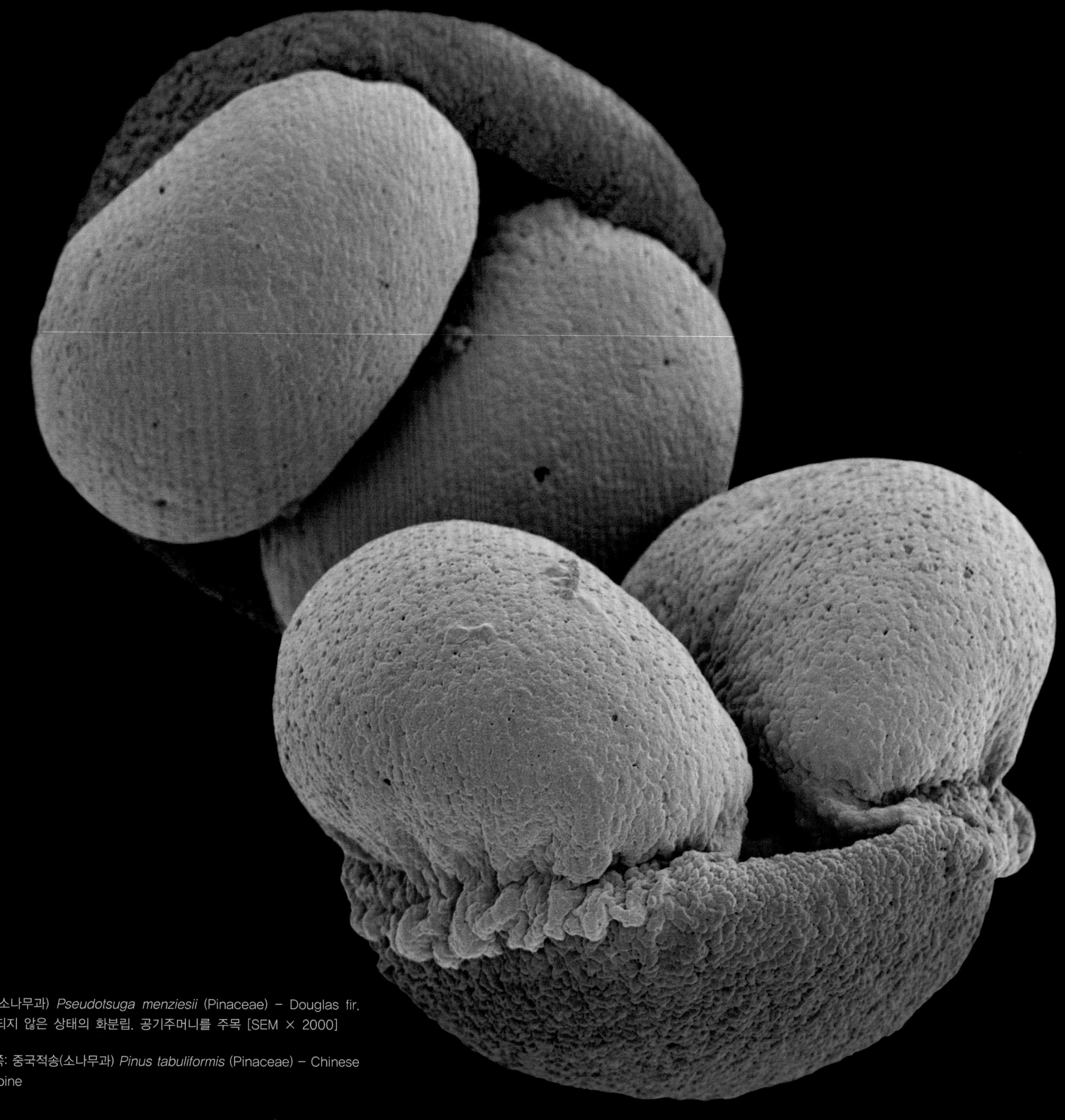

미송(소나무과) *Pseudotsuga menziesii* (Pinaceae) – Douglas fir. 열개되지 않은 상태의 화분립. 공기주머니를 주목 [SEM × 2000]

248쪽: 중국적송(소나무과) *Pinus tabuliformis* (Pinaceae) – Chinese red pine

유럽산 단풍나무(단풍나무과) *Acer pseudoplatanus* (Aceraceae) – Sycamore. 자연 상태에서 탈수된 화분립 뭉치. 긴 발아구가 3개인 화분립으로, 적도면에서 3개의 틈 모양의 발아구들 중 1개 또는 2개가 관찰되며, 방사극면에서는 3개의 모든 발아구 끝을 볼 수 있다. [SEM × 800]

250쪽: 유럽산 단풍나무(단풍나무과) *Acer pseudoplatanus* (Aceraceae) – Sycamore. 날개 달린 종자가 발달하고 있다.

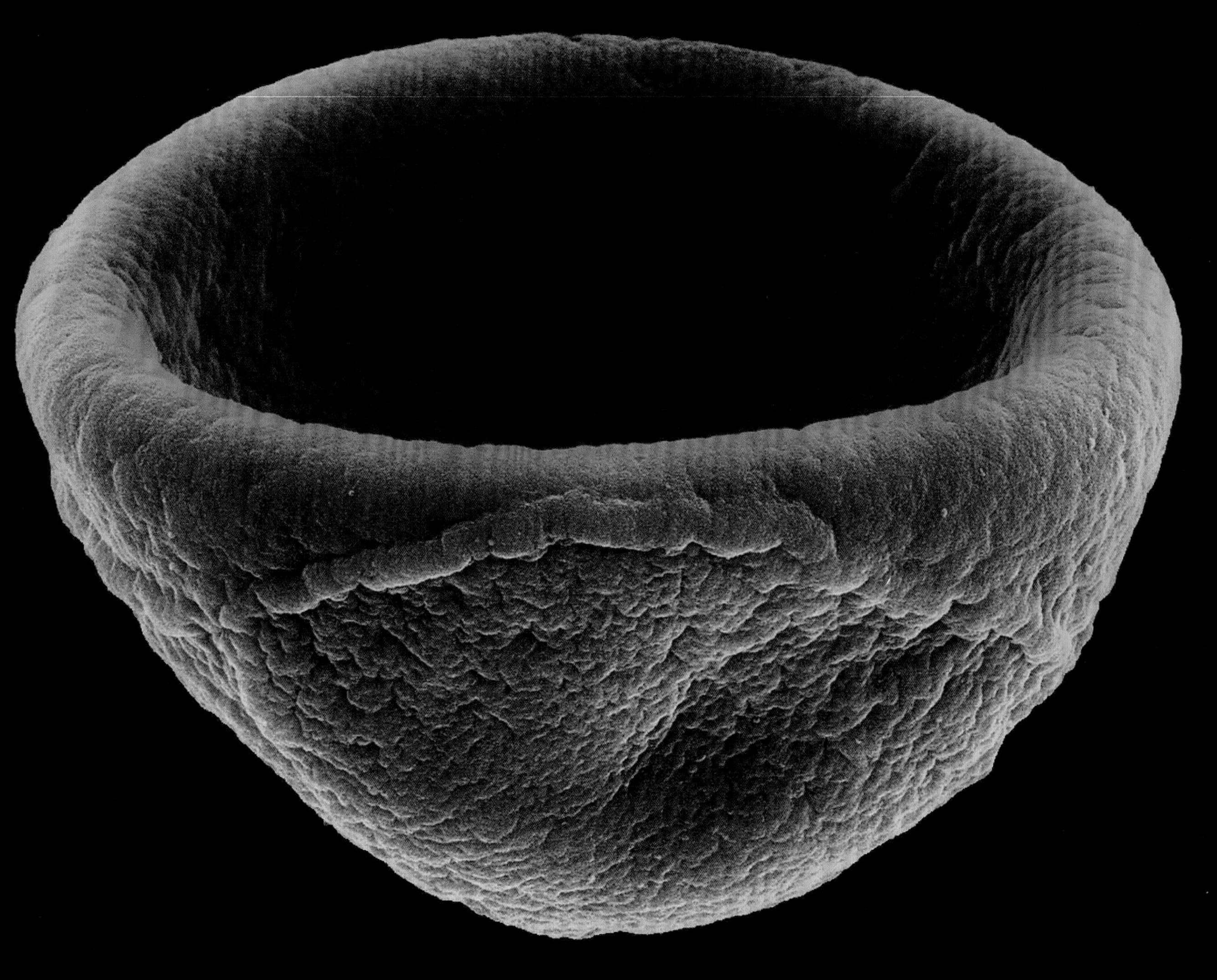

구주낙엽송(소나무과) *Larix decidua* (Pinaceae) – Larch. 그릇 형태로 접힌 탈수 상태의 화분립 [SEM × 1500]

252쪽: 구주낙엽송(소나무과) *Larix decidua* (Pinaceae) – Larch. 웅성 구과(아래, 중앙 왼쪽)와 자성 구과(중앙 오른쪽)

254쪽: 볼보와 미니, 2대의 자동차 화분 필터에서 걸러진 화분 수집품. 각 화분의 종을 정확히 동정하기는 어렵지만 몇몇 화분의 특징들은 과 수준에서 동정이 가능하다. 위 왼쪽: 소나무과(249쪽 참조), 위 오른쪽: 아욱과(70쪽 참조), 아래 왼쪽: 국화과(241쪽 참조)

아래: 손수건나무(니사과) *Davidia involucrata* (Nyssaceae) – Handkerchief tree. 꽃의 확대 이미지. 손수건나무라는 이름이 유래된, 특징적인 흰색 포엽이 달려 있다.

맨 아래: '마술 시간(Magic Hour)' 중 '운송 중인 화분(Hortus in Transit)'의 세부 모습 – 손수건나무에 아욱과 화분이 인쇄된 실크 손수건이 매달려 있다. 옥스퍼드 식물원. 2008

운송 중인 화분

롭 케슬러(ROB KESSELER)

일상생활에서 우리는 지속적으로 (그리고 무심코) 신발, 머리, 그리고 코를 통해 주변에 감추어져 있는 동식물 조각의 수집물을 집어서 여기저기로 옮긴다. 대부분의 현대적인 자동차에는 꽃가루(화분) 알레르기 환자의 쾌적한 환경을 위하여 화분을 여과할 수 있는 환기 시스템이 갖추어져 있다. 이 여과 장치는 수백만 개의 미세한 섬유질 가닥으로 만들어져서 먼지 입자뿐만 아니라 화분립 그리고 다른 공기 중의 알레르기 유발 물질들을 걸러 준다. 이와 관련하여 표본을 수집하기 위해 동식물 학자가 교외 주변을 다니던 일은 현대 식물과학에서 실천되는 과학적인 수집 체계로 대체되었다. 현대 식물과학은 인간의 맨눈으로 보기에는 너무 작은 자연 세계의 여러 양상들을 밝혀내고 있다.

18세기와 19세기 동안 유럽 대륙 순회 여행을 했던 사람들은 유럽의 대정원들을 방문했을 것이다. 이들 중 요한 볼프강 괴테(Johann Wolfgang von Goethe)와 존 러스킨(John Ruskin)은 베니스로 떠나는 일정 중 알프스를 지나 이탈리아까지 식물 표본을 수집하였으며, 식물과학 연구의 산실이자 세계 최초의 식물원인 오르토 보타니코(Orto Botanico)를 방문하였다. 롭 케슬러는 매년 베니스에서 그리스까지 이어지는 그들의 여정에 따라 정원들을 방문하여, 사진으로, 그리고 자신도 모르는 사이에 자동차의 화분 필터로 걸러지는 표본을 수집하였다.

그 자체만으로도 세계에서 가장 오래된 식물원 중의 하나인 옥스퍼드대학 식물원에서 롭 케슬러는 빛과 소리 이벤트인 '마술 시간(Magic Hour)'을 위해 몇 가지 식물학적 맥락들을 엮어서 '운송 중인 화분(Hortus in transit)'을 창안했다. 식물원에는 손수건나무(*Davidia involucrata*)의 훌륭한 수집품이 있는데, 이 손수건나무는 봄철 화서 주위에 옅은 색을 띤 커다란 포엽이 아래로 늘어지기 때문에 붙여진 이름이다. 손수건과 꽃가루 알레르기를 응용해서 그와 식물원의 학예연구원인 루이즈 앨런(Louise Allen)은 자동차에서 수집한 다양한 화분의 이미지를 인쇄한 실크 손수건들을 바람에 자유롭게 나부끼도록 나무에 매달았다. 그리고 대상을 더 확대해서 나뭇가지 위에는 그리스 코르푸(Corfu)에서 가져온 벌통을 얹었는데, 그곳에서는 코르푸의 벌집을 녹음한 벌 소리가 흘러나왔다. 벌통에서 뽑아낸 틀은 신기하게 화분 필터의 모양과 닮았고, 이 유사성을 좀 더 확대하면 벌의 윙윙대는 소리는 마치 무리하게 가동된 엔진의 끽끽거리는 소리 같다고 할 수 있다.

소리 이벤트는 해질 녘부터 늦은 저녁까지 계속되었고, 불빛이 사라지면서 방문자들은 불꽃 주위의 나방처럼 나무로부터 흘러나오는 소리에 매료되었다. 이 나무는 자연이 나타내는 예상 밖의 복잡성과, 꿀벌과 꽃 사이의 취약하지만 생명 유지에 필수적인 상호의존성에 관한 대화의 초점이 되었다.

('운송 중인 화분(Hortus in transit)'에 대한 권한은 본래 '마술 시간(Magic Hour, 2008)'을 위한 옥스퍼드 현대음악(Oxford Contemporary Music)과 옥스퍼드대학 식물원에 있다.)

맺는 글

256쪽: 화분 여과 장치에 걸러진 화분립. 튤립(백합과)의 화분으로 추정된다. [SEM × 2.5K]

아래: '마술 시간(Magic Hour)' 중 '운송 중인 화분(*Hortus in Transit*)'의 세부 모습 – 손수건나무(*Davidia involucrata*) 위에 그리스에서 가져온 벌통과 벌소리가 녹음된 방송 장치들이 설치되어 있다. 옥스퍼드 식물원, 2008

맨 아래: 그리스에서 가져온 벌통의 밀랍틀 위의 꿀벌들(*Apis mellifera*)

문외한에게 있어서 예술가와 과학자 간의 공동 작업은 각각의 문화가 융합된 대단한 결과물을 내놓을 것이라는 비현실적인 기대를 갖게 할지도 모른다. 그러나 실제로 그 결과물은 화분과 같이 더욱 미묘하고 다양하며, 상상했던 것보다 더 광범위하게 흩어져 있다. 사람들은 이런 융합으로 얻어진 이익은 모두 예술가에게 돌아갈 것이라 짐작하고, 과학자가 얻는 것이 무엇인지 묻기도 한다. 예술가 요제프 보이스(Joseph Beuys)는 모든 사람에게 예술가적인 감각과 예술을 통해 자연과 조화롭게 결합할 수 있는 잠재 능력이 있다고 믿었으며, 또한 과학자들은 우리 내면에 과학적인 감각의 공간이 잠재되어 있음을 상기시켜 주곤 한다.

이 책을 통해 과학과 예술의 진정한 공동 작업, 두 문화 사이의 관심사들에 대한 동등한 관계, 그리고 두 문화 간에 중첩되는 각각의 사례에 대한 관점을 갖게 되었다. 이 책의 내용은 수년간에 걸쳐 식물 재료를 수집, 준비하고 연구한 결정체이다. 또한, 서로 다른 관점에 따른 식물 재료를 선정하고 묘사하기 위해 많은 시간 의견을 나눈 산물이기도 하다. 과학 또는 자연이 본래 지닌 실천과 관습의 차이는 인정되어야 할 필요가 있을 뿐만 아니라, 또한 그 차이는 때때로 극복되어야 하는 것이기도 하다.

이 앞 장에서 보여 준 화분과 꽃이 쌍을 이루는 이미지는 아마도 우리의 접근 방법의 차이를 보여 주는 가장 전형적인 예일 것이다. 과학자는 주어진 주제에 관해 완벽할 정도로 명료하게 모든 정보를 줄 수 있는 가장 완전한 표본을 선택할 것이다. 예술가 또한 같은 선택을 하겠지만 과학자와는 매우 다른 의도를 가질 것이다. 나는 자주 신선한 꽃에서 화분을 수집한다. 화분을 건조시킨 후 바로 현미경으로 옮기면 완전하게 수화된 상태부터 망가지고 찌그러들거나 파열된 것까지 여러 가지 상태 – 극도로 작은 크기의 '있는 그대로의 조각' – 로 나타난다. 나는 화분을 수집할 때마다 그 화분들이 어떤 꽃의 것인지를 가장 잘 나타내기 위해 화분립을 신중하게 선택해 왔다. 때때로 특이하게 비자연적인 상태를 나타내는 색은 화분립의 형태 또는 기능적인 면에 집중할 수 없게 한다. 이것은 화분의 자연적인 색이거나 그 화분을 가지고 있던 꽃의 색이고, 또는 나의 장식적인 판타지로서 자연에 대한 고의적이고 비과학적인 간섭이었을지도 모른다. 나는 상징주의와 과학 사이의 어딘가에 있는 이미지를 창조하려고 애써 왔는데, 그 이미지는 많은 식물의 예술적인 표현이 복잡하여 넋을 놓게 하는 시각적인 표현, 즉, 기억 속으로 사라지게 되는 유사 형태들에 집중되어 있다.

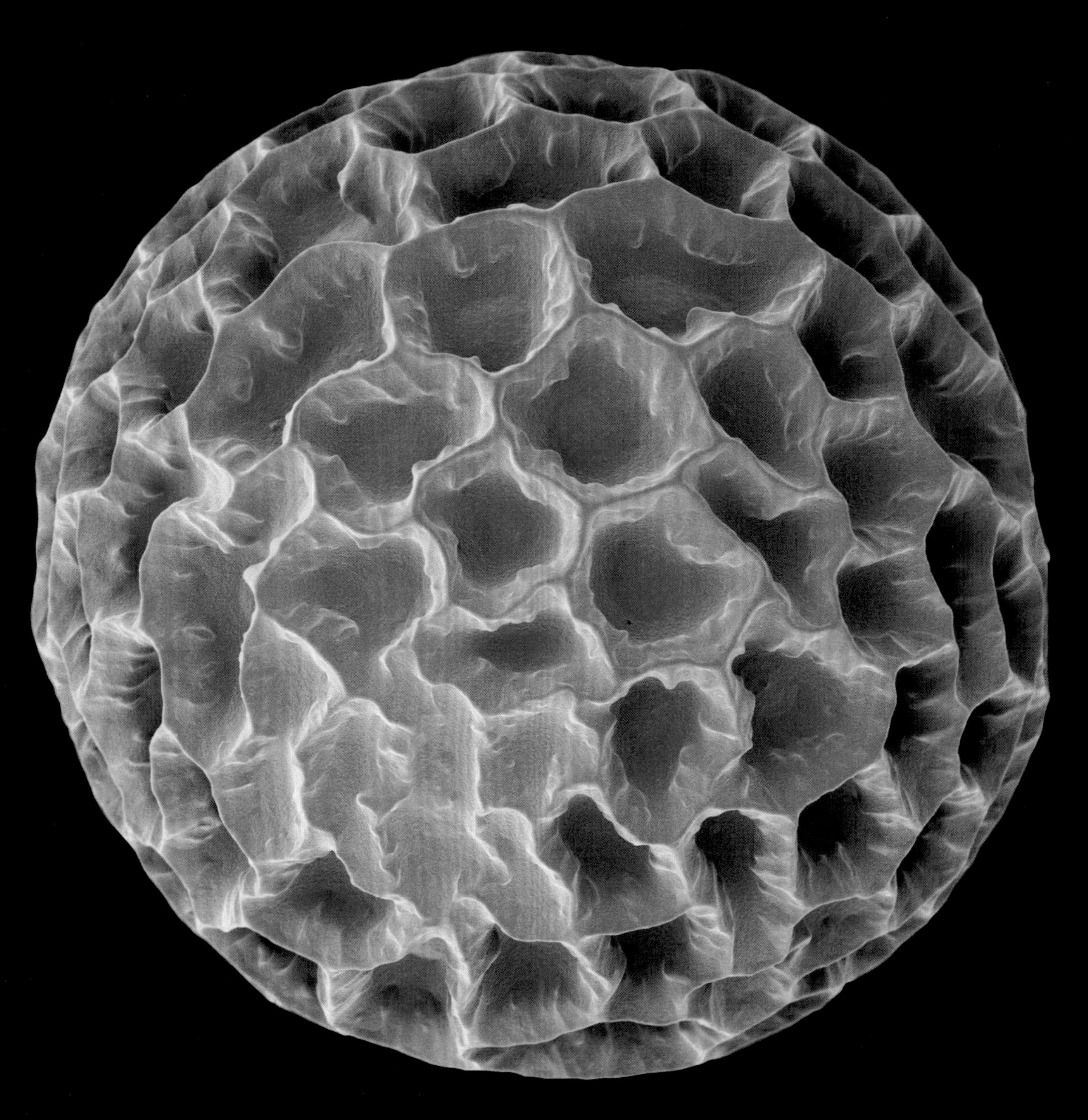

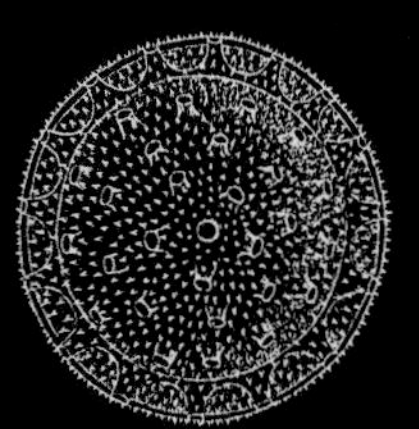

부 록

APPENDICES

불빈 라티폴리아(아스포델루스과) *Bulbine latifolia* (Asphodelaceae) –
화분립 [자연 건조, SEM × 1.3K]

용어 해설

*→ 관련 용어

감수분열 Meiosis : 이배체 세포의 염색체 수가 반으로 줄어드는 분열로, 분열 결과 4개의 반수체 세포를 형성한다. → 유사분열, 접합자

곤드와나 Gondwana : 지구의 땅덩어리인 판게아가 두 개의 고대륙으로 나누어진 것 중 남쪽 대륙 → 로라시아

공생 Symbiotic : 긴밀한 관계. 좁은 의미로는 양쪽이 모두 이익을 얻을 경우를 말하지만, 넓은 의미로는 상대에게 피해를 입힐 수 있는 경우(예: 기생 관계)나 오직 한쪽에만 이익이 되는 편리공생(예: 기생란)도 포함된다.

광학현미경 Light microscope : 일련의 정밀한 간유리 렌즈를 통해 물체에 빛을 조사하는 현미경. 해상도는 ×100~×1500 → 전자현미경

극면도 Polar view : 이 용어는 초보자에게는 혼란스러운 주제인데, 이것이 성숙한 화분이 발달하는 사분립 유형과 관계가 있기 때문이다. 전형적으로 하나의 신장된 발아구를 가지는 화분립에서 적도면도는 백합 화분처럼 발아구가 완벽하게 보일 때나 또는 발아구의 어느 부분도 보이지 않을 때를 말한다. 헬레보레(Hellebores) 또는 중국풍년화처럼 3개의 신장된 발아구가 있는 화분립의 경우, 적도면도는 방사성 대칭 내에서 모든 3개의 발아구가 부분적으로 보일 때를 말한다. → 극성, 적도면도, 사분립

극성 Polarity : 사분립 단계 동안 서로 연관된 4개의 화분립의 위치. 두 개의 극, 즉 원극과 향기부극이 있다. 향기부극은 사분립 안에 각 화분립의 '자매'와 연결되어 있는 4개의 어린 화분립 각 면의 중간점인 반면, 원극은 각 화분립의 반대면의 중심점이다. 화분 발아구는 보통 사분립에서 성숙한 개별 단위로 분리되기 전에 발달한다. 각 화분립에서 발아구의 위치와 배열은 유전적으로 미리 결정된 패턴을 따르는데, 이 패턴은 사분립 단계 동안 다른 3개의 각 화분립 내의 발아구의 위치 및 배열과 연관된다. 광학현미경 또는 주사전자현미경하에서 피자식물의 화분립은 대부분 다른 각도에서 다르게 보인다. 이것은 다공형과 같은 예외가 있긴 하지만 화분립에서 보이는 구들이 전체적으로 분포되어 있지 않기 때문이다. 구 형태와 관련된 화분 발아구의 위치 비교는 1943년 군나르 에르트만에 의해 소개되었으며, 이는 화분관 발아구와 연관되어 보이는 화분립 내의 위치를 설명하기 위해서이다. → 사분립, 극면도, 적도면도

극핵 Polar nuclei : 두 개의 정핵 중 하나와 결합하여 3n의 배유를 형성하는 배주 안에 있는 한 쌍의 핵 → 난세포, 생식세포, 배주, 영양세포

글리코사이드 Glycoside : 피라노스 당(pyranose sugar)과 아글리콘(aglycone)이라 불리는 당이 없는 비당분자(지방족 또는 방향족 탄화수소)의 반응에 의해 형성되는 화합물

꽃받침 Calyx : 꽃받침조각(악편)의 집합체. 악

꽃받침잎 Sepal : 꽃받침을 이루는 각 조각(단위). 악편 → 꽃받침

꽃밥 Anther : 수술의 끝 부분이며, 보통 화분립을 생산하는 4개의 화분낭(약실)으로 이루어진다. 약 → 수술, 약실

꽃잎 Petal : 화관을 이루는 각각의 단위 → 화관

꽃꿀 Nectar : 꿀샘에서 분비되는 설탕 성분의 액체로, 주로 곤충 또는 조류에 의해서 수분되는 식물의 꽃에서 찾아볼 수 있으며, 수분매개체를 유인하고 보상하는 데 쓰인다. → 꿀샘

꿀샘 Nectaries : 꿀을 분비하는 기관. 보통 꽃이나 거(距)의(예: 매발톱속) 아랫부분에 있으며, 수분매개체를 유인하는 데 쓰인다. 밀샘

나노미터 Nanometre : 1μm의 1/1000

나자식물 Gymnosperms : 피자식물과 달리 심피 구조를 가지고 있지 않으며, 중복수정이 일어나지 않는 나출된 종자를 갖는 종자식물. 나자식물에는 남양삼나무(Araucarias), 침엽수, 소철, 마황(Ephedras), 은행, 매마등과(Gnetaceae), 웰위치아(*Welwitschia*)가 속한다. → 피자식물

낙엽성 Deciduous : 건기 또는 겨울이 오기 전에 수분 손실을 감소시키는 적응 현상으로 잎을 떨어뜨리는 목본 또는 다년생 식물

난세포 Egg cell : 이배체의 접합자를 형성하기 위해 웅성 생식세포에 의해 수정하게 될 반수체의 자성세포 → 생식세포, 접합자

다립 Polyad : 화분립이 성숙 시 결합되었던 상태로 남아 있는 형태이며, 산포되는 단위이기도 하다. 주로 4립의 배수로 묶인다. → 화분괴, 사분립

단물 Honeydew : 일종의 진딧물인 특정 개각충이 생산하는 진한 설탕 성분의 분비물로, 분비물 내의 수분이 증발하면 설탕 성분의 덩어리로 굳는다. → 진딧물

단위생식 Parthenogenesis : 수정을 거치지 않고 난세포 안에서 배가 발달하는 것으로 식물과 동물에서 일어나며 반수체 또는 배수체가 될 수 있다. 반수체 단위생식(예: 꿀벌의 수컷)에서, 난자들은 정상적인 방식의 감수분열로 생산되기 때문에 반수체가 된다. 그러므로 이러한 발달로 생긴 새로운 개체의 세포는 반수체이다(효과적인 개체의 복제). 배수체 단위생식에서 난자는 감수분열 대신 체세포 분열에 의해 생성된다. 이로 인해 생성된 난자는 반수체가 아닌 배수체이고, 그러므로 이 결과로 만들어진 개체는 정상적인 배수체 구조를 가진다. 진딧물의 생활사 중 일부 단계에서 일어나는 것으로, 웅성배우자를 필요로 하지 않고 개체수를 늘릴 수 있는 빠르고 효과적인 방법이다. 처녀생식

대악샘 Mandibular gland : 벌의 턱 바로 위에 위치한 페로몬을 분비하는 분비샘 → 페로몬, 여왕벌 물질

떡잎 Cotyledon : 종자식물의 배를 구성하는 첫 잎 또는 잎들. 자엽

로라시아 Laurasia : 지구 땅덩어리인 판게아가 한때 나누어진 두 개의 고대륙 중 북쪽 대륙 → 곤드와나

로열젤리 Royal jelly : 여왕벌로 성장할 유충을 먹이기 위해 육아벌이 만드는 영양 물질

미크론/마이크로미터 Micron/micrometre : 1mm의 1/1000 (약어 μ) → 나노미터

밀랍 Beeswax : 벌집을 만들기 위한 왁스. 일벌의 복부 배마디 사이에 위치한 특별한 분비선에서 작은 조각 형태로 분비된다. → 벌집

반수체 Haploid : 염색체 조 중 각 염색체를 대표하는 오직 한 조의 염색체를 가지는 핵 또는 개체 → 이배체

배낭 Embryo sac : 피자식물에서 난자의 수정과 배의 발달이 일어나는 배주의 주심에 있는 커다란 난형세포

배우자/배우체 Gamete/gametophyte : 접합자를 형성하기 위해 유성결합에 참여하는 세포 또는 핵. 배우체는 보통 반수체이므로 두 개가 결합하여 이배체의 접합자가 만들어진다.

배유 Endosperm : 대부분 피자식물의 종자 내에 있는 저장 조직으로 다른 종자식물에는 없다. 배유는 세포간극이 없는 3n이며, 전분, 헤미셀룰로오스(hemicellulose), 단백질, 오일 및 지방이 저장되어 있다. 배젖

배주 Ovule : 종자식물의 자성 생식기관(피자식물, 나자식물)으로, 난세포가 수정된 후에 종자로 발달하게 된다. 밑씨

백악기 Cretaceous : 지금으로부터 약 1억 4천만 년~6천5백만 년 전의 시대로, 전기와 후기로 나뉜다. 피자식물은 초기 백악기에 진화하였고, 공룡은 백악기 말에 멸종되었다.

벌밥 Bee bread : 벌 유충의 먹이로 쓰이는 벌꿀과 화분이 압축된 혼합물

벌집 Combs : 일벌이 만드는 육각형의 방. 겹겹이 층을 이루는 구조로, 벌의 유충이 길러지고 벌꿀 또는 화분이 저장되는 장소이다.

분류학 Taxonomy : 분류의 원칙과 사례를 연구하는 학문. 엄밀하게는 자연계에 존재하는 변이의 기재와 연구 및 분류의 후속 편찬에 적용된다.

불염포 Spathe : 육수화서를 싸고 있는 커다란 포엽 → 포엽

사분립 Tetrad : 4개의 합쳐진 화분립 또는 포자 그룹을 가리키는 일반적인 용어로, 산포 단위 또는 발달 단계를 나타낸다. 여러 가지 화분 사분립 또는 산포 단위의 유형이 있으며, '정방정계'와 '사면체'가 가장 흔하다.

생식세포 Generative cell : 두 개의 웅성 생식세포로 분열되는 반수체의 웅성세포. 1개는 난세포와 결합하여 배수체 접합자를 형성하고 다른 1개는 배낭 안의 극핵과 결합하여 3n인 배유 영양 조직을 형성한다. → 난세포, 배유, 배낭, 반수체, 이배체, 접합자

세포 소기관 Organelles : 특수한 과정을 수행하도록 조직된 세포질 안에 막으로 둘러싸인 구조

수분 Pollination : 하나의 종자식물에서 같은 종의 다른 식물로 화분립이 이동하는 것. 보통 외부 요인들(동물, 바람 또는 물)이 함께 작용한다.

수술 Stamens : 피자식물의 웅성 생식기관으로, 화분을 생산한다. 집합체는 수술군 → 수술군, 화분

수술군 Androecium : 꽃 안의 웅성 생식기관인 수술의 집합체를 일컫는 용어 → 암술군, 수술

수술대 Filament : (수술 및 꽃밥과 관련한) 끝 부분에 꽃밥(약)이 달려 있는 수술의 자루

순판 Labellum : 주로 난과의 꽃 부분 중 대개 축을 향한 (아래의) 확장된 꽃잎

스포로폴레닌 Sporopollenin : 대부분의 피자식물의 화분벽 외부를 구성하는 물질로, 탄소, 수소, 산소가 4 : 6 : 1로 구성된다. 최근의 연구 결과에 의하면 지방, 방향성이 있는 소량의 카복실산(carboxylic acid) 성분이 함유되어 있는 것으로 알려졌다. 이러한 구성 요소는 같지만, 현재까지 각 구성 요소의 비율은 모든 식물 그룹에서 일정하지 않은 것으로 알려져 있다. 스포로폴레닌은 생체 거대 분자와 반복적인 거대 구조 없이 무작위로 상호 결합하는 것으로 보이며, 아울러 이 물질은 본질적으로 효소의 공격에 저항할 뿐 아니라 본래의 성분을 파악하기 위해 고안된 많은 실험 과정에서도 변하지 않는 형질을 갖는다. 이것은 화분외벽의 특별한 보존적인 성질을 설명해 준다. 포분질

식물의 과 Families of plants : 다른 생물 조직과 마찬가지로 식물은 '분류학적 계급들'로 나뉜다. 현화식물의 주요군은 피자식물, 목, 과, 속, 종이다. → 분류학

실 Locule : 특수한 기관으로 발달될 공간을 말한다. 예로 약실 또는 씨방실(심실)이 있다. → 꽃밥, 씨방

심피 Carpel : 피자식물에서 배주(밑씨)를 둘러싸고 있는 구조. 한 개의 심피는 암술 또는 이생심피라고 하고, 한 개 이상의 심피는 합생심피라고 한다.

쌍떡잎식물/쌍자엽식물 Dicotyledons/dicotyledonous : 외떡잎식물과 더불어 피자식물의 중요한 두 그룹 중 하나. 쌍떡잎식물이란 용어는 발아하는 배(종자)가 주로 두 개의 떡잎을 가지는 것에서 유래하며, 초본, 관목 또는 교목일 수 있다. 또 다른 특징은 꽃 부분이 보통 4개, 5개 또는 그 배수이며, 환상 구조의 유관속 배열과 곧은 뿌리로 발달하는 원뿌리를 갖는다. → 외떡잎식물

씨방 Ovary : 암술 기부의 부풀어 오른 부위(비교: 심피). 1개 또는 그 이상의 배주를 포함한다. 자방 → 배주, 암술, 심피

안토시아닌 Anthocyanin : 안토시아니딘 전구체(anthocyanidin precursor)에 당과 다른 잔기(殘基)가 결합함으로써 생성되는 색소 배당체이며, 보통 펠라르고니딘(pelargonidin), 델피니딘(delphinidin) 또는 시아니딘(cyanidin)이 있다.

알레르기 반응 Allergenic reaction : 민감한 생체는 알레르기를 유발하는 항원에 노출된다. 알레르기에 대한 초기 반응으로, 신체는 림프 조직의 항원 형성 세포 내의 면역글로불린 E(Ig E)를 생산한다. 면역글로불린 E는 상피세포와 점막세포(백혈구와 비만세포)에 친화성을 가지는 혈류 내의 혈청 속을 순환한다. 면역글로불린 E 항체 분자들은 수 주 동안 남아 있을 Y자 형태의 아래 줄기 부위(foot-piece, 분자의 Fc 부위)에 의해 이러한 세포들과 결합한다. 면역글로불린 E 항체 분자들은 비만세포보다 훨씬 작다. 각 비만세포는 표면에 10만 Ig E 분자를 가지며, 각 Ig E 분자는 특별한 알레르기 유발 항원을 위한 말단의 인식 위치를 갖는 2개의 기를 갖는다. 이것이 그것과 결합하고 있는 막 당단백을 통과하는 비만세포막과의 의사소통이다. 그 다음에 민감한 생체가 비만세포 표면의 근접한 Ig E 분자의 쌍에 붙는 항원에 결합하게 된다. 그 결합 반응은 알레르기 반응의 통증을 초래하는 조직 조절자(약학적으로 과립제 히스타민과 효소를 포함하는 비만세포에 의해 분비되는 과립제에서 나오는 활성 물질)를 빨리 방출시키게 한다.

암수딴그루 Dioecious : 자성(암) 식물체와 웅성(수) 식물체가 분리된 식물. 각각의 집에 거주한다는 의미의 그리스 어에서 유래. 자웅이주 → 암수한그루

암수한그루 Monoecious : 같은 식물체 내에 암꽃과 수꽃이 개별적으로 있는 식물. 같은 집에 산다는 의미의 그리스 어에서 유래. 자웅동주 → 암수딴그루

암수한몸 Hermaphrodite : 양성. 한 몸에 웅성과 자성 배우체를 가지고 있는 식물 또는 동물의 개체. 양성화주

암술 Pistil : 씨방, 암술대 및 암술머리로 구성된 개별적 심피

암술관 Stylar canal : 암술머리와 씨방실을 연결하는 암술대에 있는 중앙 통로. 화분관은 암술관을 통해 아래로 자라지만, 모든 암술이 이와 같은 관을 가지는 것은 아니며, 몇몇 종에서는 화분관이 암술대 조직 사이로 암술대

를 통과한다. → 암술대, 암술머리, 화분관

암술군 Gynoecium : 꽃의 자성 기관. 1개 또는 그 이상의 암술(암술머리+암술대+씨방)로 구성된다. 한 개의 암술인 경우 '심피'이며, '암술군' 또는 '합생심피'가 동의어이다.

암술대 Style : 암술머리와 씨방 사이의 암술(심피) 부분 → 심피, 씨방, 암술, 암술머리

여왕벌 물질 Queen bee substance : 여왕벌의 대악샘에서 분비되는 페로몬 → 대악샘, 페로몬

염색질 Chromatin : 단백질, DNA와 소량의 RNA 복합체로 염색체를 구성하는 물질이다. → 염색체

염색체 Chromosomes : 염색질로 이루어진 진핵세포 내의 실타래 같은 구조. 유전 물질을 운반하며, 세포분열 시 응축되어 현미경으로 관찰이 가능하게 된다. → 염색질, 진핵생물, 핵

영양세포 Vegetative cell : 어린 화분립 내의 2개 또는 3개의 세포들 중 크기가 가장 큰 세포. 이들의 기능은 완전히 밝혀지지 않았으나 화분관의 발생과 성장에 관여하는 것으로 여겨지고 있다. → 생식세포

외떡잎식물/단자엽식물 Monocotyledons/monocotyledonous : 피자식물의 주요한 2개의 그룹 중 하나로, 나머지 한 그룹은 쌍떡잎식물이다. 외떡잎식물은 발아하는 배(종자)가 보통 한 개의 떡잎을 가지고 있기 때문에 붙여진 이름이다. 대부분이 초본이며, 줄기는 이차 비후가 일어나지 않고, 야자나무와 같은 일부 그룹이 수목의 형태이지만 진정한 의미의 수목은 생기지 않는다. 쌍떡잎식물과 구별되는 다른 특징은 꽃의 각 기관이 3개 또는 3배수이며 관다발은 흩어져 있고, 수염뿌리를 갖는다. → 쌍떡잎식물

외생포자 Exospore : 포자벽의 안쪽 층은 '내생포자', 바깥층은 '외생포자'라고 하며 산/산화 저항성을 띤다. 외생포자의 바깥층을 이루는 또 다른 막인 포자외막(perispore/perine)은 몇몇 양치류에서 발견된다. 그것은 외생포자 밖에 있으나 보통 산/산화 저항성을 가지지 않는다.

육수화서 Spadix : 육질의 큰 화축에 꽃자루가 없는 꽃이 달리는 특별한 화서이며, 주로 화서 뒤로 확장된 불염성 부위가 있다. 살이삭화서

이배체 Diploid : 체세포의 핵 내에 반수체 염색체 수의 두 배를 가지는 세포나 개체 → 반수체, 배우자/배우체, 감수분열, 체세포

이소플라본 Isoflavones : 플라보노이드 핵의 B그룹이 중앙 C3 그룹의 2번째 탄소 대신에 3번째에 붙는 플라본의 이성질체. 특히 콩과 식물에 많이 함유되어 있다.

자가불화합성 Incompatibility : 피자식물에서 수분이 일어난 다음, 수정이 되지 않고 그 이후 종자를 맺지 못하는 현상 → 수분

적도면도 Equatorial view : 비전공자에게는 혼동스러운 주제로, 이는 성숙한 화분립을 발달시키는 화분 사분립의 유형과 관련이 있기 때문이다. 전형적으로 하나의 신장된 발아구를 가지는 화분립에서 그것의 길거나 또는 짧은 축에서 볼 때 화분립의 발아구는 오직 반쪽만 보이는 반면, 3개의 신장된 발아구를 가지는 화분의 경우[예: 헬레보레(Hellebores) 또는 중국풍년화] 3개 중 1개 또는 2개만이 완전하게 보인다(57쪽). → 극성, 극면도, 사분립

전자현미경 Electron microscope : 빛이 아닌 전자총에서 나온 평행한 전자광이 일련의 렌즈를 통해 시료를 조사하는 현미경. 주사전자현미경과 투과전자현미경의 두 종류가 있다. 주사전자현미경은 시료 표면의 전체 또는 두꺼운 단면에 전자를 주사한 후 시료에 따라 다양하게 반사되는 전자를 전자검출기에 모아 분석하며, 3차원의 영상을 얻을 수 있다. 투과전자현미경은 박편된 시료(나노미터의 굵기)에 전자광을 투사하는 방식으로, 현대 투과전자현미경의 분해능은 5만 배를 초과하며 생물 재료가 아닌 경우 이보다 높다. → 광학현미경

접합자 Zygote : 두 배우자(생식세포)의 결합으로 생긴 산물로, 이전에 감수분열과 세포분열을 거친다.

종자 Seed : 종자식물(피자식물과 나자식물)에서 수정된 배주로부터 발달되는 구조물로, 새로운 이배체 식물을 형성하기 위한 모든 유전 정보를 가지고 있다. 씨앗

종자식물 Seed plants : 종자를 생산하는 식물. 피자식물 및 나자식물 → 피자식물, 나자식물

좌우대칭 Zygomorphic : 좌우상칭

주공 Micropyle : 배주 정단에 있는 주피의 양끝 사이에 남아 있는 작은 통로. 보통 화분관이 이를 통해 주심으로 진입한다. 때로 주공은 발아 중이거나 또는 그 전에 종자가 수분을 흡수할 수 있는 작은 구멍으로서 잔존한다. → 주피, 주심, 배주, 화분관

주둥이(吻) Proboscis : 코 모양의 섭취 기관(예: 코끼리), 일부 곤충에서 빠는 기관 또는 신장된 입 부분

주병 Funiculus/funicle : 피자식물에서 배주와 부착되어 있는 자루. 후에 종자에서 태좌 또는 씨방벽에 부착시키는 작용을 하고 씨방과 종자에 유관속을 연결한다.

주심 Nucellus : 배주의 중심 조직. 배낭을 포함하고 있으며 주피에 둘러싸여 있다. → 배낭, 주피, 배주

주피 Integument : 주공을 제외한 거의 대부분을 감싸는 배주의 기부에서 발달되는 보호 구조(덮개) → 주공, 주심

지능 지수 IQ(intelligence quotient) : 지적 테스트에 의해서 나온 지수로서, 100으로 고정된 연령대의 평균과 비교한 개인의 지적 정도를 나타내기 위해 고안된 수치. 1912년 독일의 심리학자 윌리엄 스턴에 의해 소개되어 20세기 동안 상당히 널리 적용되어 왔으나, 현재는 그 개념과 가정의 일부가 시대에 뒤떨어지는 것으로 여겨지고 있다.

진딧물 Aphids : 노린재목에 속하는 작은 곤충. 동식물의 진액을 빨기에 적합한 입 구조를 가진다. 몸체는 좁은 머리와 둥글고 납작한 복부 형태를 가진 전형적인 배 모양이며, 녹색과 갈색이 주를 이룬다. 대부분의 종은 날개가 없으나 있는 경우 투명 또는 막질이며, 형태의 변이가 많이 존재한다. 개각충(깍지벌레상과)과 같은 몇몇 진딧물 종의 암컷은 날개가 없거나 다리가 없는 것이 종종 있으며, 이들은 수분이 증발하면서 당덩어리로 굳어지는 단물을 분비한다. → 단물

진핵생물 Eukaryote/eukaryotic : 세포 내에 핵을 가지는 생물 → 염색체, 핵

체세포 Somatic cell : 몸을 구성하는 모든 세포. 즉 화분, 포자, 배우자 또는 다른 전구체를 제외한 모든 세포 → 이배체

체세포 분열 Mitosis : 하나의 세포가 2개의 딸세포로 나누어지는 과정으로, 각각은 원래 세포와 동일한 유전적 구성 요소를 지닌 같은 수의 염색체를 포함하는 핵을 가진다.

초산 분해 Acetolysis : 현대 화분비교학의 아버지라 불리는 군나르 에르트만(Gunnar Erdtman)에 의해 1930년대에 고안된 방법으로, 화분의 내부 세포 물질, 내벽 및 외부 지방층을 제거하기 위해 개발되었다(Erdtman, 1936). 화분 외벽의 세부 형태는 광학현미경으로 관찰이 용이하며, 화분 외벽을 유지하고 있는 화분 화석과의 비교 또한 가능하다. 초산(아세트산) 혼합액은 무수초산(acetic anhydride)과 황산(sulphuric acid)을 9:1의 비율로 섞어 만든다. 화분립과 혼합액을 외벽의 강도에 따라 100℃의 열탕 또는 열건조기를 이용해 1~10분 동안 열을 가한다. 이러한 과정은 가스 배출 장치(fume hood)가 설치된 실험실 내에서만 하여야 한다.

카로티노이드 Carotenoid : 모든 광합성 세포에 존재하는 황색, 오렌지색 또는 적색의 지용성 색소로, 광합성 세포에서 광합성 작용을 할 때 부가적인 색소로 작용한다. 식물의 뿌리, 꽃잎뿐 아니라 화분에도 분포한다.

태좌 Placenta : 배주가 생기는 씨방벽 부위

페로몬 Pheromone : 동물이 같은 종 내 다른 개체의 행동과 발달에 영향을 미치며 자기 주위로 발산하는 화학물질 → 여왕벌 물질

포엽 Bract : 화서에 붙는 잎 모양의 조직 → 불염포

포자체/포자체의 Sporophyte/sporophytic : 이배체 포자 또는 화분립을 가진 식물체 → 배수체

포자 형성 Sporogenous : 포자 또는 화분을 형성하는 것

폴른키트 Pollenkitt : 주로 포화 및 불포화지방, 카로티노이드, 단백질 및 카르복실화된 다당류로 구성된다. 현재까지 연구된 모든 피자식물에서 발견되었지만, 선태식물, 양치식물 및 나자식물에는 없는 것으로 여겨지고 있다. 이것은 다양한 기능을 가지고 있는데, 외벽강 내부에 포자체 단백질을 함유하며, 화분립이 수분 매개체들에 의해 수집될 때까지 화분립을 꽃밥 안 또는 가까이에 있도록 만들고, 화분립을 덩어리 형태로 유지시킴으로써 이들이 커다란 '꾸러미'로 암술머리에 함께 도달할 수 있게 한다. 또, 곤충의 몸, 새의 부리 등에 부착할 수 있도록 하고 화분립의 세포질을 태양열로부터 보호하며, 세포질이 지나치게 수분을 소실하지 않도록 예방하고 화분의 색을 결정하며 유분과 방향 성분으로 수분매개체를 유혹한다.

표본관 Herbarium : 식물이 과학적 연구를 위해 압착, 건조되고, 표지가 붙어 습기와 해충 방지 처리된 곳에 분류 체계적으로 보관되어 있는 곳. 최소 8백만 점의 표본을 소장하고 있는 영국 큐 왕립식물원의 식물표본관은 세계 최대 표본관 중의 하나이다.

프로폴리스 Propolis : 식물의 싹에서 수집되고 밀랍, 화분 등 벌들이 생산하는 효소를 섞어 만든 식물성 수지. 벌은 살균 목적으로 프로폴리스를 벌집 전체에 바르고, 틈이나 구멍을 메우기 위해 사용하기도 하며 겨울에 벌집 입구의 크기를 줄이는 데에도 사용한다.

플라보노이드 Flavonoids : 2-페닐벤조피렌(phenylbenzopyran)을 포함하는 모든 식물화합물군. 플라본, 안토시아닌, 플라바논(flavanone), 캘콘(chalcone), 오론(aurone)과 플라보놀(flavonol)이 이에 속한다.

플라본 Flavones : 불변의 플라보노이드 핵을 지니는 플라보노이드계 색소군 → 안토시아닌, 플라보노이드

피자식물 Angiosperm : 종자가 심피 안에 들어 있는 대부분의 현화식물. 잡초성 일년생 초본, 다년생 초본, 구근식물, 관목에서 교목식물까지 포함된다. 식물계에서 유일하게 중복수정을 하며, 피자식물의 중요한 두 그룹인 외떡잎식물과 쌍떡잎식물로 이루어져 있다. → 나자식물

합점 Chalaza/chalazal area : 주심과 주피가 연결되는 배주(밑씨)의 기저 부분. 배주의 방향에 따라 주병의 위치와 일치하거나 일치하지 않는다.

핵 Nucleus : 진핵세포에서 유전 물질을 포함하고 있는 부분 → 염색체, 진핵생물

형태학 Morphology : 모양, 특히 외부 구조를 연구하는 학문. 이 용어는 시인 요한 볼프강 괴테에 의해 소개되었으며, 그는 식물학 및 자연과학의 다른 분야에도 매우 중요한 기여를 하였다. (참고 문헌 참조)

혹병 Galls : 기생생물이 식물에 침입함으로써 국부적으로 생기는 비정상적인 부풀어 오름이나 이상 발육. 박테리아, 균, 선충, 곤충 또는 진드기로 인해 발생될 수 있다.

화관 Corolla : 꽃잎의 집합체

화관통 Corolla tube : 각 꽃잎의 일부 또는 전체가 결합하여 생기는 통. 몇몇 종에서는 매우 길거나 좁은 모양을 띤다.

화분경단 Pollen loads : 벌이 수집한 화분이 벌 뒷다리 위의 특별한 '화분주머니'에서 압축된 후 벌집에서 '벌밥'으로 만들어진다. → 화분주머니, 벌밥

화분관 Pollen tube : 발아하는 화분립에서 발달하는 관. 웅성 배우체를 배낭으로 운반한다. → 배낭, 배우자, 생식핵, 영양핵

화분괴 Pollinium(pl. Pollinia) : 낱개의 화분립이 함께 뭉쳐 있는 구조로, 수분 과정에서 하나의 단위로 이동된다. 난과와 박주가리과(유액 분비 식물)의 많은 종이 이에 해당된다. → 다립, 사분립

화분괴낭 Pollinarium(pl. Pollinaria) : 대부분의 난과와 박주가리과의 많은 종에서의 웅성 생식구조로 수분매개체에 의해 다른 꽃으로 옮겨지게 된다. 화분괴낭은 화분괴와, 때때로 화분괴병 및 점착체로 이루어진다.

화분주머니 Corbicula/corbiculae : 벌의 뒷다리 마디에 나는 강모로, 이곳에서 화분이 수집되고 압축되어 화분경단이 된다. → 화분경단

화서 Inflorescence : 꽃대 위에 꽃이 분기되어 배열된 상태. 꽃들은 매우 밀집되거나(예: 데이지), 성글게 달린다(예: 라일락).

화탁 Receptacle : 꽃이 붙는 줄기(꽃자루) 끝에 확장된 부위. 주로 볼록하지만 평평하거나 오목하기도 하다.

참고 문헌

화분과 식물학

Bailey, J. (editor) (1999) *The Penguin Dictionary of Plant Sciences.* Second edition (completely revised). Penguin Books, London, England.

Blunt, W. (1971) *The Compleat Naturalist: a Life of Linnaeus. Collins*, London.

Camus, J.M., Jermy, A.C. & Thomas, B.A. (1991) *A World of Ferns.* Natural History Museum Publications, London.

Church, A.H. (1908) *Types of floral Mechanism. Part I Types I-XII (Jan. to April).* Oxford at the Clarendon Press.

Crane, E. (1983) *The Archaeology of Beekeeping.* Duckworth, London.

Cresti, M., Blackmore, S. & Went, J.L. van (1991) *Atlas of Sexual Reproduction in Flowering Plants.* Springer-Verlag, Vienna, New York.

Dafni, A., Hesse, M., Pacini, E. (editors) (2000) *Pollen and Pollination.* Springer-Verlag, Vienna & New York.

Day Lewis, C. (transl.) (1999) *Virgil – The Eclogues and Georgics.* Oxford University Press.

Desmond, R. (1995) *Kew, the History of the Royal Botanic Gardens.* Harvill.

Erdtman, G. (1943) *An Introduction to Pollen Analysis.* Waltham Mass., USA (1954).

Erdtman, G. (1952) *Pollen morphology and plant taxonomy. Angiosperms.* Almqvist & Wiksell, Stockholm.

Erdtman, G. (1969) *Handbook of Palynology: an introduction to the study of pollen grains and spores.* Munksgaard, Copenhagen.

Faegri, K., Pijl, L. van der (1979) *The Principles of Pollination Ecology.* Third revised edition. Pergamon Press, Oxford, New York, Paris.

Fritzsche, J. (1837) *Über den Pollen.* Academie der Wissenschaften, St Petersburg.

Goodman, L. (2003) *Form and Function in the Honey Bee.* International Bee Research Association, Cardiff.

Grew, N. (1682) *The Anatomy of Flowers, prosecuted With the bare Eye, And the Microscope.* W. Rawlins, London.

Heywood, V.H. (editor) (1978) *Flowering Plants of the World.* Oxford University Press, Oxford, London, Melbourne.

Hodges, D. (1952) *The Pollen Loads of the Honey Bee.* Bee Research Association, London.

Hooke, R. (1665) *Micrographia: or some physiological descriptions of minute bodies made by magnifying glasses. With observations and enquiries thereupon.* London, printed by Jo. Martyn, and Ja. Allestry, Printers to the Royal Society.

Jardine, L. (2004) *The Curious Life of Robert Hooke,* Harper Collins, London.

Jeffrey, C. (1989) *Biological Nomenclature.* 3rd Edition. Systematics Association, Edward Arnold.

Kerner von Marilaun, A. & Oliver, F.W. (1903) *The Natural History of Plants.* Vol. II. The Gresham Publishing Company, London.

Kirk, W. (1994) *A Colour Guide to the Pollen Loads of the Honey Bee.* International Bee Research Association, Cardiff.

Knox, R.B. (1979) *Pollen and Allergy.* Institute of Biology, Studies in Biology No. 107. Edward Arnold.

Lawrence, G.H.M. (1955) *An Introduction to Plant Taxonomy.* The Macmillan Company, New York.

Lewis, D. (1979) *Sexual Incompatibility in Plants.* Institute of Biology, Studies in Biology No. 110. Edward Arnold.

Linnaeus, C. (1735) *Systema Naturae.* Leyden. (Facsimile, Stockholm 1960).

Linnaeus, C. (1746-7) *Sponsalia Plantarum.* Linnaeus President. Dissertation by Johan Gustav Wahlbom. Stockholm.

Linnaeus, C. (1750-1) *Philosophia Botanica.* Stockholm.

Moore, P.D., Webb, J.A., Collinson, M.E. (1991) *An Illustrated Guide to Pollen Analysis.* Blackwell Scientific Publications Ltd.

Melzer, W. (1989) *Beekeeping: a Complete Owner's Manual.* Barrons Educational Series Inc., New York.

Mueller, B. (1952) *Goethe's Botanical Writings.* University of Hawaii Press, Honolulu, Hawaii.

Nilsson, S. & Praglowski, J. [eds.] (1992) *Erdtman's Handbook of Palynology.* 2nd Edition. Munksgaard, Copenhagen. [A revised edition of Erdtman's 1969 handbook]

Punt, W., Blackmore, S., Nilsson, S., Le Thomas, A. (1994) *Glossary of Pollen and Spore Terminology.* LPP Foundation, Utrecht. [see also website: http://www.bio.uu.nl/~palaeo/glossary/]

Proctor, M., Yeo, P. (1973) *The Pollination of Flowers.* The New Naturalist Series, Collins, London.

Proctor, M., Yeo, P., Lack, A. (1996) *The Natural History of Pollination.* The New Naturalist Series, HarperCollins, London.

Sawyer, R. (1981) *Pollen Identification for Beekeepers.* University College Cardiff Press.

Stanley, R.G., Linskens, H.F. (1974) *Pollen: Biology, Biochemistry, Management.* Springer, Berlin, Heidelberg, New York.

Stearn, W.T. (1992) *Botanical Latin.* Fourth Edition. David & Charles, Devon.

Wodehouse, R.P. (1935) *Pollen Grains – their structure, identification and significance in science and medicine.* McGraw-Hill Book Company, Inc., New York and London.

미술

Adam, H.C. (1999) *Karl Blossfeldt.* Prestel, Munich.

Arnold, K. (2002) *Science and art: Symbiosis or just good friends?* Wellcome Trust News Supplement, London.

Asherby, J. (1996) *Mapplethorpe, Pistils.* Jonathan Cape, London.

Bataille, G. & Mattenklott, G. (1999) *Karl Blossfeldt, Art Forms in Nature.* Schirmer Art Books, Munich.

Becher, B. & Becher H. (1993) *Gas Tanks.* MIT Press, Cambridge, MA.

Benke, B. (2000) *O'Keefe.* Taschen, Koln.

Blunt, W. (1950) *The Art of Botanical Illustration.* New Naturalist Series, Collins, London.

Bouquert, C. (1996) *Laure Albin Guillot.* Marval, Paris.

Cragg, A. (1998) *Anthony Cragg, Material, Object, Form.* Hatje Cantz Verlag, Ostfildern.

Darwin, E. (1791) *The Botanic Garden, A Poem in Two Parts with Philosophical Notes.* J. Nichols, London.

Davies, P.H. (2002) *Photographing Flowers and Plants.* Collins & Brown.

Dresser, C. (1876) *Studies in Design.* Studio Editions, 1988, London.

Durant, S. (1993) *Christopher Dresser.* Academy Editions, London.

Ede, S. (2000) *Strange and Charmed – Science and the Contemporary Visual Arts.* Calouste Gulbenkian Foundation, London.

Ewing, W. (1991) *Flora Photographica.* Thames & Hudson, London.

Frankel, F. (2002) *Envisioning Science, The Design and Craft of the Science Image.* MIT Press, Cambridge, MA.

Gamwell, L. (2002) *Exploring the Invisible, Art Science and the Spiritual.* Princeton University Press, Princeton, NJ.

Haeckel, E. (1904) *Art Forms in Nature.* Reprinted, 1998. Prestel, Munich.

Herzog, H. (1996) *The Art of the Flower.* Edition Stemmele AG, Zurich.

Hewison, R. (1976) *John Ruskin, the argument of the eye.* Thames & Hudson, London.

Jones, O. (1856) *The Grammar of Ornament.* Studio Editions 1988. London.

Kemp, M. (2000) *Visualizations, the Nature Book of Art and Science.* Oxford University Press, Oxford.

Kesseler, R. (2001) *Pollinate.* Grizedale Arts and The Wordsworth Trust, Cumbria.

Mabberley, D. (2000) *Arthur Harry Church, the Anatomy of Flowers.* Merrell, 2000, London.

Moore, A. & Garibaldi, C. (2003) *Flower Power, the Meaning of Flowers in Art.* Philip Wilson, London.

Rugoff, R. & Corrin, L. (2000) *The Greenhouse Effect.* Serpentine Gallery, Catalogue, London.

Segal, S. (1990) *Flowers and Nature, Netherlandish Flower Painting of Four Centuries.* Hijnk International, Amstelveen.

Stafford, B.M. (1994) *Artful Science, Enlightenment, Entertainment and the Eclipse of the Visual Image.* MIT Press, Cambridge MA.

Stafford, B.M. (1996) *Good Looking, Essays on the Virtue of Images.* MIT Press, Cambridge MA.

Thomas, A. (1997) *The Beauty of Another Order, Photography in Science.* Yale University Press, New Haven.

Walter Lack, H. (2001) *Garden of Eden.* Taschen, Koln.

Wilde, A. & J. (2001) *Karl Blossfeldt, Working Collages.* MIT Press, Cambridge MA.

Woof, P. & Harley, M.M. (2002) *The Wordsworths and the Daffodils.* Wordsworth Trust, Cumbria.

찾아보기

저자 소개

저자　매들린 할리 (Madeline Harley)

식물학자. 2005년 정년퇴직 전까지 영국 큐 왕립식물원 화분학 연구실의 책임자였다. 주요 연구 분야는 피자식물의 진화와 유연관계에서 종 특이성을 보이는 화분 연구로, 국제적으로 주목을 받아 왔다. 또한, 주 저자와 공동 저자로서 75편이 넘는 학술 논문과 저서를 출간하였으며, 많은 국제학술대회에 발표하였다. 현재 린네학회의 연구원이자 영국 큐 왕립식물원의 명예 연구원으로 활동하고 있다.

저자　롭 케슬러 (Rob Kesseler)

시각예술가. 런던 센트럴 세인트 마틴스 예술대학의 세라믹 예술학과 교수. 오랫동안 식물 소재에서 영감을 받아 작품 활동을 해 왔다. 2001년~2004년 영국 큐 왕립식물원의 NESTA(국립과학기술예술재단) 연구 교수를 지냈으며, 그의 작품은 영국, 유럽 및 남아메리카 등에서 여러 차례 전시되어 왔다. 현미경을 이용한 식물 표본에 대한 연구를 해 오고 있으며, 린네학회와 왕립예술협회 위원이며, 생물다양성의 해인 2010년에 굴벤키안 과학연구소의 선임 연구원으로 임명되었다.

감수　이남숙 (李南淑, Lee, Nam Sook)

식물학자. 이화여자대학교 대학원 생물학과 식물분류학전공(이학박사). 현재 이화여자대학교 생명과학과/대학원 에코과학부 교수. 이화여자대학교 자연사박물관 운영위원. 한국식물분류학회 회장을 지냈으며, 현재 한국난협회 회장, 난문화협동조합 이사장을 맡고 있다. 저서 『모든 들풀은 꽃을 피운다』 중앙M&B, 1998. 『피어라 풀꽃(공저)』 다른세상, 2001(환경부 추천 '우수 환경 도서상' 수상). 『세시풍속사전(식물)』 국립민속박물관, 2005. 『한국난과식물도감』 이화여대출판부, 2011

번역　엄상미 (嚴祥美, Eom, Sang Mi)

서울시립대학교 국제관계학과 졸업. 이화여자대학교 생물과학과 석사 졸업. 동대학 에코과학부 식물계통분류학 박사(이학박사). 계룡산자연사박물관 학예연구원을 지냈으며, 현재 한국생명공학연구원 선임연구원으로 활동하고 있다.

An Illustrated Book of Pollen
화분

2014. 9. 30. 1판 1쇄 발행

저자　롭 케슬러 · 매들린 할리 (Rob Kesseler & Madeline Harley)
감수　이남숙
번역　엄상미
발행인　양진오
발행처　(주) 교학사
서울특별시 마포구 마포대로 14길 4 (공덕동)
전화 / 편집부 02-312-6685　영업부 02-707-5151　FAX / 02-707-5160
홈페이지 / http://www.kyohak.co.kr
Printed in Korea

ISBN 978-89-09-18845-6 96480

Pollen-The Hidden Sexuality of Flowers
by Rob Kesseler & Madeline Harley

A member of New Architecture Group Ltd.
www.papadakis.net

First published in Great Britain by Papadakis Publisher in 2004

This edition published by arrangement with Papadakis Publisher through Shinwon Agency Co.
Editorial and Design Director: Alexandra Papadakis
Editor: Sheila de Vallée

헬레보루스 오리엔탈리스(미나리아재비과) *Helleborus orientalis* (Ranunculaceae) – 화분립의 극면도 [CPD/SEM × 2000]